U0309287

建筑设备工程

主　编　袁尚科　赵子琴
副主编　张双德　张卫峰

重庆大学出版社

内 容 提 要

本书参照全国高等职业教育土木与建筑工程技术教育标准和培养方案及主干课程教学大纲的基本要求编写。全书有5篇，共12章，主要内容有建筑设备基本知识，给排水系统组成及施工图识读，采暖、通风与空气调节系统组成及施工图识读，建筑电气基本知识、系统组成及施工图识读，以及智能建筑等。每章后均附有复习与思考题，供读者复习巩固。

本书可供高职高专建筑工程、建筑管理、建筑装饰工程、建筑造价、环境艺术、物业管理等专业使用，也可供电大函大相关专业的师生和相关专业技术人员学习参考。

图书在版编目(CIP)数据

建筑设备工程／袁尚科，赵子琴主编.—重庆：重庆大学出版社，2014.5

高职高专建筑工程技术专业系列规划教材

ISBN 978-7-5624-7892-8

Ⅰ.①建… Ⅱ.①袁…②赵… Ⅲ.①房屋建筑设备—高等职业教育—教材 Ⅳ.①TU8

中国版本图书馆CIP数据核字(2014)第001941号

建筑设备工程

主　编　袁尚科　赵子琴

副主编　张双德　张卫峰

策划编辑：曾显跃

责任编辑：李定群　高鸿宽　　版式设计：曾显跃

责任校对：秦巴达　　责任印制：赵　晟

*

重庆大学出版社出版发行

出版人：邓晓益

社址：重庆市沙坪坝区大学城西路21号

邮编：401331

电话：(023) 88617190　88617185(中小学)

传真：(023) 88617186　88617166

网址：http://www.cqup.com.cn

邮箱：fxk@cqup.com.cn (营销中心)

全国新华书店经销

自贡兴华印务有限公司印刷

*

开本：787×1092　1/16　印张：16.5　字数：412千

2014年5月第1版　2014年5月第1次印刷

印数：1—3 000

ISBN 978-7-5624-7892-8　定价：32.00元

本书如有印刷、装订等质量问题，本社负责调换

前言

本书依据全国高等职业教育土木与建筑工程技术专业教育标准和培养方案及主干课程教学大纲的基本要求，依据国家颁布的最新标准和规范，借鉴建筑设备行业的最新研究成果，参考大量文献资料，并结合多年高等职业院校教学经验和施工现场的工作经验编写而成。编写过程中，针对当前我国高等职业教育的特点，力求做到实用为主，理论联系实际，注重培养学生分析问题、解决问题的能力。全书以建筑设备的工程应用为主，侧重培养学生的识图和施工能力，注重知识的系统性、完整性、实用性。同时配有大量图表，便于理解掌握。

本书有5篇，共12章，主要介绍建筑物内部的设备，包括建筑给水、排水，建筑采暖，通风与空调，建筑供配电及防雷，建筑电气照明，综合布线与建筑设备自动化系统等所需的基础理论知识和基本概念及其应用等。并对各系统的设计计算步骤、管线的布置与敷设要求、设备各工种与建筑的协调配合等进行了详细阐述。

本书由袁尚科、赵子琴主编。参加编写的人员有袁尚科（绪论、第1章、第2章、第3章、第6章及第9章）、赵子琴（第4章、第5章）、张双德（第7章、第8章、第10章）、张卫峰（第11章、第12章）。

本书在编写过程中参考了许多相关书籍资料，在此谨向相关作者表示衷心的感谢。

由于编者水平有限，加之时间仓促，书中如有不妥和错误之处，恳请读者批评指正。

编　者

2014年2月

目录

第3篇 供热、通风与空气调节工程

第4篇 建筑电气工程

第5篇 智能建筑

绪　论

在建筑物内，为了满足生产、生活的需要，提供卫生、舒适、安全的生活或工作环境，需要设置完善的给水排水、热水供应、建筑采暖、通风与空调、建筑供配电及楼宇智能监控等。这些系统设置于建筑物内，统称为建筑设备。“建筑设备工程”这门课程就是介绍这些系统及设备有关知识的一门专业课程。

（1）“建筑设备工程”课程的主要内容

本课程主要包括以下4个方面的内容：

1）建筑设备基础知识

在房屋的给水、排水、采暖、通风与空调系统中，各种设备使用不同的介质，如水、蒸汽、空气等，这些介质都具有一个共有的属性——流动性，因此统称为流体。为了学习建筑卫生设备系统的基本原理，必须对流体的有关知识有所了解。建筑热水供应系统、采暖系统、空调系统等，都涉及传热学方面的基本知识，在学习本课程之前，应对传热方面的知识有所了解。水暖及通风系统的冷、热媒都是通过管路系统来输送的，因此有必要了解建筑设备工程常用的管材及附件。

本部分主要介绍：流体的物理性质，流体的静压强及其基本规律，流体流动的基本概念，流体流动时具有的能量与能量损失分析，传热学的基本知识、建筑设备工程常用的管材及附件，等等。

2）给水、排水

水是人们日常生活、生产和消防所不可缺少的物质，随着人们生活水平的提高和生产的发展，对水和用水设备的要求越来越高。

本部分主要介绍：给排水系统的组成，高层建筑给排水系统，建筑热水供应，建筑消防给水，管网水力计算，给水、排水施工图，等等。

3）采暖、通风与空气调节

随着人们生活水平的提高和生产过程的需要，人们对室内环境的要求越来越高。总体来说，室内环境应该是新鲜、洁净，温度和湿度适宜，而且具有一定流动速度的空气环境。

本部分主要介绍建筑采暖系统及其主要设备、通风系统、空气调节及有关的施工图。

4)建筑电气

由于电子技术的发展,其应用技术已成为建筑电气的重要组成部分之一,如火灾自动报警系统、闭路电视系统、防盗系统、有线电视系统等。近年来,又出现了智能化建筑。

本部分主要介绍电工基本知识、电器照明、防雷、弱电系统、电气施工图等。

(2)"建筑设备工程"课程的学习方法

1)要有明确的学习目的

首先要明确作为建筑工程技术人员,必须掌握一定的建筑设备基本知识,具有综合考虑和合理处理各种建筑设备与建筑主体之间关系的能力。

通过上述介绍可以了解到,有些设备系统,如给水排水、供电系统是每幢建筑物所必备的。对于高层建筑,还要考虑消防、电梯、火灾自动报警等设备系统。

2)要有正确的学习方法

应结合专业特点,主要掌握各种设备系统的组成及工作过程,如给水系统的主要设备组成、供配电系统的组成、空调系统的组成等。这样在进入专业课的学习和毕业设计时,就能综合考虑各种因素,作出比较合理、可靠的设计。例如,掌握了给水系统的组成,在建筑方案设计时就能合理确定水池的位置和容积、泵房位置、管井位置等。

总之,建筑设备工程是土建类专业的重要课程之一,是一门内容丰富、实践性强的专业课程,与土建类其他专业课程有着密切的联系。本课程的学习应结合课堂教学、生产实习和作业训练等环节来完成,每个环节都很重要,且相辅相成,不可偏废。

第 1 篇 建筑设备基础知识

第 1 章 流体力学基础知识

物质在自然界中通常按其存在状态的不同分为固体(固相)、液体(液相)和气体(气相),液体和气体具有较好的流动性,被统称为流体。它们具有和固体完全不同的力学性质。研究流体处于静止状态与运动状态的力学规律及其实际应用的科学称为流体力学,它是力学的一个分支。

1.1 流体的主要力学性质

流体中由于各质点之间的内聚力极小,不能承受拉力,静止流体也不能承受剪切力。正因如此,所以流体具有较大的流动性,且不能形成固定的形状。但流体在密闭状态下能够承受较大的压力。只有充分认识流体的基本特征,深刻研究流体在静止或流动状态下的力学规律,才能很好地利用水、空气和其他流体为人们的生产、生活提供服务。

下面主要介绍流体的力学性质。

1.1.1 流体的惯性

流体和其他固体物质一样都具有惯性,即物体维持其原有运动状态的特性。物质惯性的大小用其质量来衡量,质量大的物体,其惯性也大。对于均质流体,单位体积的质量称为流体的密度,即

$$\rho=\frac{m}{V} \tag{1.1}$$

式中 ρ——流体的密度,kg/m^3;

m——流体的质量,kg;

V——流体的体积,m^3。

对于均质流体,单位体积的流体所承受的重力称为流体的重力密度,简称重度,即

$$\gamma=\frac{G}{V} \tag{1.2}$$

式中 γ——流体的重度,N/m^3;

m——流体所受的重力,N;

V——流体的体积,m^3。

由牛顿第二定律得 $G=mg$。因此有

$$\gamma=\frac{G}{V}=\frac{mg}{V}=\rho g \tag{1.3}$$

式中 g——重力加速度,$g=9.807\ m/s^2$。

流体的密度和重度随其温度和所受压力的变化而变化,即同一流体的密度和重度不是一个固定值。但在实际工程中,液体的密度和重度随温度和压力的变化不大,可视为一固定值;而气体的密度和重度随温度和压力的变化而变化的数值较大,设计计算时通常不能视为固定值。常用流体的密度和重度如下:

水在标准大气压,温度为 4 ℃时的密度 $\rho=1\ 000\ kg/m^3$,重度 $\gamma=9.807\ N/m^3$。

水银在标准大气压下,温度为 0 ℃时,其密度和重度是水的 13.8 倍。

干空气在标准大气压下,温度为 0 ℃时的密度 $\rho=1.2\ kg/m^3$,重度 $\gamma=11.82\ N/m^3$。

1.1.2 流体的黏滞性

流体在运动时,由于内摩擦力的作用,使流体具有抵抗相对变形(运动)的性质,称为流体的黏滞性。流体的黏滞性可通过流体在管道中的流动情况来加以说明。

用流速仪可测得流体管道中某一断面的流动分布,如图 1.1 所示。流体沿管道直径方向分成很多流层,各层的流速不同,管轴心的流速最大,向管壁方向逐渐减小,直至管壁处的流速最小,几乎为零,流速按某种曲线规律连续变化。流速之所以有如此规律,正是由于相邻两流层的接触面上产生了阻碍流层相对运动的内摩擦力,或称黏滞力,这

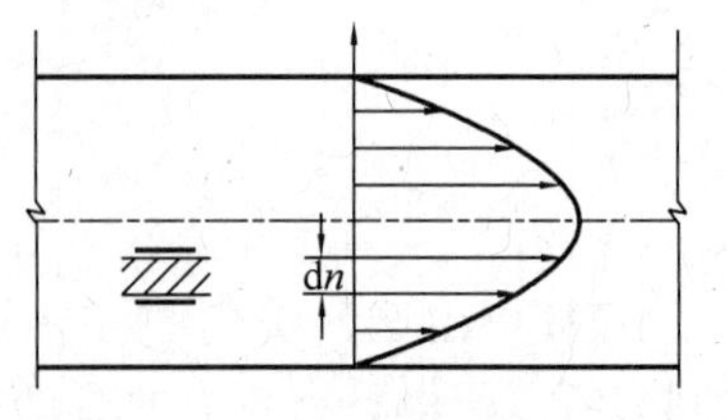

图 1.1 管道中断面流速分布

是流体的黏滞力显示出来的结果。

流体在运动过程中,必须克服内摩擦阻力,因而不断消耗运动流体所携带的能量,因此,流体的黏滞性对流体的运动有很大的影响。在水力计算中,必须考虑黏滞力的影响。对于静止流体,由于各流层之间没有相对运动,黏滞性不显示。

流体黏滞性的大小通常用动力黏滞性系数 μ 和运动黏滞性系数 ν 来表示,它们是与流体种类有关的系数,黏滞性大的流体,μ 和 ν 的值也大,它们之间存在着一定的比例关系。同时,流体的黏滞性还与流体的温度和所受的压力有关,一般受温度影响大,受压力影响小。实验证明,水的黏滞性随温度的增高而减小,而空气的黏滞性却随温度的升高而增大(见表1.1、表1.2)。

表1.1　水的黏滞性系数

t /℃	μ /(Pa·s)	ν /(m²·s⁻¹)	t /℃	μ /(Pa·s)	ν /(m²·s⁻¹)
0	1.792	1.792	40	0.656	0.661
5	1.519	1.519	50	0.549	0.556
10	1.308	1.308	60	0.469	0.477
15	1.140	1.140	70	0.406	0.415
20	1.005	1.007	80	0.357	0.367
25	0.894	0.897	90	0.317	0.328
30	0.801	0.804	100	0.284	0.296

表1.2　一个大气压下空气的黏滞性系数

t /℃	μ /(Pa·s)	ν /(m²·s⁻¹)	t /℃	μ /(Pa·s)	ν /(m²·s⁻¹)
-20	0.016 6	11.9	70	0.020 4	20.5
0	0.017 2	13.7	80	0.021 0	21.7
10	0.017 8	14.7	90	0.021 6	22.9
20	0.018 3	15.7	100	0.021 8	23.6
30	0.018 7	16.6	150	0.023 9	29.6
40	0.019 2	17.6	200	0.025 9	25.8
50	0.019 6	18.6	250	0.028 0	42.9
60	0.020 1	19.6	300	0.029 8	49.9

内摩擦力的大小可用下式表示为

$$T=\mu A\frac{\mathrm{d}u}{\mathrm{d}y} \tag{1.4}$$

式中　T——流体的内摩擦力;

μ——流体动力黏滞性系数；

A——层与层的接触面积；

$\frac{du}{dy}$——流体的速度梯度。

流体的动力黏滞性系数与运动黏滞性系数有如下关系，即

$$\mu = \nu\rho \tag{1.5}$$

1.1.3 流体的压缩性和膨胀性

流体的压强增大、体积缩小、密度增大的性质，称为流体的压缩性。流体的温度升高、体积增大、密度减小的性质，称为流体的热胀性。

液体的压缩性和热膨胀性都很小。例如，水从1个大气压增大到100个大气压时，每增加1个大气压，水的体积只缩小0.5/10 000；在10~20 ℃的范围内，温度每增加1 ℃，水的体积只增加1.5/10 000；在90~100 ℃的范围内，温度每增加1 ℃，水的体积也只增加7/10 000。因此，在很多工程技术领域，可以把液体的压缩性和热胀性忽略不计。但在研究有压管路中水击现象和热水供热系统时，就要分别考虑水的压缩性和热胀性。

气体与液体有很大不同，其具有显著的压缩性和热胀性。但在采暖与通风工程中，气体流速往往较低（远小于音速），压强与温度变化不大，密度变化也很小。因而，可以把气体看作是不可压缩的。

液体的压缩性可表示为

$$\beta = \frac{\frac{d\rho}{\rho}}{dp} \tag{1.6}$$

式中　β——流体的压缩系数，m^2/N。

液体的热胀性可表示为

$$\alpha = -\frac{\frac{d\rho}{\rho}}{dT} \tag{1.7}$$

式中　α——流体的热胀系数，K^{-1}。

气体和液体有显著不同的压缩性和热胀性。温度和压强的变化对气体容重的影响很大。在温度不过低、压强不过高时，气体的密度、压强和温度三者之间的关系可用下列气体状态方程式表示为

$$p = \rho RT \tag{1.8}$$

式中　p——气体的绝对压强，N/m^2；

T——气体的热力学温度，K；

ρ——气体的密度，kg/m^3；

R——气体常数，J/(kg·K)；对于理想气体有 $R = \frac{8\,314}{n}$，n 为气体的摩尔质量。

1.1.4 流体的表面张力

由于流体分子之间的吸引力，在流体的表面能够承受极其微小的张力，这种张力称为表面

张力。表面张力不仅在液体表面,在液体与固体的接触界面上也有张力。由于表面张力的作用,如果把两端开口的玻璃管竖在液体中,液体会在细管中上升或下降一定高度,这种现象称为毛细现象。表面张力的大小可用表面张力系数 σ 表示,单位是 N/m。由于重力和表面张力产生的附加铅直分力相平衡,故

$$\pi r^2 h\gamma = 2\pi r\sigma \cos\alpha$$

则

$$h = \frac{2\sigma}{r\gamma}\cos\alpha \tag{1.9}$$

式中　h——液柱上升的高度;

γ——液体的容重;

r——玻璃管内径;

σ——液体的表面张力系数。

如果把玻璃管垂直竖立在水中,则

$$h = \frac{15}{r} \tag{1.10}$$

表面张力的影响在一般工程中可以忽略,但在水滴和气泡的形成、液体的雾化、气液两相流体的传热与传质的研究中,是不可忽略的因素。

1.2　流体静力学的基本概念

流体处于静止(平衡)状态时,因其不显示黏滞性,所以流体静力学的中心问题是研究流体静压强的分布规律。

1.2.1　流体静压强及其特性

在一容纳水的静止容器中,取一小水体Ⅰ作为隔离体来进行研究,如图1.2所示。为保持其静止(平衡)状态,周围水体对隔离体有压力作用。设作用于隔离体表面某一微小面积 $\Delta\omega$ 上的总压力是 ΔP,则 $\Delta\omega$ 面积上的平均压强为

$$p = \frac{\Delta P}{\Delta\omega} \tag{1.11}$$

当所取的面积无限缩小为一点时,即 $\Delta\omega\to 0$,则平均压强的极限值为

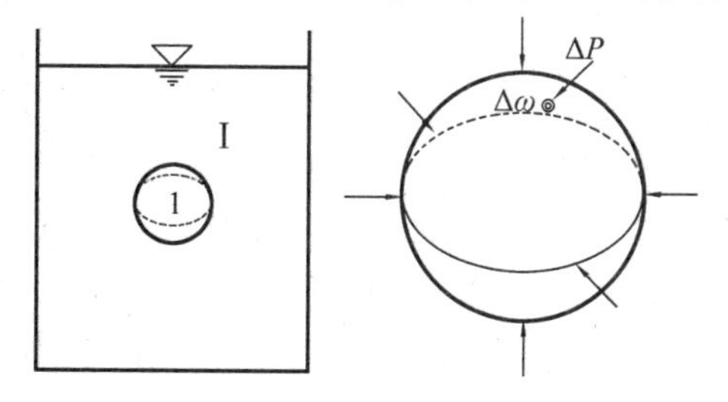

图1.2　流体的静压强

$$p = \lim_{\Delta\omega\to 0}\frac{\Delta P}{\Delta\omega} \tag{1.12}$$

流体的静压强具有以下两个基本特性：

①静压强的方向指向受压面，并与受压面垂直。

②流体内任意一点的静压强在各个方向面上的值均相等。

1.2.2 流体静压强的分布规律

在静止流体中任取一垂直小圆柱作为隔离体，研究其底面点的静压强，如图1.3所示。已知圆柱体高度为h，端面面积为$\Delta\omega$，圆柱体顶面与自由面重合，所受压强为p_0。在圆柱体侧面的静水压方向与轴向垂直（水平方向，图中未绘出），而且是对称的，故相互平衡，则圆柱体轴向上的作用力有以下3个：

①上表面压力$P_0 = p_0\Delta\omega$，方向垂直向下。

②下底面静压力$P = p\Delta\omega$，方向垂直向上。

③圆柱体的重力$G = \gamma h\Delta\omega$，方向垂直向下。

根据圆柱体静止状态的平衡条件，令方向向上为正，向下为负，则可得到圆柱体轴向力的平衡方程，即

$$p\Delta\omega - \gamma h\Delta\omega - p_0\Delta\omega = 0$$

整理得

$$p = \gamma h + p_0 \tag{1.13}$$

式中 p——静止流体中任意一点的压强，N/m^2；

p_0——液体表面压强，N/m^2；

γ——液体的重度，N/m^3；

h——所研究的点在液面以下的深度，m。

式(1.13)是静水压强基本方程式，又称为静水力学基本方程式。式中，γ和p_0都是常数。方程表达了只有重力作用时流体静压强的分布规律，如图1.4所示。

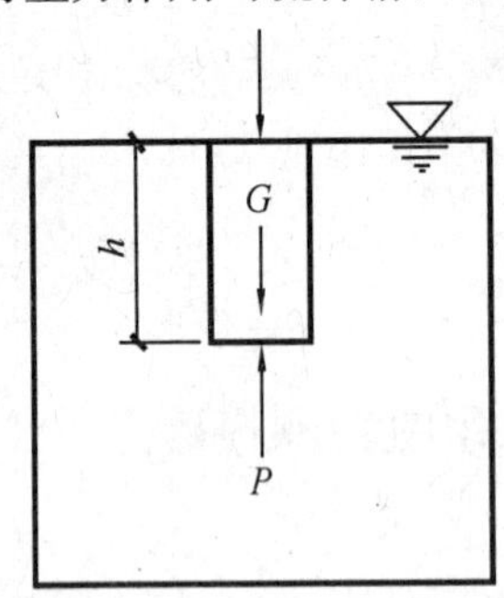

图1.3 静止液体中的小圆柱体

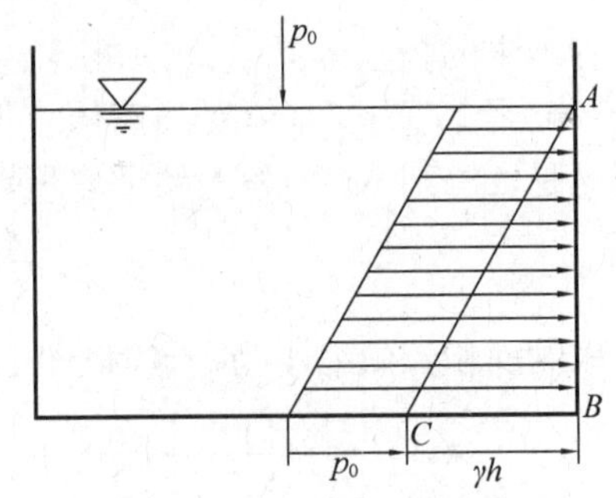

图1.4 流体静压强分布

①静止液体内任意一点的压强等于液面压强加上液体重度与深度乘积之和。

②在静止液体内，压强随深度按直线规律变化。

③在静止液体内同一深度的点压强相等，构成一水平的等压面。

④压面压强可等值地在静止液体内传递。水压机等一些液压传动装置就是根据这一原理制成的。

静水压强的基本方程式(1.13)还可表示成另一种形式（见图1.5）。设水箱水面的压强为

p_0，在箱内的液体中任取两点，在箱底以下取任一基准面 $O—O$。箱内液面到基准面的高度为 z_0，1 点和 2 点到基准面的高度分别为 z_1 和 z_2，根据静水压强基本公式，可列出 1 点和 2 点的压强表达式为

$$p_1 = p_0 + \gamma(z_0 - z_1)$$

$$p_2 = p_0 + \gamma(z_0 - z_2)$$

将上面等式的两边除以液体重度 γ，并整理得

$$z_1 + \frac{p_1}{\gamma} = z_0 + \frac{p_0}{\gamma}$$

$$z_2 + \frac{p_2}{\gamma} = z_0 + \frac{p_0}{\gamma}$$

进而得

$$z_1 + \frac{p_1}{\gamma} = z_1 + \frac{p_2}{\gamma} = z_0 + \frac{p_0}{\gamma}$$

由于 1 点和 2 点是在箱内液体中任取的，故可推广到整个液体中得到具有普遍意义的规律，即

$$z + \frac{p}{\gamma} = C(\text{常数}) \tag{1.14}$$

式(1.14)是静水压强基本方程式的另一种表达方式。该方程式表明在同一静止液体中，任意一点的 $z + \frac{p}{\gamma}$ 总是一个常数，常数的值与基准面的位置选择及液面压强值有关。

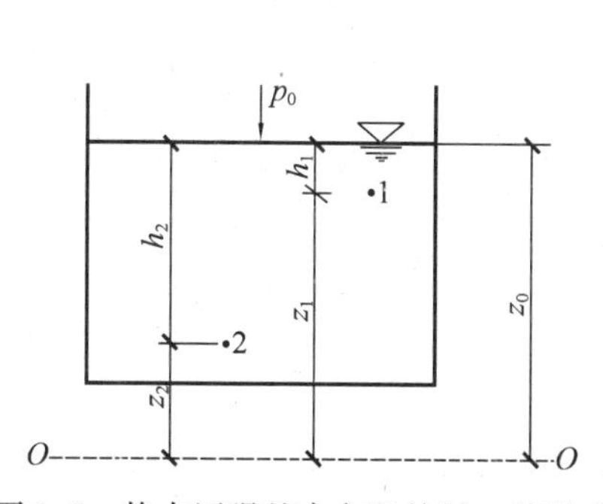

图 1.5　静水压强基本方程的另一种形式

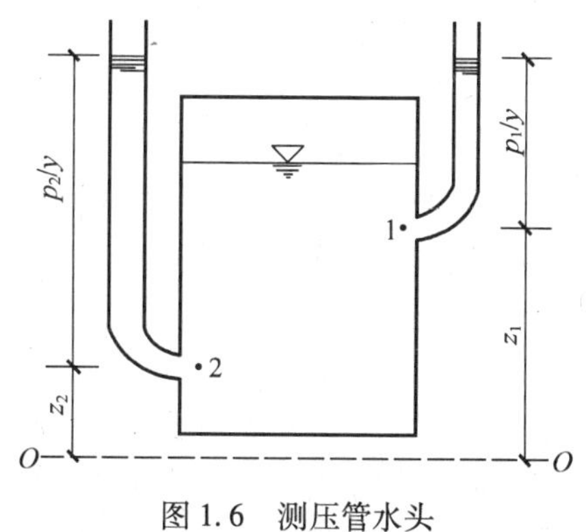

图 1.6　测压管水头

如图 1.6 所示，z 为任意一点的位置相对于基准面的高度，称为位置水头；$\frac{p}{\gamma}$ 是在该点压强作用下液面沿测压管所能上升的高度，称为压强水头；两水头相加 $z + \frac{p}{\gamma}$ 称为测压管水头。而 $z + \frac{p}{\gamma} = C$ 表示在同一容器内的静止液体中，所有各点的测压管水头均相等。

对于静止气体的压强计算，由于气体的重度很小，在高度差不大的情况下，可将方程中的 γh 项忽略不计，认为 $p = p_0$。也就是说，在密闭容器中，可认为容器内各点的气体压强是相等的。

1.2.3 工程计算中压强的表示方法和度量单位

(1)表示方法

1)绝对压强

以绝对真空为零点计算的压强称为绝对压强,用 p_j 表示。

2)相对压强

以大气压强 p_a 为零点计算的压强称为相对压强,用 p 表示。

在实际工程中,通常采用相对压强。相对压强与绝对压强的关系为

$$p = p_j - p_a \tag{1.15}$$

相对压强可能是正值,也可能是负值。当绝对压强大于大气压强时,相对压强的正值称为正压,可通过压力表测出,也称表压;当绝对压强小于大气压强时,相对压强为负值称为负压,这时该流体处于真空状态,通常用真空度 p_k 来表示流体的真空程度,即

$$p_k = p_a - p_j = -p \tag{1.16}$$

真空度是指某点的绝对压强不足一个大气压强的数值,可用真空表测出。

某点的真空度越大,说明它的绝对压强越小。真空度的最大值为 $p_k = p_a = 98\ kN/m^2$,即当绝对压强为零,处于完全真空;真空度为零时,$p_k = 0$;即在一个大气压强下,真空度 p_k 在 $0 \sim 98\ kN/m^2$ 的范围内变动。

(2)压强的度量单位

压强的度量单位通常有以下 3 种:

①用单位面积的压力来表示,单位是 N/m^2(帕, Pa)或 kN/m^2(千帕, kPa)。

②用工程大气压来表示,单位是工程大气压或公斤力,1 工程大气压 = 1 kgf/cm^2(千克力/厘米^2) = 98.07 kPa。

③用液柱高度来表示,单位是 mH_2O(米水柱)、mmHg(毫米汞柱)。

将压强转换为某种液柱高度的计算公式为

$$h = \frac{p}{\gamma} \tag{1.17}$$

式中 γ——液体的重度。

当水的重度为 9.807 kN/m^3,汞的重度为 133.38 kN/m^3 时,一个工程大气压所对应的水柱高度和汞柱高度分别为

$$h_{H_2O} = \frac{p_a}{\gamma_{H_2O}} = \frac{98.07\ kN/m^2}{9.807\ kN/m^3} = 10\ m$$

$$h_{Hg} = \frac{p_a}{\gamma_{Hg}} = \frac{98.07\ kN/m^2}{133.38\ kN/m^3} = 0.735\ 6\ m = 735.6\ mm$$

3 种压强单位的换算关系为

1 个工程大气压 ≈ 10 H_2O ≈ 735.6 mmHg ≈ 98 kN/m^2 ≈ 98 kPa

1 个标准大气压 = 101.325 kPa = 760 mmHg

例 1.1 某电厂锅炉,其压力表读数为 13.5 MPa,凝汽器真空度为 717.5 mmHg,若当地大气压力 p_a = 755 mmHg,求锅炉和凝汽器中蒸汽的绝对压力各为多少?

解 锅炉内蒸汽的绝对压力为

$$p_j = p_a + p = \frac{755}{750.62 \times 10}\ \text{MPa} + 13.5\ \text{MPa} = 13.601\ \text{MPa}$$

凝汽器内的绝对压力为

$$p_k = p_a - p_j = (755 - 717.5) \times 0.133\ \text{MPa} = 4.999\ \text{kPa}$$

1.3 流体动力学的基本概念

在建筑设备工程中,流体大多和运动密切相关,因此有必要了解一些流体运动的基本知识。

1.3.1 流体动力学的基本概念

(1)元流

在流体运动过程中,为研究方便,将流体穿过任意微小面积形成的流束称为元流。

(2)总流

流体运动时,无数元流的总和称为总流。元流和总流的关系如图1.7所示。

(3)过流断面

流体运动时,与流体流动方向垂直的横断面即为过流断面。过流断面可能是平面,也可能是曲面,如图1.8所示。

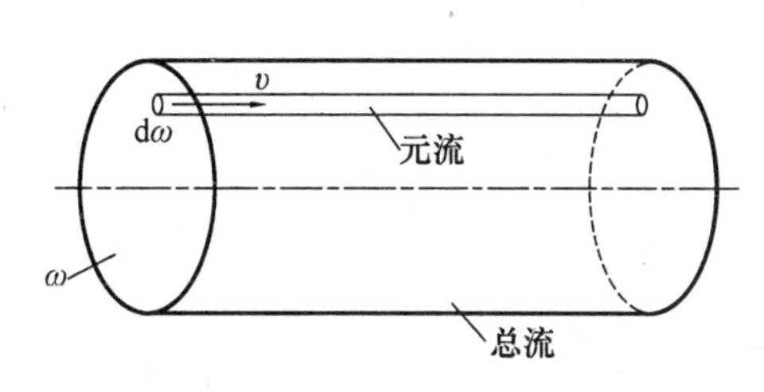

图1.7 元流与总流

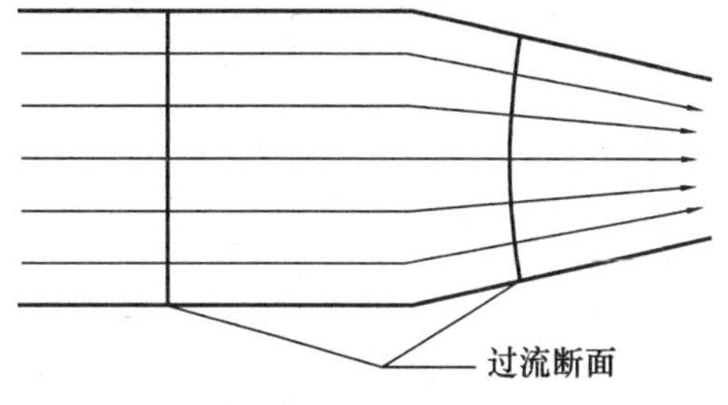

图1.8 过流断面

(4)流量

单位时间内流体通过过流断面的量。一般指体积流量,但也可用质量流量来表示。

(5)流速

运动流体单位时间内通过的距离称流速,常用 v 表示,单位 m/s。

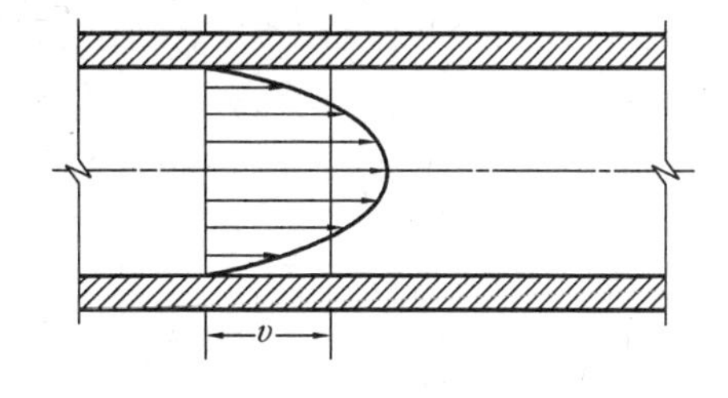

图1.9 断面流速分布

流体运动时,由于流体黏滞性的影响,过流断面上的流速沿径向有一定的差异,如图1.9所示,为便于分析和计算,在实际工程中通常采用过流断面上各质点流速的平均值来表示流体的流速,平均流速通过过流断面的流量应等于实际流速通过该断面的流量。流量、过流断面和流速三者之间符合以下关系,即

$$Q = \omega v \tag{1.18}$$

式中 Q——体积流量,m^3/s;

ω——过流断面面积,m^2;

v——流体的平均流速,m/s。

1.3.2 流体运动的类型

影响流体运动的因素很多,因而流体的运动状态也是多种多样的。根据流体运动的主要特征可将流体运动分为以下4种类型:

(1)有压流

流体在压差作用下流动时,周围都接触,流体无自由表面,这种流体运动形式称为有压流或压力流,也称为管流。工程中常见的压力流有供热管道输送的有压的汽、水载热体,通风管道中的气流,给水管道中水的输配等都是有压流。

(2)无压流

无压流也称重力流,指液体在重力作用下流动时,液体的一部分周界与固体壁相接触,另一部分则与空气相接触,形成自由表面。这种流体的运动称为无压流或重力流,或称明渠流。例如,天然河道、明渠、重力排水管中的水流都是无压流。

(3)恒定流

流体运动时,各点的流速方向和流线等都不随时间变化,质点始终沿着固定的流线运动,如图1.10(a)所示。

(4)非恒定流

流体运动时,流体中任意位置的运动要素如压强、流速等随时间变化而变化,如图1.10(b)所示。自然界中,非恒定流较为普遍,但为了方便计算,工程中常将变化缓慢的非恒定流视为恒定流。

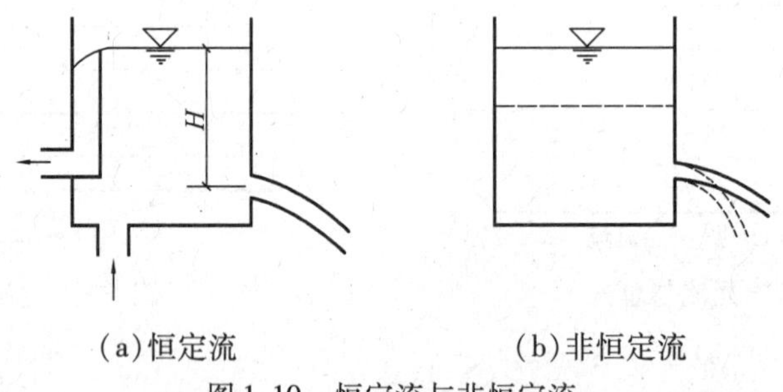

(a)恒定流　　(b)非恒定流

图1.10　恒定流与非恒定流

在实际的建筑设备中,为使问题得到合理的简化,在绝大多数情况下都可把流体的运动状态看作恒定流,但在研究如水泵和风机启动时的流体运动情况时,因其流速、流量随时间变化较大,流体的运动应看作是非恒定流。

1.4 流体的流动状态和流动阻力

1.4.1 流体流动的两种形态——层流和紊流

流体在流动过程中,呈现出两种不同的流动形态。

如图1.11所示为雷诺实验装置。在该装置中,利用溢水管 D 保持水位恒定,轻轻打开玻

璃管末端的节流阀 C，待出流管道内流体的流动状态稳定后，打开装有红颜色水的杯底的阀门 F，向管流 B 中加注红颜色水。当流体流速较低时，将看到玻璃管内有股红色水流的细流，如一条线一样，如图1.11(a)所示，水流成层成束流动，各流层间并无质点的掺混现象。这种水流形态称为层流。如果加大管中水的流速（节流阀 C 开大），红色水随之开始动荡，成波浪形，如图1.11(b)所示。继续加大流速，将出现红色水向四周扩散，质点或液团相互掺混，且随流速增大，掺混程度愈烈，这种水流形态称为紊流，如图1.11(c)所示。

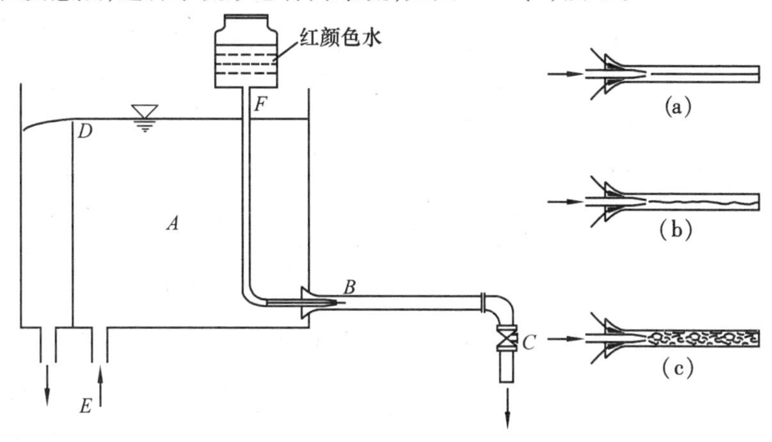

图1.11 管中流体的流动形态演示装置

判断流体的流动形态，常用雷氏无因次量纲分析方法得到无因次量——雷诺数 Re 来判别。

$$Re=\frac{vd}{\nu} \tag{1.19}$$

式中 Re——雷诺数；

v——圆管中流体的平均流速，m/s；

d——圆管的管径，m；

ν——流体的运动黏滞系数，m^2/s。

对于圆管的有压流，若 $Re<2\,320$ 时，为层流形态；若 $Re>2\,320$ 时，则为紊流形态。

对于非圆管流、明渠流等，通常以水力半径 R 代替式(1.19)中的 d，即非圆管流、明渠流中的雷诺数为

$$Re=\frac{vR}{\nu} \tag{1.20}$$

式中 R——水力半径，按 $R=\omega/x$ 计算。

其中，ω 是过流断面面积，x 是湿周，为流动的流体同固体边壁在过流断面上接触的周边长度。

若 $Re<500$ 时，非圆管流、明渠流为层流形态；若 $Re>500$ 时，非圆管流、明渠流为紊流形态。

在建筑设备中，绝大多数的流体的流态都处于紊流形态。只有在流速很小、管径很大或黏性很大的流体运动，如地下流、油管输运等才可能发生层流运动。

1.4.2 流动阻力和水头损失的两种形式

由于流体具有黏滞性及固体边壁的不光滑，因此，流体在流动过程中既受到存在相对运动的各流层间内摩擦力的作用，又受到流体和固体边壁之间摩擦力的作用。同时，由于固体边壁形状的变化，也对流体流动产生阻力。为克服上述阻力，必须消耗流体所具有的机械能。单位质量的流体流动中所消耗的机械能，称为能量损失或水头损失。

流动阻力和水头损失可分为以下两种形式：

(1) 沿程阻力和沿程水头损失

流体在长直管(或明渠)中流动时，所受到的摩擦力称为沿程阻力。为克服沿程阻力，单位质量的流体所消耗的机械能称为沿程水头损失，通常用 h_f 来表示。

(2) 局部阻力和局部水头损失

流体的边界在局部区域发生急剧变化时，迫使流体流速的大小和方向发生显著变化，甚至使主流脱离边壁形成漩涡，流体质点间发生剧烈的碰撞，从而对流体的运动形成阻力，这种阻力称为局部阻力。为克服局部阻力，单位质量的流体所消耗的机械能称为局部水头损失，常用 h_j 来表示。

管路系统中，在管径不变的直管段上，只有沿程水头损失 h_f；在管段入口处和管道变径处以及弯头、阀门等水流边界急剧改变处产生局部水头损失 h_j。

整个管路系统的总水头损失等于各管段的沿程水头损失和各局部水头损失叠加之和，即

$$h_w = \sum h_f + \sum h_j \tag{1.21}$$

在暖卫工程中，确定管路系统流体的水头损失是进行工程计算的重要内容之一，也是对工程中有关的设备和管路的管径等进行选择的重要依据。

1.4.3 沿程水头损失和局部水头损失

流体在运动过程中，其水头损失与其流动形态有关，由于工程中大多数流动属紊流，因此，紊流形态水头损失是工程计算中的重要内容。目前，采用理论和实验相结合的办法，建立半理论半经验的公式来计算沿程水头损失。公式的普遍表达式为

$$h_f = \lambda \frac{l}{d} \frac{v^2}{2g} \tag{1.22}$$

式中 h_f——沿程水头损失，m；

λ——沿程阻力系数(无因次量)；

d——圆管的管径，m；

l——圆管的管长，m；

v——管中流体的平均流速，m/s。

式(1.22)中，沿程阻力系数 λ 与流体的流动形态及固体边壁的粗糙情况有关，其值通常采用经验公式或查阅有关图表确定，也可通过实验来测定。

局部水头损失可用流体动能乘以局部阻力系数得到，即

$$h_j = \zeta \frac{v^2}{2g} \tag{1.23}$$

式中　h_j——局部水头损失，m；

ζ——局部阻力系数（无因次量）；

v——管中流体的平均流速，m/s；

g——重力加速度，m/s²。

式(1.23)中，局部阻力系数 ζ 的取值多根据管道配件、附件的不同，由实验测出，其值可查阅相关手册获得。

计算过程中将各管段的水头损失分别计算并叠加，就得到了整个管道的总水头损失。

1.4.4　非圆管的沿程损失

工程实践中，除了常用到的圆管输送流体外，还会用到大量非圆管的情况。例如，通风系统中的风道，有许多是矩形的。如果把非圆管折合成圆管计算，那么前面所讲述的公式和图表等，也可适用于非圆管。折算的办法就是通过非圆管的当量直径来实现的。如前所述，水力半径的定义式为

$$R = \frac{\omega}{x} \tag{1.24}$$

式中　R——水力半径，m；

ω——过流断面面积，m²；

x——湿周边长，m。

按式(1.24)计算，圆管的水力半径为

$$R = \frac{\omega}{x} = \frac{\frac{\pi d^2}{4}}{\pi d} = \frac{d}{4}$$

边长为 a 和 b 的矩形断面的水力半径为

$$R = \frac{\omega}{x} = \frac{ab}{2(a+b)}$$

边长为 a 的正方形断面的水力半径为

$$R = \frac{\omega}{x} = \frac{a^2}{4a} = \frac{a}{4}$$

令非圆管的水力半径 R 和圆管的水力半径 $d/4$ 相等，即得当量直径的计算公式为

$$d_e = 4R \tag{1.25}$$

即当量直径为水力半径的4倍，因此，矩形管的当量直径为

$$d_e = \frac{2ab}{a+b} \tag{1.26}$$

正方形管的当量直径为

$$d_e = a \tag{1.27}$$

有了当量直径，只要用 d_e 代替 d，非圆管的沿程阻力损失就可计算为

$$h_f = \lambda \frac{l}{d} \frac{v^2}{2g} = \lambda \frac{l}{4R} \frac{v^2}{2g} \tag{1.28}$$

同样,非圆管的雷诺数也可计算为

$$Re=\frac{vd_{\mathrm{e}}}{\nu}=\frac{v\,4R}{\nu} \tag{1.29}$$

管道的阻力大小是确定输运流体耗用动力大小的重要依据,在水暖和通风系统中水泵、风机等动力设备的选择就是根据水系统的总阻力来选择的。阻力小的管路系统,耗能就少,反之亦然。在实际工程中应尽可能减小阻力。减小阻力的办法很多,可通过改进流体外部的边界条件,以改善边壁粗糙度对流动的影响;也可在流体内部投加极少量的添加剂,使其影响流体内部的结构来实现减阻等。

复习与思考题

1. 什么是流体的压缩性与膨胀性?水的膨胀性有何特殊性?
2. 写出流体静压强基本方程式的两种形式,并说明公式中各项分别表示什么。
3. 某一直径 $d=50$ mm 的给水管道,5 min 内通过的水量为 0.45 m^3。如果水的容重 $\gamma=$ 9 810 N/m^3,试求通过管道水的体积流量、质量流量和断面平均流速。

第2章 传热学基础知识

我国大部分地区都属大陆性季节气候,四季分明,气温变化较大,特别是北方严寒地区,冬夏温差可达70 ℃,冬季室内外温差可达40~50 ℃。随着社会发展和人民生活水平的提高,人们对建筑热环境的要求日益提高,各种先进的采暖和空调设备被广泛地应用于生产、生活。传热学是研究在温差作用下热量传递规律的科学。它与工程热力学共同组成热工学的理论基础。为了学习有关建筑设备的专业知识,必须了解一些传热学方面的基础知识。

2.1 稳定传热的基本概念

2.1.1 温度与热量

(1)温度

温度是用来表示物体冷热程度的物理量。微观上表示物体内部大量粒子热运动的剧烈程度,反映了物体内粒子热运动平均动能的大小。物体的温度常用温度计来测量,常用的温度计有玻璃管温度计、热电偶温度计、热电阻温度计等。

温度的数值标尺,简称温标。任何温标都要规定基本定点和每一度的数值。国际单位制规定的热力学温度温标,又称绝对温标,用符号 T 表示,单位是K(开尔文),中文代号为开。

摄氏温标为实用温标,是工程实际中常用的一种温标。它是把标准大气压下纯水开始结冰的温度(冰点)定为零度,把纯水沸腾时的温度(沸点)定为100度,将0与100之间的尺面分为100等份,每一等份就是1度,其符号用 t 表示,单位为摄氏度,代号为℃。

摄氏温标的每1 ℃与热力学温标的每1 K相同,在一般工程计算中,两种温标可换算为

$$T = t + 273.16 \tag{2.1}$$

(2)热量

分子或其他粒子热运动的结果,使物体内部分子或其他粒子具有了动能,故称为热能,它与温度密切相关。物体吸收或放出热能的多少,称为热量。两个温度不同的物体放在一起,热的物体会变冷,冷的物体会变热,这是由于两个物体之间进行了能量交换,热的物体放出一部

分热能,冷的物体吸收了一部分热能。这种仅仅在温差作用下系统与外界传递的能量称为热量。

热量是系统与外界之间所传递的能量,而不是系统本身具有的能量,故不应该说某物体具有多少热量,或者说温度高的物体含有的热量多,温度低的物体含有的热量少。热量的值不仅与系统的状态有关,还与传热时所经历的具体过程有关,因此,热量是一个过程量,只有在物体通过热传递交换热能时才有热量的交换。

热量通常用字母 Q 表示。在工程单位制中,热量的单位是千卡(kcal);在国际单位制中,热、功和能的单位一样,均采用焦(J)或千焦(kJ)。但在实际工程中,常用单位时间内传递的热量作为基本单位进行相关的计算,故实用单位是焦/秒(J/s)、千卡/小时(kcal/h)。各常用单位之间的换算关系为

1 焦 =1 牛 · 米(1 J =1 N · m)

1 瓦 =1 焦/秒(1 W =1 J/s)

根据热工当量值可知,两种单位制之间的换算关系为

1 千卡 =4. 19 千耳(1 kcal =4. 19 kJ)

2.1.2 传热的基本方式

热量和温度是密切相关的,两个物体之间或同一物体三维各部分之间,只要有温度差的存在,就会有热量的转移现象,而且热能总是自发地由高温物体向低温物体转移,这种热的传递现象称为传热。

传热过程在建筑设备工程领域的应用非常普遍。如供暖系统中,锅炉通过炉膛内燃料的燃烧产生大量高温烟气,可以把锅炉内的水加热到一定的温度或使其产生大量的蒸汽以供使用,热水或蒸汽通过采暖房间的散热设备,将热能传递给房间,使室内温度得以提高;采暖房间获得的热能又通过房间的围护结构不停地向室外传递,使室内温度降低。若要保持室内温度相对稳定,就要通过锅炉及供暖系统源源不断地向房间输送热量。上述过程,就是由于温度差的存在而产生热量传递的结果。

从热量传递的机理上来说,有 3 种基本热传递方式,即热传导(导热)、热对流和热辐射。实际工程中,大多数传热过程都是由几种热量传递方式共同作用的,即以复合换热方式进行。

2.1.3 稳定传热的基本概念

热量在物体中传递的情况是多样的,总的来说传热可分为稳定传热和非稳定传热两种,如传热过程中温度差不随时间而变化,始终保持一个恒定值,这种传热过程称为稳定传热;反之,若温度差随时间而变化,不能保持一个恒定值,这种传热过程就称为非稳定传热。

热量传递的方向性对传热过程也有影响。通常,将沿一个方向传热的称为一维传热,沿两个或 3 个方向传热的分别称为二维和三维传热。在房屋建筑中,多数围护结构都是同一材料制成的平壁,其平面尺寸远比厚度大,在这种情况下可认为在围护结构内部的传热是一维传热。

2.2　导　热

导热又称为热传导，是热量传递的基本方式之一。这种传热方式是指温度不同的物体直接接触时，高温物体把热能传给低温物体，或在同一物体的不同部分，热能从高温部分传递给低温部分的现象。热能的传递是靠分子或其他微观粒子的热运动来实现的，这种传递方式的明显特点是在传递过程中没有物质的迁移。导热可以在固体、液体或气体中发生，但单纯的导热过程只发生在密实的固体中，在液体或气体中通过导热传递的热能很少。

在房屋建筑的围护结构中，绝大多数建筑材料内部都有孔隙，并不是密实的固体，在这些固体材料的孔隙内将同时存在其他方式的传热，不过传递的热能极其微弱。因此，在实际工程中，对固体建筑材料的传热，均可按单纯导热来考虑。

现以单层墙壁为例进行分析。如图2.1所示为某一建筑物单层外墙的一部分，当室内温度高于室外温度，且温度都不随时间而变化时，热能以导热的方式由墙内表面经墙体传向墙的外表面，这是一个一维稳定导热过程。实验结果表明，通过墙壁传递的热量与墙壁的传热面积、墙壁内外表面的温度差和导热时间成正比，与墙体的厚度成反比，并与墙体材料的导热性能有关。其单位时间的导热量可计算为

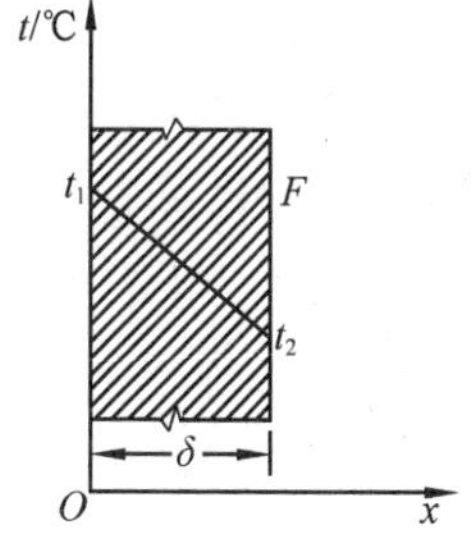

图2.1　单层平壁导热

$$Q=\frac{\lambda}{\delta}(t_1-t_2)F \tag{2.2}$$

式中　Q——通过单层平壁的导热量，W；

λ——墙体材料的导热系数，W/(m · ℃)；

δ——墙体的厚度，m；

t_1——墙体内表面的温度，℃；

t_2——墙体外表面的温度，℃；

F——墙体传热面积，m^2。

在热工计算中，常用单位时间内通过单位面积的热量来表示材料导热能力，称为热流强度，用 q_λ 表示，单位是 W/m^2（瓦/米^2），即

$$q_\lambda=\frac{\lambda}{\delta}(t_1-t_2) \tag{2.3}$$

式(2.3)也可改写为

$$q_\lambda=\frac{t_1-t_2}{\dfrac{\delta}{\lambda}}=\frac{t_1-t_2}{R_\lambda} \tag{2.4}$$

式中，$R_\lambda=\delta/\lambda$ 称为热阻，单位是 m^2 · ℃/W（米^2 · 度/瓦）。

热阻是热流通过固体壁面时遇到的阻力，或者说固体壁面抵抗热流通过的能力。在温差相同的条件下，热阻越大，通过固体壁面的热量越少。若要增大热阻，可加大固体壁面的厚度，或选用导热性能较差的材料。

反映材料导热性能强弱的参数是导热系数 λ，它表示当材料层单位厚度的温差为1 ℃时，

在单位时间内通过单位面积的热量。不同材料的导热系数不同,气体的导热系数最小,其值为0.006~0.6 W/(m·℃)。如空气在常温、常压下的导热系数为0.023 W/(m·℃),不流动的空气具有很好的保温能力。液体的导热系数次之,为0.07~0.7 W/(m·℃),如水在常温下,其导热系数为0.59 W/(m·℃),约为空气的20倍;金属的导热系数最大,为2.2~420 W/(m·℃),适合用作换热设备的受热面,如散热器、锅炉中的汽锅和水冷壁等都是用金属材料制成的。绝大多数非金属建筑材料的导热系数介于0.3~3.5 W/(m·℃)。工程中常把$\lambda<0.23$ W/(m·℃)的材料称为隔热保温材料,如泡沫塑料、珍珠岩、蛭石等。值得注意的是,各种材料的导热系数并不是固定不变的,它与材料的温度、湿度等因素有关。在通常情况下,材料的湿度越大,其导热系数将显著地增大。例如,干砖的导热系数是0.35 W/(m·℃),而湿砖的导热系数是1.0 W/(m·℃);又如,导热系数较小的矿渣棉湿度为10.7%时其导热系数增加25%,而湿度为23.5%时其导热系数增加500%。因此,隔热保温材料一定要保持干燥。部分材料在常温下的导热系数见表2.1。

在工程计算中,常遇到由多种材料组成的多层平壁,例如,房屋的墙壁主要由普通烧结砖为主逐层砌筑而成,内侧为白灰粉刷层,外有水泥砂浆抹面;锅炉炉腔的内侧为耐热材料层,中间为隔热材料层,外侧为保护材料层。这些都是多层平壁的实例。

如图2.2所示为3层材料组成的多层平壁,各层之间结合紧密,从左至右各层的厚度分别为δ_1、δ_2、δ_3,对应的导热系数依次为λ_1、λ_2及λ_3且均为常数。壁的内、外表面温度分别为t_1和t_4,有$t_1>t_4$,且不随时间变化。由于层和层之间紧密结合,可用t_2和t_3表示层间接触面的温度。

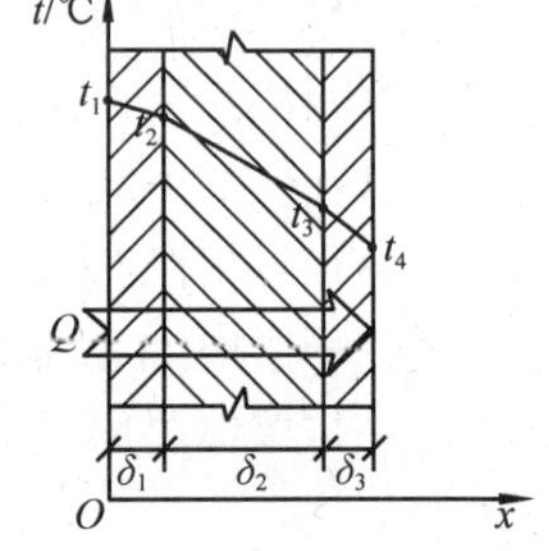

图2.2 多层平壁导热

表2.1 一些材料在常温下的导热系数

材料类别		λ/[W·(m·℃)⁻¹]	材料类别		λ/[W·(m℃)⁻¹]
金属	银	407~419	保温材料	石棉	0.09~0.11
	铜	349~395		硅藻土	0.17
	钢、生铁	47~58		珍珠岩	0.07~0.11
	合金钢	17~35		矿渣棉	0.05~0.06
				泡沫塑料	0.023~0.050
液体、气体	水	0.59	其他	锅炉水垢	0.6~2.3
	空气	0.023		烟渣	0.06~0.11
建筑材料	耐火砖	1.05~1.40			
	红砖	0.6~0.8			
	混凝土	0.8~1.28			
	松木(顺木纹)	0.35			

把整个平壁看作由3个单层平壁组成，应用式(2.3)分别计算出通过每一层的热流强度$q_{\lambda 1}$、$q_{\lambda 2}$及$q_{\lambda 3}$，即

$$q_{\lambda 1}=\frac{\lambda_1(t_1-t_2)}{\delta_1} \quad ①$$

$$q_{\lambda 2}=\frac{\lambda_2(t_2-t_3)}{\delta_2} \quad ②$$

$$q_{\lambda 3}=\frac{\lambda_3(t_3-t_4)}{\delta_3} \quad ③$$

在稳定导热过程中，通过整个平壁的热流强度q与通过各层平壁的热流强度应相等，即

$$q=q_{\lambda 1}=q_{\lambda 2}=q_{\lambda 3}$$

联立式①、式②、式③及式④，可得

$$q=\frac{t_1-t_4}{\dfrac{\delta_1}{\lambda_1}+\dfrac{\delta_2}{\lambda_2}+\dfrac{\delta_3}{\lambda_3}}=\frac{t_1-t_4}{R_{\lambda_1}+R_{\lambda_2}+R_{\lambda_3}} \quad (2.5)$$

式中　$R_{\lambda 1}$、$R_{\lambda 2}$、$R_{\lambda 3}$——第一、第二、第三层的热阻。

对n层多层平壁热流强度计算公式可依次类推，得

$$q=\frac{t_1-t_{n+1}}{\sum_{i=1}^{n}\dfrac{\delta_i}{\lambda_i}}=\frac{t_1-t_{n+1}}{\sum_{i=1}^{n}R_{\lambda_i}} \quad (2.6)$$

式中，分母的第i项$R_{\lambda i}$代表第i层材料的热阻，t_{n+1}表示第n层材料外表面的温度。从方程式(2.6)可知，多层平壁的总热阻等于各层热阻的总和。

有时，工程上需要知道各层接触面的温度$t_2,t_3,t_4,t_i,\cdots$，根据式①、式②及式④可得

$$t_2=t_1-qR_{\lambda 1}$$

$$t_3=t_2-q(R_{\lambda 1}+R_{\lambda 2})$$

以此类推，可得多层平壁内第i层和第$i+1$层之间接触面的温度t_{i+1}，即

$$t_{i+1}=t_1-q(R_{\lambda 1}+R_{\lambda 2}+\cdots+R_{\lambda i}) \quad (2.7)$$

由式(2.7)可知，每一层平壁内的温度分布是斜直线，但由于整个多层平壁内每层的导热系数不同，温度分布呈折线状。

例2.1　一无窗冷库，墙壁总面积为500 m²，壁厚为370 mm，室内侧壁面温度为−23 ℃，室外侧壁面温度为18 ℃，墙壁的导热系数为0.95 W/(m·℃)。试计算通过该冷库墙壁的总热量。

解　根据式(2.2)，通过1 m²墙壁的热流强度为

$$q=\frac{\lambda}{\delta}(t_1-t_2)=\frac{0.95}{0.37}\times(18-23)\text{ W/m}^2=105.3\text{ W/m}^2$$

通过全部冷库墙壁的导热热流量为

$$Q=qF=105.3\text{ W/m}^2\times 500\text{ m}^2=72\ 560\text{ W}$$

例2.2　在题2.1基础上，若在冷库内壁粉刷15 mm的白灰粉刷层，其导热系数为0.7 W/(m·K)；外壁外表面粉刷15 mm的水泥砂浆，导热系数为0.87 W/(m·℃)。冷库

内、外壁面温度同题2.1。求此时通过冷库墙壁总的热量。

解 根据式(2.5)，通过1 m^2 墙壁的热流强度为

$$q=\frac{t_1-t_2}{\frac{\delta_1}{\lambda_1}+\frac{\delta_2}{\lambda_2}+\frac{\delta_3}{\lambda_3}}=\frac{18+23}{\frac{0.015}{0.7}+\frac{0.37}{0.95}+\frac{0.015}{0.87}}\ W/m^2=95.8\ W/m^2$$

通过冷库墙壁总的热量为

$$Q=qF=95.8\ W/m^2\times 500\ m^2=47\ 900\ W$$

通过上述两题的计算结果可知，对建筑物的墙体进行粉刷装饰，不但使建筑物更为美观，还可减少室内外热量的损失。

2.3 热对流与对流换热

所谓热对流，是指具有热能的流体在流动的同时所进行的换热现象，即热能在流体各部分之间发生相对位移，把热量从高温处传递给低温处的传热现象。一般情况下，热对流只发生在流体中，与流体的流动有关。而对流换热是指液体与固体壁面直接接触，当两者温度不同时，相互之间所发生的热量传递的现象。它是比导热更为复杂的换热过程。本节主要讨论对流换热的机理、影响对流换热的因素和表面换热系数等。

2.3.1 对流换热的机理

在具有不均匀温度场的流体内部，流体微团间的宏观相对运动，引起热能转移的现象称为热对流。在热对流现象发生的同时，因流体内部温度不均，将引起流体微观粒子（分子、原子）热运动，而引起传递热能的导热现象。可知，在热能转移的流体中热对流和热传导两种现象总是同时发生的。

流体与固体壁面间的对流换热过程的完成，是流体内部热传导和热对流共同作用的结果。热能的转移和流体的流动状态（层流或紊流）有着密切的关系。

流体呈层流时，在流体内部垂直于固体壁面的法线方向上，热能的转移以热传导的方式进行。即依靠流体微观粒子（分子、原子）的热运动，穿过流线并相互碰撞，将所携带的热能传给相邻流线上的质点，该过程称为分子热传导。

流体呈紊流时，在流体中有无数个漩涡，漩涡是流体微团的宏观相对位移。在漩涡作用下流体微团穿过流体层，将所携带的热量从一个流体层转移给另一个流体层的流体质点。这样在流体层间转移了热能，称该过程为涡传导。在流体紊流时涡传导还附带有分子传导。可见紊流时的热量传递远强于层流时。对流传递过程中一旦出现紊流，换热过程将明显加强。

2.3.2 影响对流换热的因素

影响对流换热的因素很多，归纳起来有以下4个方面：

(1)流动引起的作用

按流体流动的起因可分为两类：若流体的流动是由水泵、风机或其他压差作用所造成的，称为受迫对流；若流体的流动是由于流体冷热密度不同所造成的，则称为自然对流。一般来

说,受迫对流的热交换速度较自然对流快得多。

(2)流体流动的速度

流速增加,促使流体的边界层变薄,并使流体内部相对运动加剧,从而使对流换热速度加快。

(3)流体的物理性质

流体的物理性质(如导热系数、比热容、密度、黏度等)都会影响对流换热过程。导热系数大的物体,贴壁层流层的导热热阻小,换热充分;比热容和密度大的流体,体积热容量大,增强了流体与壁面之间的换热;黏度大的流体,边界层增厚,对换热不利。上述诸物理性质对换热的影响不是孤立的,在分析实际过程时应注意综合效果。

(4)换热表面的几何特征

壁面的几何特征影响流体在壁面上的流态、速度分布、温度分布,在研究对流换热问题时,应注意对壁面的几何因素作具体分析。表面的大小、几何形状、粗糙度以及相对于流体的流动方向的位置等因素都直接影响对流换热过程。这是因为换热表面的特征不同,导致流体的运动和换热条件不同所致。

2.3.3　表面换热系数

一般情况下,计算流体与固体壁面之间的对流换热强度 q 是以牛顿公式(牛顿1701年提出)为基础的,其公式为

$$q = a(t_w - t_f) \tag{2.8}$$

式中　q——对流热流强度,W/m^2;

t_w——壁面的温度,℃;

t_f——流体的温度,℃;

a——表面换热系数,W/(m^2·K)。

表面换热系数 a 的物理意义是指单位面积上当流体和固体壁面之间为单位温差,在单位时间内传递的热量。表面换热系数的大小,反映了对流换热过程的强弱。

由于 a 的影响因素很多,并且在理论上使解决对流换热问题集中于求解表面换热系数问题,因此对流换热过程的分析和计算以表面换热系数的分析和计算为主。综合上述几方面的影响,不难得出结论,表面换热系数是众多因素的函数,即

$$a = f(\lambda, c, \beta, \rho, \mu, t_w, t_f, l, \phi) \tag{2.9}$$

式中　λ——液体的导热系数,W/(m·℃);

c——热容,kJ/(kg·℃);

β——液体的膨胀系数,1/℃;

ρ——液体的密度,kg/m^3;

μ——液体的动力黏滞系数,Pa·s;

l——定性尺寸,m;

ϕ——几何形状因素。

研究对流换热的目的,就是通过各种方法确定不同条件下式(2.9)的具体函数式,寻求在工程实践中增强或削弱对流换热的途径。

2.4 辐射换热

2.4.1 辐射换热的基本概念及特点

物质是由分子、原子、电子等基本粒子组成,原子中的电子受激或振动时,产生交替变化的电场或磁场,能量以电磁波的形式向外传播,这就是辐射,是物质的一种固有属性。引发微观基本粒子运动状态变化的原因不同,将产生不同波长的电磁波,而不同波长的电磁波具有不同的属性,对物质的作用也各不相同。例如,电磁振荡的线路中引发的无线电波,以及被人眼所感知的可见光;具有穿透性的X射线以及γ射线等。各类电磁波的波谱如图2.3所示。

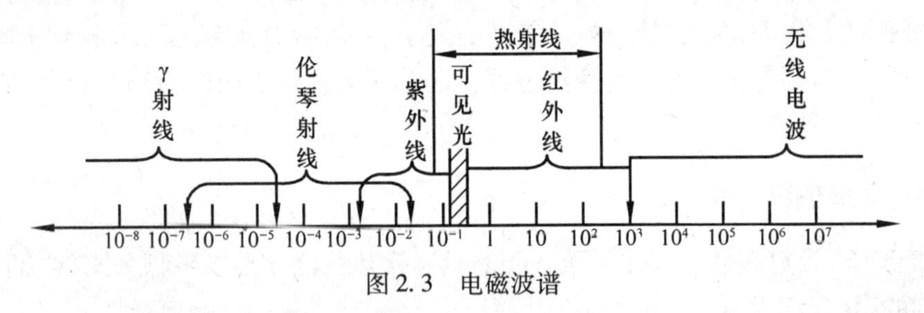

图2.3 电磁波谱

由图2.3可知,电磁波的波长可从几万分之一微米($1\ \mu m = 10^{-6}$)到数千米。通常把投射到物体上能产生明显热效应的电磁波称为热射线,其中包括可见光、部分紫外线和红外线。工程中的辐射体温度一般在2 000 K以下,热辐射主要是红外辐射,可见光的能量所占比例很少,通常可略去不计。

热辐射的本质决定了辐射换热具有以下特点:

①热辐射与导热和对流换热不同,它不依靠物质的直接接触而进行能量传递,这是因为电磁波可以在真空中传播,太阳辐射能够穿越遥远的太空到达地面就是很好的例证。

②辐射换热过程伴随着能量形式的两次转化,即物体的部分内能转换为电磁波发射出去,当此电磁波射至另一物体表面时,被物体所吸收,电磁波又转换为物体的内能。

③任何物体($T>0$ K)都在不断地向外界发射热射线,辐射换热是两物体相互辐射的结果。当两物体有温差时,高温物体辐射给低温物体的能量大于低温物体辐射给高温物体的能量,即使各个物体温度相同,辐射换热仍在不停地彼此进行。只是每一物体射出和吸收的能量是相等的,处于动态平衡状态。

2.4.2 辐射能的吸收、反射和透射

当外界的热辐射能投射到物体上,将被物体吸收、反射和透过(见图2.4)。在透射辐射中,有一部分 G_α 被吸收,一部分 G_ρ 被反射,一部分 G_τ 被透过,则

$$G_\alpha + G_\rho + G_\tau = G$$

上式两边同除 G,得

$$\frac{G_\alpha}{G} + \frac{G_\rho}{G} + \frac{G_\tau}{G} = \alpha + \rho + \tau = 1 \tag{2.10}$$

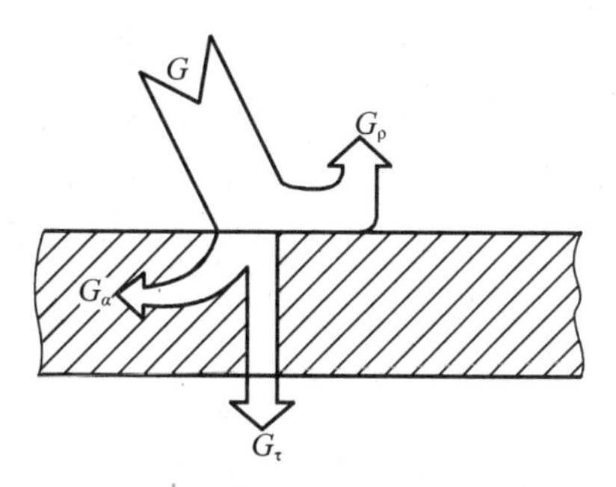

图2.4　物体的吸收、反射和透过

式中　$\alpha=\dfrac{G_\alpha}{G}$——吸收率,表示在投射总能量中,被吸收的能量所占份额,即物体对辐射能的吸收能力,无因次量;

$\rho=\dfrac{G_\rho}{G}$——反射率,表示在投射总能量中,被反射的能量所占份额,即物体对辐射能的反射能力,无因次量;

$\tau=\dfrac{G_\tau}{G}$——透射率,表示在投射总能量中,被透射的能量所占份额,即物体对辐射能的透射能力,无因次量。

能吸收全部热射线的物体($\alpha=1$)称为绝对黑体,简称黑体。能反射全部热射线的物体($\rho=1$)称为绝对白体,简称白体。能透过全部热射线的物体($\tau=1$)称为绝对透明体或透热体。自然界中绝对的黑体、白体、透明体是不存在的,它们都是物体热辐射的极限情况。物体对外来辐射的吸收和反射能力与物体的性质、表面状况、所处温度以及发射物体的性质和温度等因素有关。例如,炭黑$\alpha=0.96$,抛光的黄金$\rho=0.98$,玻璃对可见光来说是透明体,但对红外线却几乎是不透明体,因此用普通玻璃制成的温室,能投进大量的太阳辐射而阻止室内的长波辐射向外透射,产生所谓"温室效应"。

2.4.3　热辐射的基本定律

物体对外放射热能的能力,即单位时间内在单位面积上物体辐射的波长从0~∞范围的总能量。根据绘制的辐射光谱图分析,黑体不但能将一切波长的外来辐射完全吸收,也能向外发射一切波长的热辐射。对于投射于其表面的各种波长的能量,能全部吸收。实验和理论分析证明,黑体的辐射能力为

$$E_0=\sigma_0 T^4 \tag{2.11}$$

式中　E_0——黑体单位时间内单位面积向外辐射的能量,称为黑体辐射力,W/m^2;

σ_0——黑体的辐射常数,$\sigma_0=5.67\times10^{-8}\ W/(m^2\cdot K^4)$;

T——绝对温度,K。

式(2.11)称为斯蒂芬-波尔兹曼定律,又称为四次方定律。为便于工程应用,式(2.11)可改写为

$$E_0=C_0\left(\frac{T}{100}\right)^4$$

式中　C_0——黑体的辐射系数,$C_0=5.67\ W/(m^2\cdot K^4)$。

黑体是理想化的模型,它不但能吸收一切波长的外来辐射热($\alpha=1$),而且能向外发射一切波长的热辐射,在相同温度的一切物体中,黑体具有最大的辐射能力。自然界中的实际物体,其辐射能力小于黑体的辐射能。为了确定实际物体的辐射力,将实际物体的辐射力与同温度下黑体辐射力的比值称为该实际物体的发射率,又称黑度,数值为0~1,无因次量,用符号 ε 表示。

$$\varepsilon=\frac{E}{E_b} \tag{2.12}$$

或

$$\varepsilon=\frac{E}{E_b}=\frac{\int_0^{\infty}\varepsilon_{\lambda}E_{b\lambda}d_{\lambda}}{\sigma_b T^4} \tag{2.13}$$

由此可知,实际物体的辐射力服从斯蒂芬-波尔兹曼定律(四次方定律),即

$$E=\varepsilon E_b=\varepsilon\sigma_b T^4=\varepsilon C_b\left(\frac{T}{100}\right)^4 \tag{2.14}$$

很显然,对于黑体而言,$\alpha=\varepsilon=1$,$C_0=5.67$;而对灰体(实际固、流体表面)则有 $\alpha=\varepsilon<1$,$C=\varepsilon C_0<5.67$。

可知,物体对热辐射有好的吸收能力,就一定有好的辐射能力。也就是说,善于辐射的物体,也善于吸收。

2.4.4 热辐射的计算

不同温度的两物体(或数个物体)间互相进行着热辐射和吸收。由此引起相互间的热传递现象称为辐射换热。

最简答的情况是两平行的大平面之间的辐射换热,如图2.5所示。设 Q_1、Q_2 分别为大平面1和2表面向对方发射出去的总热辐射热量(包括反射辐射),ε_1、ε_2 分别为表面1和表面2的辐射率(黑度),T_1、T_2 为其温度,α_1、α_2 为其吸收率。

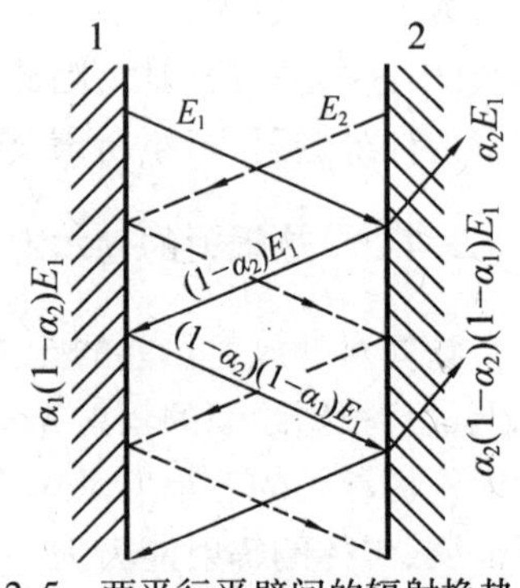

图2.5 两平行平壁间的辐射换热

按上述定义结合斯蒂芬-波尔兹曼定律可知,有

$$Q_1=\varepsilon_1 C_0\left(\frac{T_1}{100}\right)^4\cdot F+Q_2(1-\alpha_1) \quad ①$$

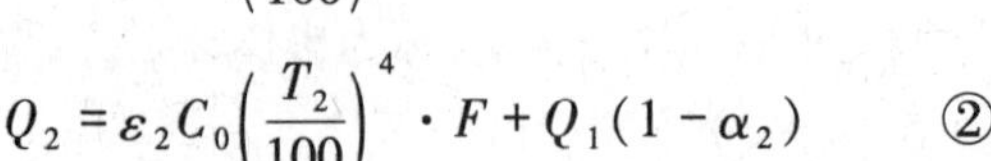

$$Q_2=\varepsilon_2 C_0\left(\frac{T_2}{100}\right)^4\cdot F+Q_1(1-\alpha_2) \quad ②$$

式中 F——大平面面积;

$Q_2(1-\alpha_1)$,$Q_1(1-\alpha_2)$——两大平面反射辐射。

若 $T_1>T_2$,则所传递的热量为

$$Q=Q_1-Q_2 \tag{3}$$

由式①、式②求出 Q_1 及 Q_2,且有

$$\varepsilon_1 \cdot C_0 = C_1, \varepsilon_1 = \alpha_1; \varepsilon_2 \cdot C_0 = C_2, \varepsilon_2 = \alpha_2$$

代入式③并化简,可得

$$Q = \frac{1}{\frac{1}{C_1}+\frac{1}{C_2}+\frac{1}{C_3}}\left[\left(\frac{T_1}{100}\right)^4 - \left(\frac{T_2}{100}\right)^4\right] \cdot F \tag{2.15a}$$

式中 $\frac{1}{\frac{1}{C_1}+\frac{1}{C_2}+\frac{1}{C_3}} = \frac{C_0}{\frac{1}{\varepsilon_1}+\frac{1}{\varepsilon_2}-1}$ ——无限大平面辐射系统的辐射系数,用 C_n 表示,则有

$$Q = C_n\left[\left(\frac{T_1}{100}\right)^4 - \left(\frac{T_2}{100}\right)^4\right] \cdot F$$

或

$$q = \frac{Q}{F} = C_n\left[\left(\frac{T_1}{100}\right)^4 - \left(\frac{T_2}{100}\right)^4\right] \tag{2.15b}$$

对于其他较复杂的辐射换热,只要求出各系统的系统辐射系数,相互传递的热量就可通过式(2.15b)求出。

例 2.3　设两块大平行平壁之间为空气间层,平壁1的表面温度 $t_1 = 300$ ℃,冷平壁2的表面温度为 $t_2 = 50$ ℃,两平壁的辐射率为 $\varepsilon_1 = \varepsilon_2 = 0.85$。求此间层单位表面积的辐射换热量。

解　由题意知,两平行平壁的尺寸远远大于其空气间层的厚度,故其辐射换热量可应用式(2.15b)计算,即

$$q = \frac{Q}{F} = C_n\left[\left(\frac{T_1}{100}\right) - \left(\frac{T_2}{100}\right)^4\right]$$

根据已知条件计算可得

$$C_n = \frac{C_0}{\frac{1}{\varepsilon_1}+\frac{1}{\varepsilon_2}-1} = \frac{5.67}{\frac{1}{0.85}+\frac{1}{0.85}-1}\ \text{W/(m}^2\cdot\text{K}^4) = 4.19\ \text{W/(m}^2\cdot\text{K}^4)$$

$$T_1 = t_1 + 273 = 573\ \text{K}$$

$$T_2 = t_2 + 273 = 323\ \text{K}$$

故

$$q = 4.19\left[\left(\frac{573}{100}\right)^4 - \left(\frac{323}{100}\right)^4\right]\ \text{W/m} = 4\ 060\ \text{W/m}$$

2.5　传热过程及传热的增强与削弱

2.5.1　传热过程

建筑围护结构和换热设备的传热过程,实际是导热、热对流和热辐射3种基本换热方式共同作用的复杂的换热工程。通常情况下,按稳定传热过程来考虑。下面以一建筑物外墙为例来分析建筑围护结构的实际传热过程。

如图 2.6 所示，假定外墙壁厚为 δ，导热系数为 λ，墙体面积为 F，墙壁两侧的空气温度分别为 t_{f1} 和 t_{f2}，且 $t_{f1} > t_{f2}$，室内外空气与墙壁两侧的换热系数分别为 α_1 和 α_2，墙体两侧表面温度分别为 t_{w1} 和 t_{w2}，室内外空气与壁面的温度均不随时间发生变化，该传热过程为稳定传热，则室内、外空气通过墙体的换热过程由以下 3 个阶段组成：

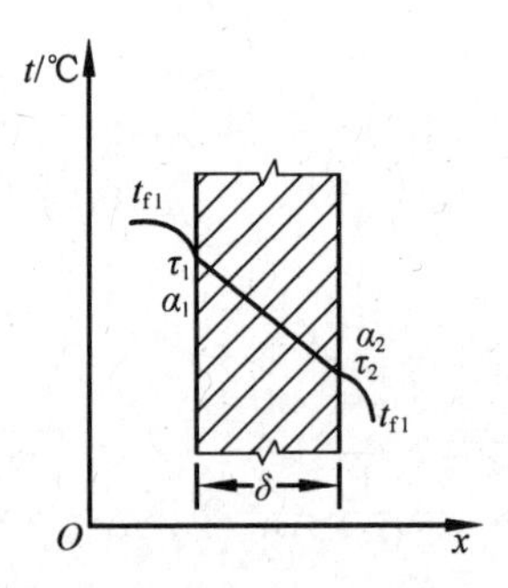

图 2.6　通过墙壁的传热

(1) 吸热阶段

因存在温差，室内高温空气和墙体内表面之间有热量传递，这一阶段的传热是对流换热和辐射换热两者构成的复合换热过程，其换热量为

$$Q_1 = \alpha_1 (t_{f1} - t_{w1}) F \tag{2.16}$$

(2) 导热阶段

热量在墙体内外表面内的固体材料层内进行的导热过程，根据式(2.2)，其换热量为

$$Q_2 = \frac{\lambda}{\delta} (t_{w1} - t_{w2}) F \tag{2.17}$$

(3) 放热阶段

热量由墙体外表面传至室外的冷空气中，对墙体外表面来说是散失热量，与墙体内表面的换热过程相似，只不过热量以对流换热和辐射换热构成的复合换热形式传递给室外的空气和环境。其传热量为

$$Q_3 = \alpha_2 (t_{w2} - t_{f2}) F \tag{2.18}$$

由于传热过程是稳态的，故

$$Q_1 = Q_2 = Q_3 = Q$$

改写上式(2.16)、式(2.17)、式(2.18)，得

$$t_{f1} - t_{w1} = Q \frac{1}{\alpha_1 F}$$

$$t_{w1} - t_{w2} = Q \frac{\delta}{\lambda F}$$

$$t_{w2} - t_{f2} = Q \frac{1}{\alpha_2 F}$$

将上述 3 式相加并整理，得

$$Q = \frac{t_{f1} - t_{f2}}{\frac{1}{\alpha_1} + \frac{\delta}{\lambda} + \frac{1}{\alpha_2}} F = K(t_{f1} + t_{f2}) F \qquad \text{W} \tag{2.19}$$

对于单位面积的墙体而言，其热流强度 q 为

$$q = \frac{Q}{F} = K(t_{f1} + t_{f2}) \qquad \text{W/m}^2 \tag{2.20}$$

其中

$$K = \frac{1}{\frac{1}{\alpha_1} + \frac{\delta}{\lambda} + \frac{1}{\alpha_2}} \qquad \text{W/(m}^2 \cdot ℃)$$

式中　K——传热系数,它表明冷热流体温差1 ℃时,在单位时间内通过单位面积的传热量,$W/(m^2 \cdot ℃)$。

K值的大小反映了传热过程的强弱程度。传热系数是一个与过程有关的物理量,它综合反映了参与传热过程的所有传热方式的总体特征。

2.5.2　传热的增强与削弱

(1)传热的增强

增强传热通常是指提高换热设备单位面积的传热能力,使换热设备达到体积小、质量轻、节省金属材料的目的。由传热的基本公式 $Q=KF\Delta t$ 可知,增强传热的途径主要有以下3个方面:

1)提高传热温差

采用提高热流体的温度和降低冷流体的温度,并尽可能在换热面两侧采用冷、热流体逆向流动的方式。

2)提高传热系数

提高传热系数,即减小传热热阻。应设法减少传热过程中各串联热阻中最大的热阻,具体措施如下:

①减小导热热阻,其中包括换热面本身热阻和表面污垢热阻。

②减小对流换热热阻,如在表面传热系数小的一侧加装肋片,并注意使肋基接触良好。

③适当增加流体流速,采用小管径以增加流体的扰动和混合,破坏边界层的层流层等。

④增加辐射面的发射率和温度来增强辐射换热,如在辐射板表面涂镀选择性涂层或选用发射率大的材料等。

3)增大传热面积

增大传热面积不能单纯理解为增加设备台数或增大设备体积,而是合理地提高单位体积的传热面积,如采用肋片管、波纹管式换热面,从结构上加大单位体积的传热面积。

(2)传热的削弱

与增强传热相反,削弱传热则要求降低传热系数,即增大传热热阻。削弱传热是为了减少设备及其管道的热损失,保证冷(热)源质量,节约能源。主要途径可概括为以下两个方面:

1)覆盖热绝缘材料

在冷热设备和管道上包裹绝热材料是工程上最常用的保温措施。常用的保温材料有岩棉、各类泡沫塑料、微孔硅酸钙、珍珠岩等。

2)改变表面状况

主要采用选择性涂层的方法,即增强对投入辐射的吸收,同时削弱本身对环境的辐射换热损失,如表面喷镀氧化铜等涂层。也可采用附加抑制对流的元件,如太阳能集热器的玻璃盖板与吸热板之间装蜂窝结构元件,抑制空气对流换热,同时也可减少集热器对外辐射的热损失。

复习与思考题

1. 建筑物外墙壁的保温层有何作用？保温层是否越厚越好？
2. 如何增强对流换热的传热效果？
3. 辐射传热有何特点？
4. 以散热器为例，请分析如何提高散热器的传热效率。

第 3 章 常用管材及附件

3.1 常用的管材及管件

3.1.1 常用的管材

建筑设备工程中的管材和管件主要用于输送各种液体及气体介质，或敷设各类电气导线。按管料的性质划分，有以下管材：

(1)金属管

1)焊接钢管

焊接钢管俗称水煤气管，又称为低压流体输送管或有缝钢管。通常用普通碳素钢中钢号为 Q215、Q235、Q255 的软钢制造而成。按其表面是否镀锌又分为镀锌钢管(白铁管)和非镀锌钢管(黑铁管)。按钢管壁厚的不同，可分为普通钢管、加厚管和薄壁管 3 种。按管段是否带有螺纹，还可分为带螺纹和不带螺纹两种。每根管的制造长度为带螺纹的黑、白钢管为 4 ~ 9 m，不带螺纹的黑钢管为 4 ~ 12 m。

焊接钢管的直径规格用公称直径“DN”表示，单位为 mm(如 DN20)。

焊接钢管的规格尺寸见表 3.1。

普通焊接钢管常用于室内暖卫工程管道。

2)无缝钢管

无缝钢管常用普通碳素钢、优质碳素钢或低合金钢制造而成。按制造方法，可分为热轧和冷轧两种。热轧管外径有 32 ~ 630 mm 的各种规格，每根管的长度为 3 ~ 12.5 m；冷轧管外径有 5 ~ 220 mm 的各种规格，每根管的长度为 1.5 ~ 9 m。

无缝钢管的直径规格用管外径 × 壁厚表示，符号为 $D \times \delta$，单位为 mm(如 159 ×4.5)。

无缝钢管的规格见表 3.2。

表 3.1　低压流体输送用 镀锌钢管 / 镀锌钢管 钢管 （GB/T 3091—1993）（GB/T 3092—1993）

公称直径		外　径		普通钢管			加厚钢管		
				壁　厚		理论质量/(kg·m^{-1})	壁　厚		理论质量/(kg·m^{-1})
/mm	/in	公称尺寸/mm	允许偏差	公称尺寸/mm	允许偏差/%		公称尺寸/mm	允许偏差/%	
6	$\frac{1}{8}$	10.0	0.50 mm	2.00	+12 −15	0.39	2.25	+12 −15	0.46
8	$\frac{1}{4}$	13.5		2.25		0.62	2.75		0.75
10	$\frac{3}{8}$	17.0		2.25		0.86	2.75		0.97
15	$\frac{1}{2}$	21.3		2.75		1.26	3.25		1.45
20	$\frac{3}{4}$	26.8		2.75		1.63	3.50		2.01
25	1	33.5		3.25		2.42	4.00		2.91
32	$1\frac{1}{4}$	42.3		3.25		3.13	4.00		3.78
40	$1\frac{1}{2}$	48		3.50		3.84	4.25		4.58
50	2	60	±1	3.50	+12 −15	4.88	4.50	+12 −15	6.16
65	$2\frac{1}{2}$	75.5		3.75		6.64	4.50		7.88
80	3	88.5		4.00		8.34	4.75		9.81
100	4	114.0		4.00		10.85	5.00		13.44
125	5	140.0		4.00		13.42	5.50		18.24
150	6	165.0		4.50		17.81	5.50		21.63

表 3.2　普通无缝钢管常用规格（摘自 YB 231—70）

外径 D/mm	壁厚 δ/mm								
	2.5	3.0	3.5	4.0	4.5	5.0	6.0	7.0	8.0
	理论质量/(kg·m^{-1})								
57	3.36	4.00	4.62	5.23	583	6.41	7.55	8.63	9.67
60	3.55	4.22	4.88	5.52	6.16	6.78	7.99	9.15	10.26
73	4.35	5.18	6.00	6.81	7.60	8.38	9.91	11.39	12.82
76	4.53	5.40	6.26	7.10	7.93	8.75	10.36	11.91	13.12
89	5.33	6.36	7.38	8.38	9.38	10.36	12.28	14.16	15.98
102	6.13	7.32	8.50	9.67	10.82	11.96	14.21	16.40	18.55
108	6.50	7.77	9.02	10.26	11.49	12.70	15.09	17.44	19.73
114				10.48	12.15	13.44	15.98	18.47	20.91

续表

外径 D/mm	壁厚 δ/mm								
	2.5	3.0	3.5	4.0	4.5	5.0	6.0	7.0	8.0
	理论质量/(kg·m⁻¹)								
133				12.73	14.26	15.78	18.79	21.75	24.66
140				13.42	15.04	16.65	19.83	22.96	26.04
159					17.15	18.99	22.64	26.24	29.79
168						10.10	23.97	27.79	31.57
219							31.52	36.60	41.63
245								41.09	46.76
273								45.92	52.28

普通无缝钢管常用于输送氧气、乙炔、室外供热管道等。

3)铜管

常用铜管有紫铜管(纯铜管)和黄铜管(铜合金管),紫铜管主要用 T_2、T_3、T_4、T_{up}(脱氧铜)制造而成。

铜具有很好的导电、导热性及耐腐蚀性,常用于制作民用天然气、煤气、氧气及对铜无腐蚀作用介质的输运管道及附件。

4)铸铁管

铸铁管具有耐腐蚀性强,使用寿命长,价格低等优点,其缺点是性脆、质量大,长度小,水流条件差。铸铁管按用途可分为给水铸铁管和排水铸铁管两种,直径规格均用公称直径表示。

给水铸铁管常用灰口铸铁或球墨铸铁浇铸而成,出厂前内外表面已用防锈沥青防腐。按接口形式分为承插式和法兰式两种。按压力分为低压管(≤0.45 MPa)、中压管(≤0.75 MPa)、高压管(≤1.0 MPa)3 种。高压给水铸铁管用于室外给水管道,中、低压铸铁管可用于室外燃气、雨水等管道。

排水铸铁管一般用灰口铸铁浇铸而成,其壁厚较薄,承口深度较小,出厂时其内外表面均未作防腐处理,外表面的防腐需在施工现场操作。排水管只有承插式的接口形式。其常用直径规格为 DN50、DN75、DN100、DN125 、DN150、DN200 等,每根管的长度为 0.5 ~ 1.5 m,0.9 ~ 1.5 m, 1.0 ~ 1.5 m 和 1.5 m 等几种。排水铸铁管主要用于室内生活污水和雨水的排放。

5)铝塑管

铝塑管是以焊接铝管为中间层,内外层均为聚乙烯塑料,采用专用热熔胶,通过挤压成型的方法复合成一体的管材。可分为冷、热水用铝塑管和燃气用复合管。

铝塑管常用外径等级为 *D*14,*D*16,*D*20,*D*25,*D*32,*D*40,*D*50,*D*63,*D*75,*D*90,*D*110 共 11 个等级。

(2)非金属管

1)塑料给水管

塑料管是以合成树脂为主要成分,加入适量的添加剂,在一定的温度和压力下塑制成型的有机高分子塑料管道。有给水硬聚氯乙烯(PVC-U)和给水高密度聚乙烯管(HDPE),用于室内外(埋地或架空)输送水温不超过45 ℃的冷热水。

2)硬聚氯乙烯管

硬聚氯乙烯管是以聚氯乙烯树脂为主要原料,加入必需的助剂后挤压成型,适用于输送生活污水和生产污水。

硬聚氯乙烯管的规格用公称外径(d_e)×壁厚(e)表示。

3)其他非金属管材

给排水工程中除使用上述非金属管道外,还经常在室外给排水工程中使用石棉水泥管、陶土管、自应力和预应力混凝土等非金属管。

3.1.2 常用管件

(1)给水管件

常用的给水管件有弯头、三通、四通、管箍、大小头、活接头等。各种给水管件的连接如图3.1所示。

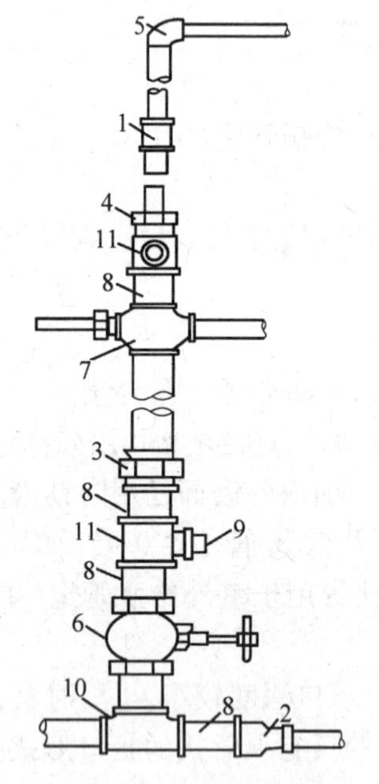

图3.1 给水管件的连接图

1—外管箍;2—大小头;3—活接头;
4—补心;5—90°弯头;6—阀门;
7—异径四通;8—内管箍;9—管堵;
10—等径三通;11—异径三通

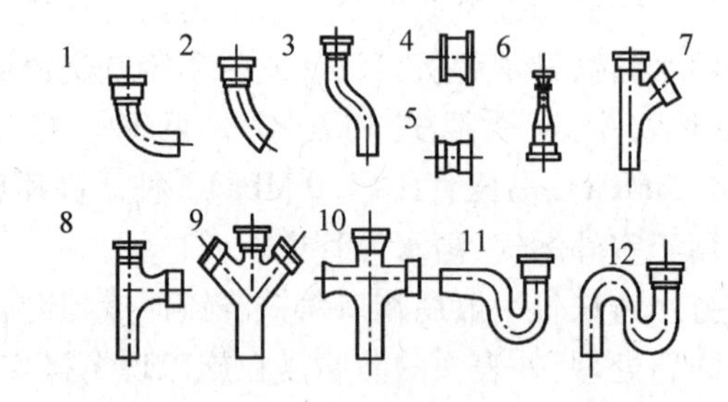

图3.2 排水管件

1—90°弯头; 2—45°弯头;3—乙字管;
4—双承管;5—大小头;6—斜三通;
7 —正三通;8—斜四通;9—正四通;
10—P弯;11—S弯;12—套筒

(2)排水管件

常用的排水管件有90°顺水弯头、45°顺水弯头、90°顺水三通、45°斜三通、90°顺水四通,45°斜四通、P形存水弯,S形存水弯等。常用的排水管件如图3.2所示。

3.1.3 管道的连接方法

在建筑设备工程中,根据管道材质的不同以及管径大小等因素,管道与管道和管道与设备之间的连接方式有以下 5 类：

(1) 螺纹连接

螺纹连接又称丝扣连接，是通过管端加工的外螺纹和管件内螺纹将管子与管子、管子与管件、管子与阀门紧密连接。适用于 DN≤100 mm 的镀锌钢管，以及较小管径、较低压力的焊接钢管、硬聚氯乙烯塑料管的连接，带螺纹的阀门及设备接管的连接等。

(2) 法兰连接

法兰连接是通过紧固螺栓、螺母，将法兰盘及其中间的法兰垫片压紧而使管道与管道、阀门、设备等连接起来的一种连接方法。法兰连接是可拆卸接头，常用于管子与带法兰的配件或设备的连接，以及管子需要拆卸检修的场合。法兰盘与管子之间可通过丝扣、焊接等方式连接，分别称为丝扣法兰和平焊法兰。

(3) 焊接连接

焊接连接是管道安装工程应用最为广泛的一种连接方法，具有接头紧密、不漏水、施工迅速的特点，但不能拆卸。它分为电弧焊和气焊两种。管径大于 32 mm 的宜用电焊连接，管径小于或等于 32 mm 的可用气焊连接。焊接连接一般不用于镀锌钢管的连接上，因镀锌钢管在焊接时表面锌层易被破坏，反而加快锈蚀。

(4) 承插连接

承插连接是将管子或管件的插口(小头)插入承口(喇叭头)，并在其插接的环形间隙内填以接口材料的连接。一般铸铁管、塑料排水管、石棉管及混凝土管都采用承插连接。

(5) 卡套式连接

卡套式连接是由带锁紧螺帽和丝扣管件组成的专用接头对管道进行连通的连接方式，连接方便、快捷，广泛应用于复合管、塑料管和 DN≥100 的镀锌钢管的连接。

3.2　建筑设备工程常用的管路附件

建筑设备工程中的管路附件是指安装在管道及设备上用于启闭、调节分配介质流量、压力的装置。有配水附件和控制附件两大类。

3.2.1　配水附件

配水附件是用来开启或关闭水流，如装在各种卫生器具上的配水龙头(又称水嘴)，一般有以下 3 种：

(1) 普通水龙头

普通水龙头一般采用截止阀式结构供给洗涤用水的配水龙头。它通常装在洗涤盆、污水盆及盥洗槽上，用可锻铸铁或黄铜制成，规格有 15 mm、20 mm、25 mm 3 种。

(2) 盥洗龙头

盥洗龙头采用截止阀或瓷片式、轴筒式、球阀式等结构。它装设在洗脸盆上，通常与洗脸盆成套供应，有莲蓬头、鸭嘴式、角式、长脖式等多种形式。多为表面镀镍的铜制品，较美观、洁净。

(3)混合龙头

混合龙头通常装设在浴盆、洗脸盆及淋浴器上用来分配调节冷热水用。按结构可分为双把和单把两种。

此外,还有很多特殊用途的水龙头,如用于化学实验室的鹅颈水龙头,用于节水的充气水龙头、定流量水龙头、定水量水龙头及小便斗冲洗器等。

3.2.2 控制附件

控制附件是指用来控制水量和关闭水流的各类阀门。如图 3.3 所示,室内给水管道上常用的阀门有以下 4 种:

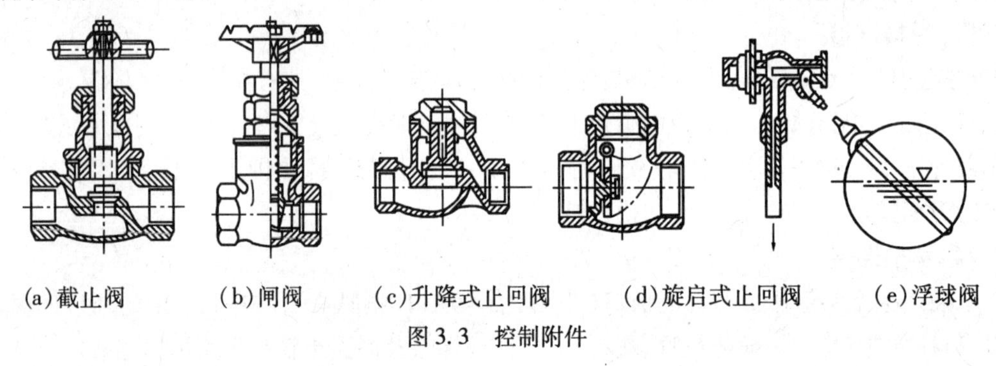

(a)截止阀　(b)闸阀　(c)升降式止回阀　(d)旋启式止回阀　(e)浮球阀

图 3.3 控制附件

(1)闸阀

闸阀全开时,水流呈直线通过,阻力小,但一旦水中杂质沉入阀座后,使阀门关闭不严,易漏水。一般用于管径大于 50 mm 或双向流动的管道上。

(2)截止阀

水流通过截止阀时呈曲线通过,阻力大,关闭严密,安装时具有方向性,通常用于管径小于或等于 50 mm 和经常启闭的管道上。

(3)止回阀

止回阀也称单向阀、逆止阀、单流阀等,阀体内装有单向开启的阀瓣,以阻止水流在管道内倒流的阀门。常用的止回阀有升降式和旋启式两种。旋启式止回阀可在水平管道上安装,也可在垂直管道上安装。升降式止回阀在阀前压力大于 19.62 kPa 时方能启闭灵活,一般用于小管径上。

(4)浮球阀

浮球阀安装在各种水池、水塔、水箱的进水口上。当水箱充水到既定水位时,浮球随水位浮起,关闭进水口;当水位下降时,浮球下落,进水口被打开自来水自动向水箱充水。浮球阀口径为 15 ~100 mm。

3.2.3 水表

水表是计量用户用水量的仪表,建筑给水系统中广泛采用流速式水表。流速式水表是根据管径一定时,通过水表的水流速度与流量成正比的原理来测量的。水流通过水表时推动翼轮旋转，翼轮轴将转动传递给一系列联动齿轮后，传递到记录装置，在刻度盘指针指示下便可显示流量的累计值。

流速式水表按翼轮转轴构造的不同，可分为旋翼式和螺翼式两种。旋翼式的翼轮转轴与水流方向垂直，水流阻力较大，多为小口径水表，宜测量较小的流量；螺翼式的翼轮转轴与水流方向平行，阻力较小，适用于大流量的计量，为大口径水表。

水表按其计数机件所处的状态，可分为干式和湿式两种。干式构造复杂，灵敏度差；湿式构造简单，计量准确，密封性好。

水表的选型是以通过水表的设计流量（不包括消防流量），以不超过水表额定流量确定水表的口径，并以平均小时流量的6% ~8%校核水表灵敏度。对于生活、消防共用系统，还应加消防流量复核，其总流量不超过水表最大流量限制。此外，还需校核水表水头损失。

水表井节点（用户管与市政管道连接点处）布置有阀门、放水阀、水表等。对于不允许停水或设有消防管道的建筑，还应装设旁通管。

水表的规格性能见表3.3。

表3.3 LXS型旋翼式水表技术数据

型号	公称直径/mm	特性流量	最大流量	额定流量	最小流量	灵敏度/($m^3 \cdot h^{-1}$)	最大示值/m^3
		/($m^3 \cdot h^{-1}$)					
LXS-15小口径水表（塑料水表）	15	3	1.5	1.0	0.045	0.017	10 000
LXS-20小口径水表（塑料水表）	20	5	1.5	1.0	0.045	0.025	10 000
LXS-25小口径水表（塑料水表）	25	7	3.5	2.2	0.090	0.030	10 000
LXS-32小口径水表	32	10	5.0	3.2	0.120	0.040	10 000
LXS-40小口径水表	40	20	10.0	6.3	0.220	0.070	10 000
LXS-40小口径水表	50	30	15.0	10.0	0.400	0.090	10 000

注：1. 适用于清洁净水，水温不超过40 ℃。

2. LXS型小口径水表最大水压为1 000 kPa；塑料水表最大压力为600 kPa。

3. 特性流量：水表损失为100 kPa（10 mH_2O）时水表的出水流量。使用时不允许在特性流量下工作。

3.3 水泵及风机

3.3.1 水泵

(1)水泵的作用及分类

水泵是输送和提升液体的机器。它把原动机的机械能转化为被输送液体的能量使液体获得动能或势能。由于水泵在国民经济各个部门中应用广泛，品种系列繁多，对它的分类方法也各不相同。按其作用原理可分为以下3类：

1)叶片式水泵

它对液体的升压是靠装有叶片的叶轮高速旋转而完成的，属于这一类的水泵有离心泵、轴流泵、混流泵等。

2)容积式水泵

它对液体的压送是靠泵体工作室容积的改变来完成的。泵体工作室容积改变的常用方式有往复运动和旋转运动两种。属于往复运动类的容积泵有活塞式往复泵、柱塞式往复泵等。属于旋转运动类的容积泵有转子泵等。

3)其他类型泵

这类泵是除叶片式水泵和容积式水泵外的特殊水泵，如螺旋泵、射流泵(又称水射器)、水锤泵、水轮泵以及气升泵(又称空气扬水机)等。其中，除螺旋泵是利用螺旋推进原理来提高液体的位能以外，其他上述各种水泵的特点都是利用高速液流或气流的动能来输送液体的。在给水排水工程中，结合具体条件应用这类特殊泵来输送水或药剂(如混凝剂、消毒药剂等)时，常常能达到很好的效果。

上述各种类型水泵的使用范围很不相同，往复泵的使用范围侧重于高扬程、小流量。轴流泵和混流泵的适用范围侧重于低扬程、大流量，而离心泵的使用范围介于二者之间，工作区间最广，产品的品种、规格也最多。

在水暖工程中，常用的是离心式水泵。

(2)离心式水泵的工作原理

离心泵主要由泵壳、泵轴、叶轮、吸水管、压水管等部分组成，如图3.4所示。离心泵通过离心力的作用来输送和提升液体。水泵启动前，要使水泵泵壳和吸水管充满水，以排除泵内空气。当叶轮在电动机的带动下高速旋转时，产生的离心力使水从叶轮中心被甩向泵壳，并获得动能和压能。由于泵壳的断面是逐渐扩大的，因此，水进入泵壳后流速减小，部分动能转化为压能。因而泵出口处的液体具有较高的压力，流入压水管。在水被甩走的同时，水泵进口形成真空，由于大气压力的作用，将水池中的水通过吸水管压向水泵进口，进入泵体。由于电动机带动叶轮连续旋转，因此，离心式水泵的供水是连续且均匀的。

水泵从水池抽水时，其启动前充水的方式有如下两种：

①吸水式。泵轴高于水池最低设计水位。

②灌入式。即水池最低水位高于泵轴。可省去真空泵等灌水设备，也便于水泵及时启动，一般应优先选用。

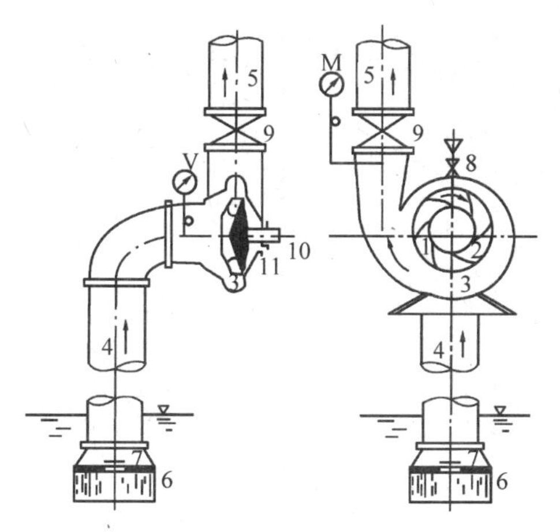

图 3.4　离心水泵装置

1—叶轮；2—叶片；3—泵壳；4—吸水管；5—压水管；6—格栅；

7—底阀；8—灌水口；9—阀门；10—泵轴；M—压力表；V—真空表

(3) 离心泵的主要参数

表示离心泵工作性能的基本参数如下：

1) 流量 Q

流量是指单位时间内通过水泵的水的体积，单位 L/s 或 m^3/h。

2) 扬程 H

单位质量的水，通过水泵时所获得的能量，单位为 mH_2O 或 kPa。

3) 轴功率 N

水泵从电动机处所获得的全部功率，单位为 kW。

4) 效率 η

因水泵工作时，本身也有能量损失，因此，水泵实际得到的能量即有效功率 N_u 小于 N，效率 η 为二者之比值，即

$$\eta = N_u \times 100\% / N$$

5) 转速 (n)

叶轮每分钟的转动次数，单位为 r/min。

6) 允许吸上真空高度 H_s

当叶轮进口处的压力低于水的饱和蒸汽压时，水出现汽化形成大量气泡，致使水泵产生噪声和振动，严重时产生“气蚀现象”而损坏叶轮。为此，真空高度须加以限制。允许吸上真空高度就是这个限制值，单位是 kPa(mH_2O)。

水泵的基本工作参数是相互联系和影响的，工作参数之间的关系可用水泵性能曲线来表示，如图 3.5 所示。从图 3.5 可知，流量 Q 逐渐增大，扬程 H 逐渐减小，水泵的轴功率逐渐增大，而水泵的效率曲线存在一峰值。称效率最高时的流量为额定流量，其扬程为额定扬程，这些额定参数标注于水泵的铭牌上。

(4) 离心泵的选择

从给水泵的性能曲线 Q-η 可知，水泵选择应使水泵在给水系统中保持高效运行的状态。水泵高效运行期间的技术数据可查水泵样本的水泵性能表。

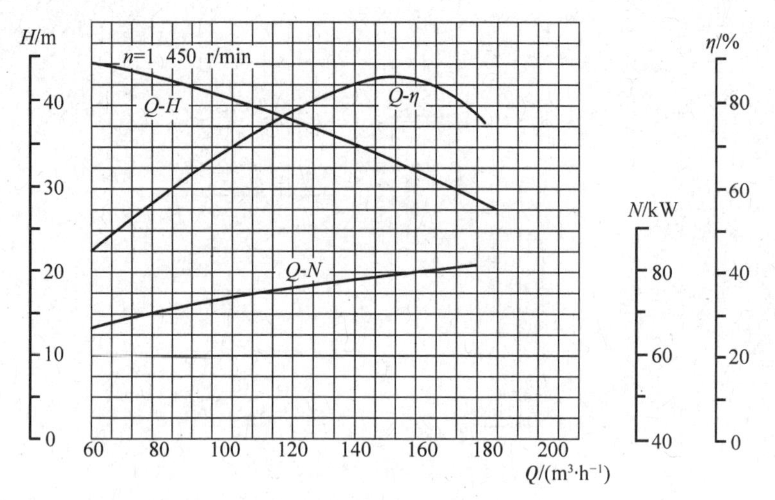

图 3.5　离心水泵特性曲线

水泵的型号可根据给水系统的流量和扬程来选定。

1）流量

在生活（生产）给水系统中，有高位水箱时，因水箱能起到调节水量的作用，水泵流量可按最大时流量或平均时流量确定。无水箱时，水泵以满足系统高峰用水要求的最大瞬时流量，即设计秒流量确定。

2）扬程

水泵自储水池抽水时，水泵扬程可按下式确定为

$$H_p = H_1 + H_2 + H_3 + H_4 \tag{3.1}$$

式中　H_p——水泵扬程，mH_2O；

H_1——储水池最低水位至水箱最高水位或最不利配水点的高度，m；

H_2——水泵吸水管和压水管上的沿程和局部水头损失总和，mH_2O；

H_3——考虑水泵效能降低的富裕水头，mH_2O；

H_4——最不利点的流出水头，mH_2O。

按上述方法确定流量和扬程后，查水泵样本选择合适的水泵。

（5）泵房及机组布置

水泵机组通常布置在水泵房，在供水量较大的情况下，常将水泵并联工作，由两台或两台以上的水泵同时向压力管路供水。

水泵机组的布置原则是：管路短而直，便于连接，布置力求紧凑，尽量减少泵房平面尺寸以降低建筑造价，并考虑到扩建和后续发展，同时注意起吊设备时的方便。当水泵房机组供水量大于 200 m^3/h，泵房还应设有一间面积为 10～15 m^2 的修理间和一间面积为 5 m^2 的库房。同时，水泵房应设有排水设施，光线和通风良好，并不致结冰。泵房不应与有防振或对安静要求较高的房间相邻布置。

水泵机组并排安装的间距，应当使检修时在机组间能放置拆卸下来的电机和泵体。从机组基础的侧面至墙面以及相邻基础的距离不宜小于 0.7 m；对口径小于或等于 50 mm 的小型泵，此距离可适当减小。水泵机组端头到墙壁或相邻机组的间距应比轴的长度多出 0.5 m，机组与配电箱之间的通道不得小于 1.5 m。水泵机组应设在独立的基础上，不得与建筑物基础

相连,以免传播噪声和振动。当水泵较小时,为了节省泵房面积,也可使两台泵共用同一基础,周围留有0.7 m通道。水泵基础至少应高出地面0.1 m。

3.3.2　风机

(1)风机的分类及选用

风机是输送流体的机械。在通风和空调工程中,常用的风机有离心式和轴流式两种。

1)离心风机

离心风机见是由叶轮、机壳和集流器(吸气口)3个主要部分组成(见图3.6)。其主要工作原理和离心水泵相同,利用叶轮旋转时产生的离心力而使气体获得压能和动能。

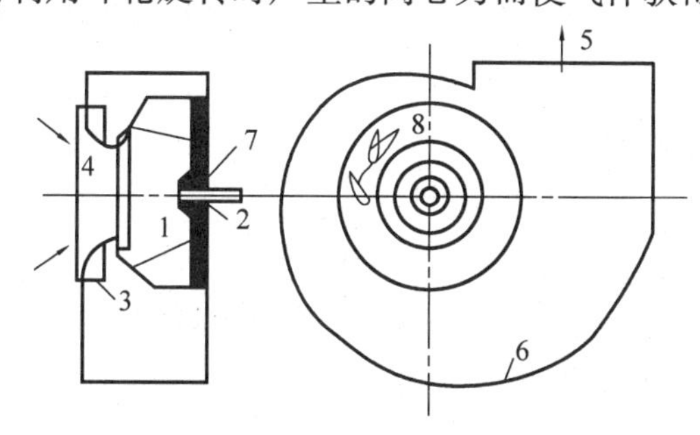

图3.6　离心风机构造示意图
1—叶轮;2—机轴;3—叶片;4—吸气口;
5—出口;6—机壳;7—轮毂;8—扩压机

离心风机的主要性能参数如下:

①风量L:风机在标准状况(大气压=101 325 Pa或760 mmHg,温度t=20 ℃)下工作时,单位时间内输送的空气量,m^3/h。

②全压H:在标准状况下工作时,通过风机的每1 m^3空气所获得的能量,包括压能与动能,Pa或kgf/m^2。

③功率N:电动机施加在风机轴上的功率称为风机的轴功率N,空气通过风机得到的功率称为有效功率N_u,即

$$N_u = \frac{L \times H}{3\ 600} \tag{3.2}$$

式中　L——风机的风量,m^3/h;

H——风机的全压, kPa。

④转数n:叶轮每分钟旋转的转数,r/min。

⑤效率η:风机的有效功率与轴功率的比值,即

$$\eta = \frac{N_u}{N} \times 100\% \tag{3.3}$$

与离心泵的原理相同,当风机的叶轮转数一定时,风机的全压、轴功率、效率与风量之间存在一定的关系,其曲线称为离心风机的性能曲线,也可用数据表来表示。

离心风机的机号一般用叶轮外径表示,不论哪种形式的风机,其机号均与叶轮外径的分米数相等。例如,No6的风机,叶轮外径等于6 d_m(600 mm)。

2)轴流风机

轴流风机的构造如图 3.7 所示。叶轮由轮毂和铆接在其上的叶片组成，叶片与轮毂平面装成一定的角度。大型轴流风机的叶片安装角度是可以调节的，借以改变风量和全压，有的轴流风机制成长轴形式（见图 3.8），将电动机放在机壳的外面。大型的轴流风机不与电动机同轴而用三角皮带传动。

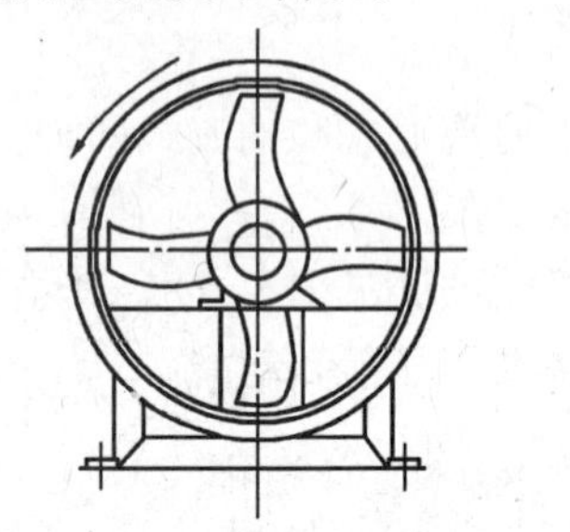

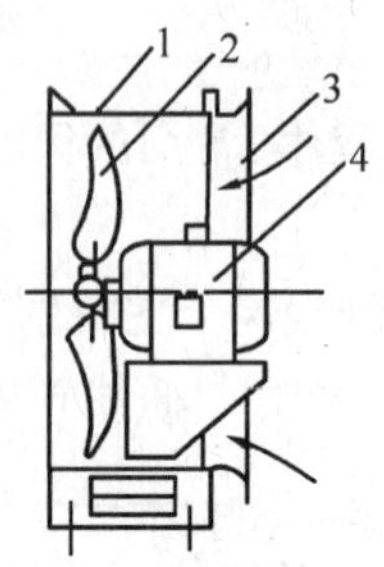

图 3.7　轴流风机的构造简图

1—圆筒形壳；2—叶轮；3—进口；4—电动机

图 3.8　长轴式轴流风机

轴流风机是借助叶轮的推力作用促使气流流动的，气流的方向与机轴相平行。

轴流风机的性能参数也是风量、全压、轴功率、效率和转数等，参数之间也可用性能曲线来表示。此外，机号也用叶轮直径的分米数来表示。

轴流风机与离心风机在性能上最主要的区别是前者产生的全压较小，后者产生的全压较大。因此，轴流风机只能用于无须设置通风管道的场合以及管道阻力较小的系统，而离心风机则往往用在阻力较大的系统中。

（2）风机的安装

轴流风机通常安装在风管中间或墙洞内。在风管中间安装时，可将风机装在用角钢制成的支架上，再将支架固定在墙上、柱上或混凝土楼板的下面。

小型直联传动的离心风机（小于 No5），也可用支架安装在墙上、柱上及平台上，或者通过地脚螺栓安装在混凝土基础上。大、中型皮带传动的离心风机，一般安装在混凝土基础上。对隔振有一定要求时，则安装在减振台座上。

复习与思考题

1. 水暖管道的连接方式有哪些？各适用于哪些情况？
2. 什么是允许吸上真空高度和气蚀余量？
3. 水泵的安装与布置有哪些要求？为什么？

第2篇 建筑给水排水工程

第4章 建筑给水工程

建筑给水工程是供应建筑内部及小区范围内的生活用水、生产用水和消防用水的一系列工程设施的组合,本章主要介绍建筑内部给水系统。

4.1 建筑内部给水系统的组成、分类及给水方式

4.1.1 建筑内部给水系统的分类

建筑内部给水系统按用途可分为以下3类:

(1)生活给水系统

生活给水系统是为人们在各种场合(民用、公共建筑、工业企业建筑内)饮用、烹饪、盥洗、沐浴、洗涤等生活方面所设的供水系统。生活给水系统除满足所需的水量、水压要求外,其水

质必须符合国家规定的饮用水水质标准。

(2)生产给水系统

生产用水对水质、水量、水压及安全性随工艺要求的不同而有较大的差异。其主要用于工业的生产原料用水、生产设备的冷却、原料和产品的洗涤及锅炉用水等方面。

(3)消防给水系统

消防给水系统是为建筑物扑救火灾用水而设置的给水系统。主要用于多层或高层的民用建筑或大型公共建筑、某些生产车间及库房等。消防用水对水质的要求不高,但必须依据建筑设计防火规范的相关规定,保证供应足够的水量和水压。

上述3类给水系统可以独立设置,也可根据各类用水对水质、水压、水温及建筑小区的给水情况,设置组成不同的共用系统。如生活、消防共用给水系统;生活、生产共用给水系统;生产、消防共用给水系统;生产、生产、消防共用给水系统等。

4.1.2 建筑内部给水系统的组成

建筑内部给水系统如图4.1所示,主要由以下6部分组成:

(1)引入管

引入管指室外(住宅区、校区、小区等)给水管网至建筑物室内的联络管段,也称进户管。引入管应有向室外给水管网倾斜的不小于0.003的坡度。

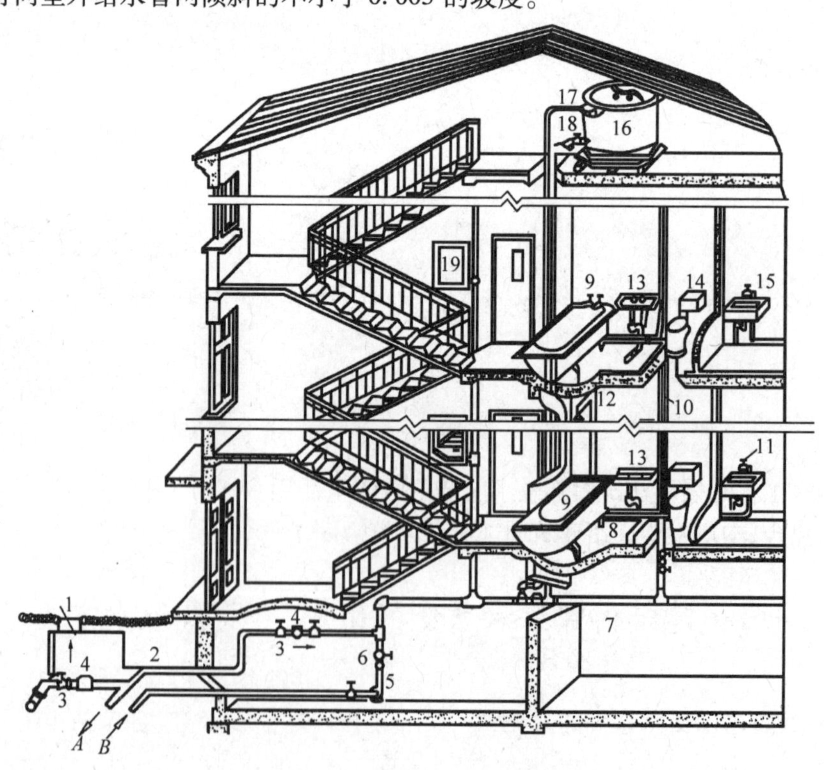

图4.1 建筑室内给水系统

1—阀门井;2—引入管;3—闸阀;4—水表;5—水泵;6—止回阀;7—干管;8—支管; 9—浴盆;10—立管;11—水龙头;12—淋浴器;13—洗脸盆;14—大便器;15—洗涤盆;16—水箱;17—进水管;18—出水管;19—消火栓; *A*—入储水池;*B*—来自储水池

(2)水表节点

水表节点指引入管上装设的水表及其前后设置的闸门、泄水装置等的总称。水表用以记录用水量;闸门用以关闭管网,以便修理和拆换水表;泄水装置为检修时放空管网来测定进户点的压力值及校核水表精度。

(3)给水管道

给水管道由干管、立管和支管等组成。

(4)升压及储水设备

对室内安全供水、水压稳定有要求或室外给水管网压力不足时,需设置各种附属设备,如水泵、水箱、气压装置、水池等升压和储水设备。

(5)室内消防设备

依据建筑物的防火等级要求,设置消防给水时,通常应设消火栓消防设备。如有特殊要求时,还应设水幕消防或自动喷水消防设备。

(6)给水附件及设备

给水附件及设备由闸阀、逆止阀、各种配水龙头及分户水表等组成。

4.1.3 建筑内部给水系统的给水方式

建筑内部给水系统的给水方式主要依据城市给水管网或小区给水系统的水压情况以及建筑内部给水系统所需压力大小等因素来选择。

(1)室内给水系统所需压力

室内给水系统的压力必须能够保证所需水量输送到建筑内最不利配水点,它是为给水时克服水龙头内的摩擦、冲击、流速变化等阻力所需的静水压头。在选择给水方式时,可按建筑物的层数粗略估计自室外地面算起所需的最小压力值,一般一层建筑物为100 kPa;二层建筑物为120 kPa;三层或三层以上建筑物,每增加一层所需压力值增加40 kPa。对于引入管或室内管道较长或层高超过3.5 m时,以上数值可适当增加。

(2)室内给水方式的确定原则

室内给水方式的选择应根据用户对水质、水压和水量的要求,室外管网所能提供的水质、水量和水压情况,消防设备及卫生器具等用水点在建筑物内的分布,以及用户对供水安全、可靠性要求等的条件来确定。

①在满足用户要求的前提下,使给水系统简单、输送管道距离简短。

②充分利用城市管网水压直接供水。

③若室外给水管网水压不能满足整个建筑物的用水时,可采用建筑物的下面几层直接利用室外管网给水,而建筑物上面几层采用加压给水。

④供水应安全可靠,管理、维修方便。

⑤若两种或两种以上用水的水质接近时,应尽量采用联合给水系统。

(3)给水系统中静水压力的确定

生活给水系统中,卫生器具给水配件处的静水压力不得大于0.6 MPa。若超过该值,宜采用竖向分区供水。生产给水系统的最大静水压力,应根据工艺要求及各种设备的工作压力和管道、阀门、仪表等的工作压力确定。

4.1.4 室内给水系统的给水方式

(1)直接给水方式

当室外给水管网提供的水压、水量及水质均能满足建筑要求时,可直接将室外管网的水引向建筑内各用水点,即建筑内部给水系统直接在室外管网压力作用下工作,如图4.2所示。这种给水方式的优点是可充分利用室外管网水压,减少能源浪费,系统简单,安装维护方便,无须设室内动力设备,节省投资;其缺点是水量、水压受室外给水管网的影响较大。

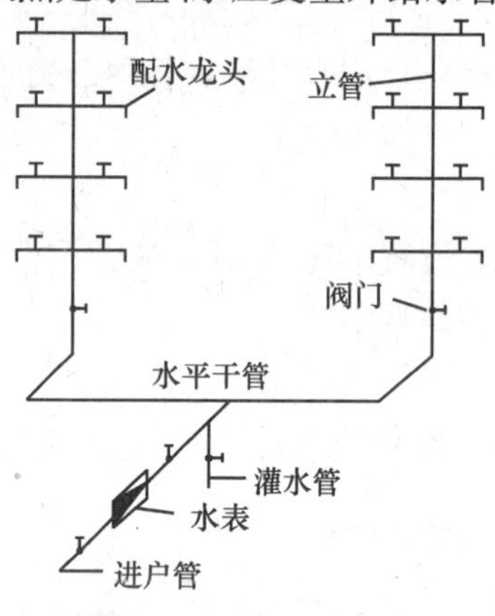

图4.2 直接给水方式

(2)单设水箱的给水方式

当室外给水管网的供水压力有周期性波动,大部分时间能达到室内给水系统所需压力要求,仅在用水高峰时供水压力不足,或建筑物内要求水压稳定,以及外网压力过高时,可采用仅设水箱的给水方式,如图4.3所示。该方式在用水量较少时,利用室外给水管网水压直接向室内给水系统供水并同时向水箱进水;当在用水高峰时,水箱向室内供水系统供水,以达到调节水压和水量的目的。

(3)设水泵的给水方式

若室外给水管网压力大部分时间不能满足要求,且室内用水量较大时,可单设水泵升压,如图4.4所示。对于用水量较大,且用水不均匀性较突出的建筑物,如住宅、高层建筑等,采用只设水泵的恒速运行方式,很不经济,为了降低电耗,提高水泵工作效率,可采用一台或多台水泵的变速运行方式,使水泵供水曲线和用水曲线接近,达到节能的目的。

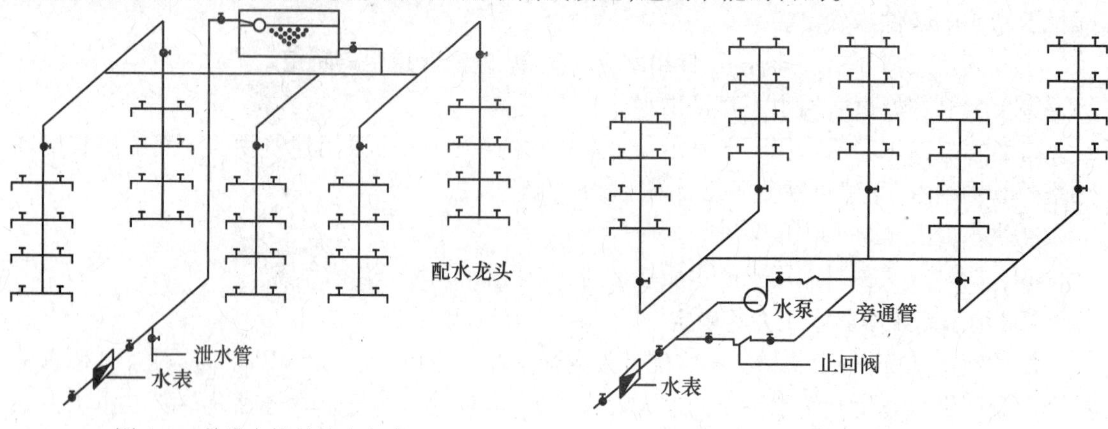

图4.3 单设水箱的给水方式

图4.4 单设水泵的给水方式

当室外给水管网允许水泵直接吸水时,水泵宜直接从室外给水管网吸水,但水泵吸水时,室外给水管网的压力不得低于100 kPa。当水泵直接从室外给水管网吸水从而造成室外给水管网的压力大幅度波动,影响其他用户的用水时,则不允许水泵直接从室外给水管网吸水,必须设置水池。

(4)水泵-水箱联合给水方式

当室外给水管网的水压低于或周期性低于建筑内部给水管网所需水压,室内用水不均匀,且室外管网允许直接抽水时,可考虑采用水箱-水泵的联合给水方式,如图4.5所示。

这种给水方式由于水泵能够及时向水箱充水,使水箱容积大为减小;又因水箱的调节作用,水泵出水量稳定,可以使水泵在高效率下工作,并可实现水泵根据水位自动启闭。

(5)气压给水方式

气压给水方式是一种集加压、储存和调节供水于一体的给水方案。适用于当室外给水管网水压经常不足,而建筑物内又不宜设置高位水箱或设水箱有困难的情况下。气压给水装置是将水经水泵加压后充入有压缩空气的密闭罐体内,然后借罐内压缩气体的压力将水送到建筑物各用水点。如图4.6所示为单罐变压式气压给水设备。

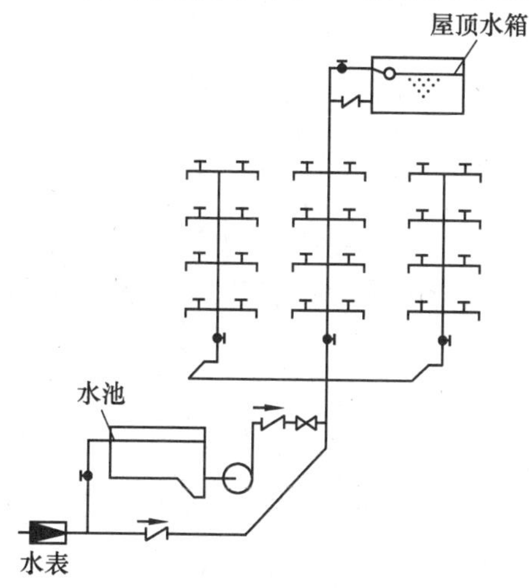

图4.5　水箱-水泵联合的给水方式

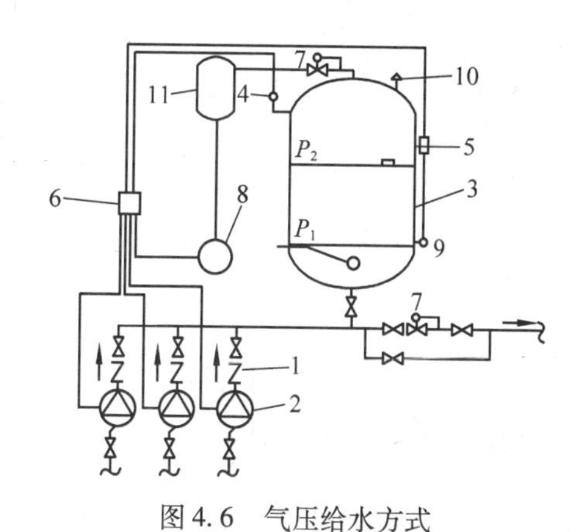

图4.6　气压给水方式

1—止回阀;2—水泵;3—气压水罐;4—压力信号器;5—液位信号器;6—控制器;7—压力调节阀;8—补气装置;9—排气阀;10—安全阀;11—储气罐

(6)分质给水方式

分质给水方式是根据不同用途所需的不同水质,分别设置独立的给水系统,如图4.7所示为一建筑屋内自来水系统(即生活饮用水系统)、直饮水系统和生活杂用水系统(中水系统)的流程图。饮用水给水系统供饮用、烹饪、盥洗等生活用水,水质符合"生活饮用水标准"。直饮水系统是自来水经深度净化处理后,达到饮用水标准,通过高质量无污染的管材和配件送至用户,可直接饮用。杂用水给水系统水质较差,仅符合"生活杂用水水质标准",主要用于建筑内冲洗便器、小区绿化及洗车等用水。分质给水方式是一种新型而又发展迅速、应用前景广阔的给水方式,具有确保水质、节约水源、经济安全的优点。

(7)分区给水方式

1)建筑的低层充分利用建筑室外管网水压的给水方式

室外给水管网供水压力不足,往往只能满足多层或高层建筑的下部几层需求,为了充分利用室外管网的水压,常将建筑物分成上下两个供水区,如图 4.8 所示。下区靠建筑物外部管网提供的压力给水,上区则由水泵和其他设备联合组成的给水系统给水。

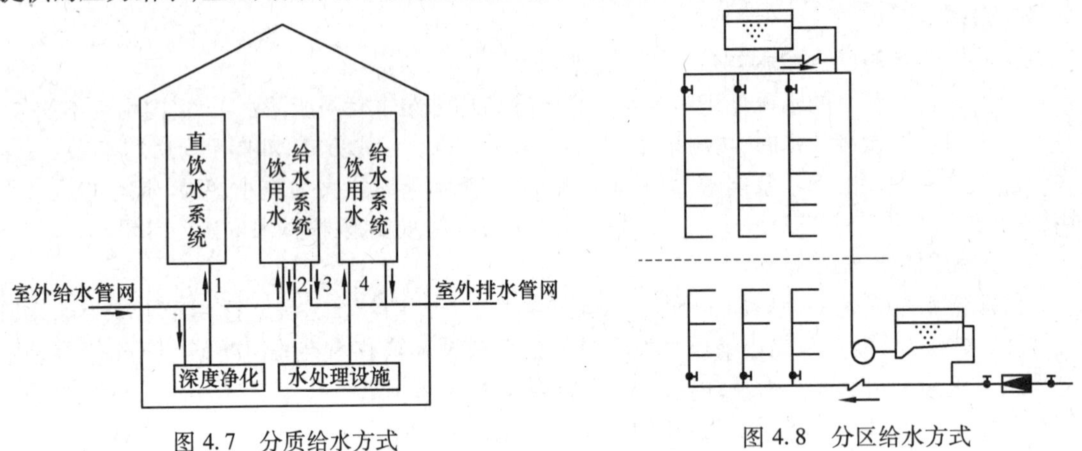

图 4.7 分质给水方式

1—直饮水;2—生活废水;3—生活污水;4—杂用水

图 4.8 分区给水方式

2)高层建筑的竖向分区给水方式

如果高层建筑的给水系统只采用一个区供水,则下层的给水压力过大,会使底层的静水压力过大,必须采用耐高压管材、零件及配水器材。下层龙头的流出水头过大,如不减压,其出流量比设计流量大得多,使管道内流速增加,以致产生流水噪声、振动噪声等,并使顶层龙头产生负压抽吸现象,形成回流污染。管道由于压力过大,容易产生水锤及水锤噪声,因此高层建筑的给水系统必须作竖向分区。我国规范推荐的最优分区原则是使分区后各区最低卫生器具配水点处的静水压力值控制在如下范围内:旅馆、医院、住宅类建筑物 300 ~ 350 kPa,办公楼 350 ~ 450 kPa。

高层建筑分区给水方式的分区形式有并联式(见图 4.9)、串联式(见图 4.10)和减压式(图 4.11 为减压水箱给水方式,图 4.12 为减压阀给水方式)。

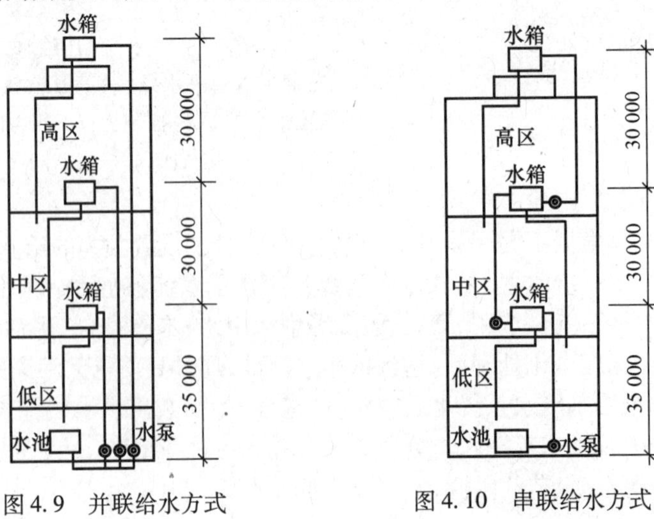

图 4.9 并联给水方式

图 4.10 串联给水方式

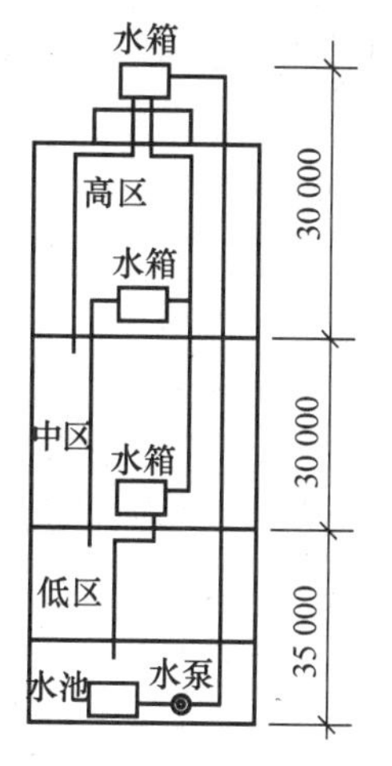

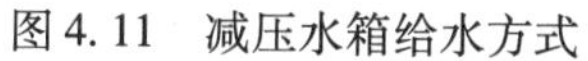
图4.11　减压水箱给水方式

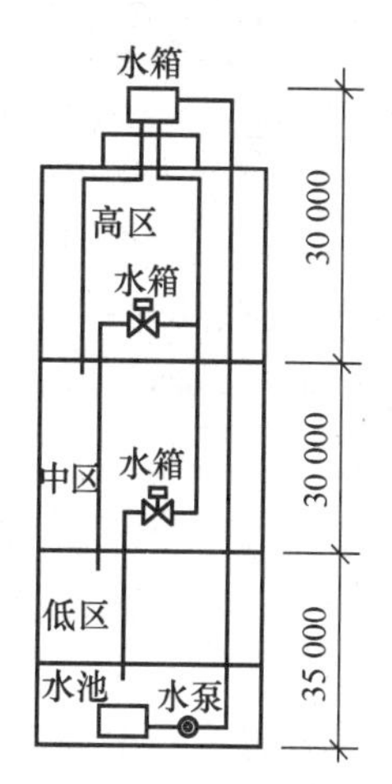

图4.12　减压阀给水方式

4.2　给水管路的布置与计算

4.2.1　给水管路的布置与敷设

设计建筑给水系统时，应根据有关规范及用户要求，合理地布置建筑给水管道系统和确定管道的敷设方式。

(1)给水管道的布置要求

给水管道的布置，应根据用户的要求，以有关规范、规程为准则，结合工程的实际情况，科学合理布置。一般根据卫生器具的位置，结合上下层的关系，首先确定立管的位置，然后考虑室外管网的位置确定引入管的位置，进而考虑水平干管和支管的布置。管道布置应满足以下基本要求：

1)力求经济合理，满足最佳水力条件

管道布置时应使给水引入管、水平干管及立管尽量靠近用水量大的配水用具，力求管道短而直；室内给水管网宜采用枝状布置，单向供水。

2)确保供水的安全性

对于不允许间断供水的建筑，应从室外环状管网不同管段，设两条或两条以上引入管，在室内将管道连成环状或贯通状双向供水。若必须同侧引入时，两条引入管的间距不小于15 m，并在两条引入管间的室外给水管上安装阀门。生活给水引入管与污水排出管管外壁的水平净距不宜小于1.0 m；引入管应有不小于0.003 m坡度，坡向室外管网或阀门井、水表井；引入管的拐角处应设支墩；当穿越承重墙或基础时，应预留洞口，管顶上部净空高度不小于建筑物的沉降量，一般不小于0.1 m，并充填不透水的弹性材料。给水管道与其他管道同沟或共架敷设时，宜敷设在排水管、冷冻管的上面或热水管、蒸汽管的下面。给水管不宜与输送易燃、可燃或有害的液体或气体的管道同沟敷设。

3)保护管道不受损坏

如给水管道穿过承重墙或基础处，应预留洞口，且管顶上部净空不小于建筑物的沉降量，一般不宜小于0.1 m。给水埋地管道应避免布置在可能受重物压坏处。给水管道不得敷设在烟道、风道内;不得敷设在排水沟内;不得穿过大便槽和小便槽。当给水立管距小便槽端部小于或等于0.5 m时,应采取建筑隔断措施。给水管道宜敷设在不结冻的房间内,对可能结冻的地方,应采取防冻措施。

4)不影响生产安全和建筑物的使用

给水管道不得妨碍生产操作、交通运输和建筑物的使用。给水管道不得布置在遇水引起爆炸、燃烧或损坏原料、产品和设备的上面,并应避免在生产设备上通过。给水管道穿过地下室外墙或地下构筑物的墙壁处,应采用防水措施。给水管道外表面如可能结露,应根据建筑物的性质和使用要求,采取防结露措施。

5)便于安装维修

室内管道安装位置应有一定的空间以利于维修拆换附件。管道井的尺寸,应根据管道数量、管径大小、排列方式、维修条件,并结合建筑平面和结构形式等合理确定。管道井当需进入检修时,其通道宽度不宜小于0.6 m。

(2)给水管道的布置形式

管道布置按水平配水干管的设置位置和方式的不同,可分为以下3种:

1)下行上给式

干管敷设在地下室、第一层地面走廊上、地沟内或沿外墙地下敷设,一般用于住宅、公共建筑的直接给水方式以及水压能满足要求无须加压的建筑物。

2)上行下给式

干管敷设在顶层顶棚上或阁楼中,由于室外管网给水压力不足,建筑物上需设置蓄水箱或高位水箱和水泵,一般用于多层民用建筑、公共建筑(澡堂、洗衣房等)或生产流程不允许在底层地面下敷设管道,以及地下水位高、敷设管道有困难的地方。

3)环状式

对于不允许间断供水的建筑物,如某些车间、高级宾馆及有消防要求的消防给水系统中,可采用环状式,即将水平干管设置成环状。

(3)给水管道的敷设

1)给水管道的敷设形式

建筑给水管道的敷设,根据建筑物对卫生、美观等方面要求的不同,可分为明装与暗装两种形式。

①明装

管道在室内沿墙、梁、柱、楼板下、地面上等暴露敷设,其优点是造价低,施工安装与维修管理方便,缺点是管道表面易积灰、结露,影响美观和卫生,适用于一般民用建筑和生产车间。

②暗装

干管与立管可敷设在顶层吊顶、管井内,支管沿墙敷设在管槽内。其优点是卫生条件好,美观、整洁,缺点是施工复杂。适用于要求较高的民用住宅、宾馆及工艺技术要求较高的精密车间。

2)给水管道的敷设要求

室外埋地引入管的管顶覆土厚度不宜小于0.7 m,室内埋地管覆土厚度不宜小于0.3 m。引入管在通过基础墙处要预留大于引入管直径100 mm的孔洞,洞顶至管顶的净距不小于建筑物的最大沉降量，一般不小于 0.15 m。

给水横管穿过承重墙或基础、立管穿越楼板时，均应设预留孔，穿越屋顶、地下室侧壁、水池壁时应设防水套管。其中，预留孔洞及墙槽尺寸见表 4.1。

表 4.1　给水管预留孔洞、墙槽尺寸

管道名称	管径/mm	明管留孔尺寸长(高)×宽	暗管墙槽尺寸宽×深
立　管	≤25 32~50 70~100	100 mm×100 mm 150 mm×150 mm 200 mm×200 mm	130 mm×130 mm 150 mm×130 mm 200 mm×200 mm
两根立管	≤32	150 mm×150 mm	200 mm×130 mm
横支管	≤25 32~40	100 mm×100 mm 150 mm×130 mm	60 mm×60 mm 150 mm×100 mm
引入管	≤100	300 mm×200 mm	—

此外，为了不使管道因自重、温度或外力影响而变形，必须对管道采取固定措施。通常水平管道和垂直管道均应每隔一定距离装设支架、吊架、托架等。楼层高度不超过 4 m 时，立管只需设一个管卡，通常设于 1.5 m 高度处；当层高大于 5.0 m 时，每层须设两个。支、吊架间距视管径大小而定，见表 4.2。

表 4.2　支架、吊架间距

管径/mm		15	20	25	32	40	50	65	80	100	150
支架、吊架最大间距/m	保　温	1.5	2.0	2.0	2.5	3.0	3.0	3.5	4.0	4.5	6.0
	不保温	2.0	2.5	3.0	3.5	4.0	4.5	5.0	5.5	6.0	7.0

4.2.2　室内给水管道的设计计算

(1) 用水定额

建筑物的生活日用水量是随季节每日变化的，即使在每天中，用水量也是不均匀的。因此，《建筑给水排水规范(2009 年版)》(GB 50015—2003)根据统计资料提供了按人按日的最高日用水定额，并提供了小时变化系数，见表 4.3、表 4.4。表 4.5 是卫生器具的额定流量值，表中给水当量的概念是以一个污水盆水龙头的额定流量 0.2 L/s 为一个给水当量值，而其他各类卫生器具的给水当量值只要用其额定流量值除以 0.2 L/s 就可得到。

表 4.3　住宅生活用水量定额及小时变化系数

住宅类别和卫生器具设置标准	单　位	生活用水量定额（最高日）/L	小时变化系数
有大便器、洗涤盆，无沐浴设备	每人每日	85 ~ 150	3.0 ~ 2.5
有大便器、洗涤盆和沐浴设备	每人每日	130 ~ 220	2.8 ~ 2.3
有大便器、洗涤盆、沐浴设备和热水供应	每人每日	170 ~ 300	2.5 ~ 2.0
高级住宅和别墅	每人每日	300 ~ 400	2.3 ~ 1.8

注：当地对住宅生活用水定额有具体规定时，可按当地规定执行。

表 4.4　集体宿舍、旅馆和公共建筑生活用水量定额及小时变化系数

序号	建筑物名称	单　位	生活用水量定额（最高日）/L	小时变化系数
1	集体宿舍 有盥洗室 有盥洗室和浴池	每人每日	50 ~ 100 100 ~ 200	2.5 2.5
2	普通旅馆、招待所 有集中盥洗室 有盥洗室和浴池 设有浴盆的客房	每床每日 每床每日 每床每日	50 ~ 100 100 ~ 200 200 ~ 300	2.5 ~ 2.0 2.0 2.0
3	宾馆、客房	每床每日	170 ~ 300	2.5 ~ 2.0
4	医院、疗养院、休养所 有集中盥洗室 有盥洗室和浴池 设有浴盆的病房	每床每日 每床每日 每床每日	50 ~ 100 100 ~ 200 250 ~ 400	2.5 ~ 2.0 2.5 ~ 2.0 2.0
5	公共浴室 有淋浴器 有浴池、淋浴器、浴盆及理发室	每顾客每次 每顾客每次	100 ~ 150 80 ~ 170	2.0 ~ 1.5 2.0 ~ 1.5
6	公共食堂 营业食堂 工业企业、机关、学校、居民食堂	每顾客每次 每顾客每次	15 ~ 20 10 ~ 15	2.0 ~ 1.5 2.5 ~ 2.0
7	幼儿园、托儿所 有住宿 无住宿	每儿童每日 每儿童每日	50 ~ 100 25 ~ 50	2.5 ~ 2.0 2.5 ~ 2.0
8	办公楼	每人每班	30 ~ 50	2.5 ~ 2.0
9	中小学校（无住宿）	每学生每日	30 ~ 50	2.5 ~ 2.0
10	高等学校（有住宿）	每学生每日	100 ~ 200	2.0 ~ 1.5

注：1. 高等学校、幼儿园、托儿所为生活用水综合指标。
2. 集体宿舍、旅馆、医院、办公楼、中小学均不包括食堂、洗衣房用水。

表4.5　卫生器具给水的额定流量、当量、支管管径和流出水头

序号	给水配件名称		额定流量/(L·s^{-1})	当　量	支管管径/mm	配水点前所需流出水头/MPa
1	污水盆(池)水龙头		0.20	1.0	15	0.020
2	住宅厨房洗涤盆(池)水龙头		0.20 (0.14)	1.0 (0.7)	15	0.015
3	食堂厨房洗涤盆(池)水龙头		0.32 (0.24)	1.6 (1.2)	15	0.020
	普通水龙头		0.44	2.2	20	0.040
4	住宅集中给水龙头		0.30	1.5	20	0.020
5	洗脸盆水龙头、盥洗槽水龙头		0.20 (0.16)	1.0 (0.8)	15	0.015
6	浴盆水龙头		0.30 0.20 0.30 (0.20)	1.5 (1.0) 1.5 (1.0)	15 20	0.020 0.015
7	淋浴器		0.15 (1.20)	0.75 (0.5)	15	0.025~0.040
8	大便器	冲洗水箱浮球阀	0.10	0.5	15	0.020
		自闭式冲洗阀	1.20	6.0	25	按产品要求
9	大便槽冲洗水箱进水阀		0.10	0.5	15	0.020
10	小便器	手动冲洗阀	0.05	0.25	15	0.015
		自闭式冲洗阀	0.10	0.5	15	按产品要求
		自动冲洗水箱进水阀	0.10	0.5	15	0.020
11	小便槽多孔冲洗管(每米长)		0.05	0.25	15~20	0.015
12	实验室化验龙头(鹅颈)	单联	0.07	0.35	15	0.020
		双联	0.15	0.75	15	0.020
		三联	0.20	1.0	15	0.020
13	家用洗衣机给水龙头		0.24	1.2	15	0.020

注:1. 表中括号内的数值系在有热水供应时单独计算冷水或热水管道管径时采用。
2. 淋浴器所需流出水头按控制出流的启闭阀前计算。
3. 浴盆上附设淋浴器时,额定流量和当量按浴盆水龙头计算,不再重复计算浴盆上附设淋浴器的额定流量和当量。

(2)设计秒流量的计算

建筑物内给水管道的设计秒流量与建筑物的性质、人数、配置的卫生器具数量及卫生器具的使用概率等有关,我国规范给出了以下两个计算公式:

①住宅、集体宿舍、旅馆、医院、幼儿园、办公楼、学校等建筑的生活给水管道设计秒流量的计算公式为

$$q_g = 0.2a\sqrt{N_a} + kN_a \tag{4.1}$$

式中 q_g——计算管段的给水设计秒流量,L/s;

N_a——计算管段的卫生器具给水当量总数;

a,k——根据建筑物用途而定的系数,应按表4.6采用。

表4.6 根据建筑物用途而定的系数值

建筑物名称		a 值	k 值
住宅	有大便器、洗涤盆,无沐浴设备	1.05	0.005 0
	有大便器、洗涤盆和沐浴设备	1.02	0.004 5
	有大便器、洗涤盆、沐浴设备和热水供应	1.1	0.005 0
幼儿园、托儿所		1.2	—
门诊部、诊疗所		1.4	
办公楼、商场		1.5	0
学校		1.8	
医院、疗养院、休养所		2.0	
集体宿舍、旅馆		2.5	
部队营房		3.0	

注:1. 如计算值小于该管段上一个最大卫生器具给水额定流量时,应采用一个最大的卫生器具给水额定流量作为设计秒流量。

2. 如计算值大于该管段上按卫生器具给水额定流量累加所得流量时,应按卫生器具给水额定流量累加所得流量值采用。

②适用于工业企业生活间、公共浴室、洗衣房、公共食堂、实验室、影剧院、体育场等建筑的生活给水管道设计秒流量计算公式为

$$q_g = \frac{\sum q_0 n_0 b}{100} \tag{4.2}$$

式中 q_g——计算管段的给水设计秒流量,L/s;

q_0——同一类型的一个卫生器具给水额定流量,L/s;

n_0——同类型卫生器具数;

b——卫生器具的同时给水百分数,应按表4.7、表4.8、表4.9采用。

表4.7 工业企业生活间、公共浴池、洗衣房卫生器具同时给水百分数

卫生器具名称	同时给水百分数/%		
	工业企业生活间	公共浴室	洗衣房
洗涤盆	如无工艺要求时,采用33	15	25~40
洗脸盆、盥洗槽水龙头	60~100	60~100	60
浴盆	—	50	—
淋浴盆	100	100	100
大便器冲洗水箱	30	20	30
大便器自动闭式冲洗阀	5	3	4
大便槽自动冲洗水箱	100	—	—
小便器手动冲洗阀	50	—	—
小便器自动冲洗水箱	100	—	—
小便槽多孔冲洗管	100	—	—

注:如计算值小于该管段上一个最大卫生器具给水额定流量时,应采用一个最大的卫生器具给水额定流量作为设计秒流量。

表4.8 工业企业生活间、公共浴池、洗衣房卫生器具同时给水百分数

卫生器具和设备名称	同时给水百分数/%	卫生器具和设备名称	同时给水百分数/%
污水盆(池)、洗涤盆(池)	50	小便器	50
洗脸盆	60	生产性洗涤机	40
淋浴器	100	器皿洗涤机	90
大便器冲洗水箱	60	开水器	90

表4.9 实验室卫生器具同时给水百分数

卫生器具名称	同时给水百分数/%	
	科学研究实验室	生产实验室
单联化验龙头	20	30
双联或三联化验龙头	30	50

(3)给水管径的计算

通过上述计算,得到给水管道设计秒流量后,按照下式确定给水管管径,即

$$q_g = \frac{\pi}{4} D^2 v \tag{4.3}$$

$$D = \sqrt{\frac{4q_g}{\pi v}} \tag{4.4}$$

式中 q_g——计算管段的给水设计秒流量,L/s;

D——管径,mm;

v——管段中流体的流速,m/s。

管段中流体的流速选择应考虑经济因素及防噪声等因素。一般推荐流速:干管 $v=1.2\sim2.0$ m/s,支管 $v=0.8\sim1.2$ m/s;流速的取值应结合室外管网所具有的水压选定,压力较大选

取流速值的上限，反之选取下限。

(4)管道水头损失的计算

给水管道的水头损失包括沿程水头损失和局部水头损失。

1)沿程水头损失

沿程水头损失为

$$h_i = iL \tag{4.5}$$

式中 h_i——沿程水头损失，kPa；

i——单位管长的沿程水头损失，kPa/m；

L——管段长度，m。

对于钢管，单位管长的水头损失可查表4.10。

表4.10 给水钢管(水煤气管)水力计算表

q_g	DN15		DN20		DN25		DN32		DN40		DN50		DN70		DN80	
	v	i	v	i	v	i	v	i	v	i	v	i	v	i	v	i
0.05	0.29	0.284														
0.07	0.41	0.518	0.22	0.111												
0.10	0.58	0.985	0.31	0.208												
0.12	0.70	1.37	0.37	0.288	0.23	0.086										
0.14	0.82	1.82	0.43	0.38	0.26	0.113										
0.16	0.94	2.34	0.50	0.485	0.30	0.143										
0.18	1.05	2.91	0.56	0.601	0.34	0.176										
0.20	1.17	3.54	0.62	0.727	0.38	0.213	0.21	0.052								
0.25	1.46	5.51	0.78	1.09	0.47	0.318	0.26	0.077	0.20	0.039						
0.30	1.76	7.93	0.93	1.53	0.56	0.442	0.32	0.107	0.24	0.054						
0.35			1.09	2.04	0.66	0.586	0.37	0.141	0.28	0.080						
0.40			1.24	2.63	0.75	0.748	0.42	0.179	0.32	0.089						
0.45			1.40	3.33	0.85	0.932	0.47	0.221	0.36	0.111	0.21	0.031 2				
0.50			1.55	4.11	0.94	1.13	0.53	0.267	0.40	0.134	0.23	0.037 4				
0.55			1.71	4.97	1.04	1.35	0.58	0.318	0.44	0.159	0.26	0.044 4				
0.60			1.86	5.91	1.13	1.59	0.63	0.373	0.48	0.184	0.28	0.051 6				
0.65			2.02	6.94	1.22	1.85	0.68	0.431	0.52	0.215	0.31	0.059 7				
0.70					1.32	2.14	0.74	0.495	0.56	0.246	0.33	0.068 3	0.20	0.020		
0.75					1.41	2.46	0.79	0.562	0.60	0.283	0.35	0.077 0	0.21	0.023		
0.80					1.51	2.79	0.84	0.632	0.64	0.314	0.38	0.085 2	0.23	0.025		
0.85					1.60	3.16	0.90	0.707	0.68	0.351	0.40	0.096 3	0.24	0.028		
0.90					1.69	3.54	0.95	0.787	0.72	0.390	0.42	0.107	0.25	0.031 1		
0.95					1.79	3.94	1.00	0.869	0.76	0.431	0.45	0.118	0.27	0.034 2		
1.00					1.88	4.37	1.05	0.957	0.80	0.473	0.47	0.129	0.28	0.037 6	0.20	0.016 4
1.10					2.07	5.28	1.16	1.14	0.87	0.564	0.52	0.153	0.31	0.044 4	0.22	0.019 5
1.20							1.27	1.35	0.95	0.663	0.56	0.18	0.34	0.051 8	0.24	0.022 7
1.30							1.37	1.59	1.03	0.769	0.61	0.208	0.37	0.059 9	0.26	0.026 1
1.40							1.48	1.84	1.11	0.884	0.66	0.237	0.40	0.068 3	0.28	0.029 7
1.50							1.58	2.11	1.19	1.01	0.71	0.27	0.42	0.077 2	0.30	0.033 6
1.60							1.69	2.40	1.27	1.14	0.75	0.304	0.45	0.087 0	0.32	0.037 6
1.70							1.79	2.71	1.35	1.29	0.80	0.340	0.48	0.096 9	0.34	0.041 9
1.80							1.90	3.04	1.43	1.44	0.85	0.378	0.51	0.107	0.36	0.046 6
1.90							2.00	3.39	1.51	1.61	0.89	0.418	0.54	0.119	0.38	0.051 3

注：流量 q_g 单位为 L/s，管径单位为 mm，流速 v 单位为 m/s，单位管长的水头损失 i 单位为 kPa/m。

2)局部水头损失

在实际的给水管道局部水头损失计算中,由于管件数量多,一般不作逐一计算,而是按给水系统的沿程水头损失的百分数进行估算,其值如下:

①生活给水管网为25% ~30%。

②生产给水管网,生活、消防共用给水管网,生产、生活、消防共用给水管网为20%。

③消火栓系统、消防给水管网为10%。

④生产、消防共用给水管网为15%。

计算水头损失的目的是在所选定的管径下,计算建筑给水管道所需的压力。若该建筑初定的给水方式为直接给水方式,则将计算结果与市政提供的水压进行比较,校核初定的给水方式是否适合,是否需要调整局部管段的管径。若初定的给水方式为水泵给水方式,则可以确定所需水泵的扬程。若初定的给水方式为屋顶水箱的给水方式,则需确定水箱所需的高度。

4.3　建筑消防给水系统

建筑消防给水系统是设置在建筑物内的扑灭火灾和防止火灾蔓延的给水管道及设备。建筑高层建筑火势蔓延迅速,且扑救与人员疏散困难,因此,建筑物按建筑高度及层数,可将消防给水系统分为低层建筑消防给水系统和高层建筑消防给水系统。

按我国目前消防登高设备的工作高度和消防车的供水能力,将10层以下的住宅及建筑高度小于24 m的低层民用建筑、单层厂房、库房及单层公共建筑的消防给水系统划分为低层建筑消防给水系统;将10层及10层上的住宅建筑(包括底层设置商业服务网点的住宅)及建筑高度超过24 m的其他民用建筑、工业建筑的消防给水系统划分为高层建筑消防给水系统。

4.3.1　低层建筑消防给水系统

(1)室内消防给水系统的相关规定

我国《建筑设计防火规范》(GB 50015—2003)规定下列建筑物应设室内消防给水系统:

①厂房、库房及高度不超过24 m的科研楼(存在与水接触能引起燃烧爆炸的物品除外)。

②超过800个座位的剧院、电影院、俱乐部和超过1 200个座位的礼堂、体育馆。

③体积超过5 000 m^3的车站、码头、商店、医院、学校、图书馆等。

④超过7层的单元式住宅,超过6层的塔式、通廊式、底层设有商业网点的单元式住宅和超过5层或体积超过1 000 m^3的其他民用建筑。

⑤国家级文物保护单位的重点砖木或木结构的古建筑。

低层建筑的室内消防给水系统以室内消火栓给水系统为主,其立足于自救加外援并重,控制初期火灾。

(2)室内消防给水系统的组成

如图4.13所示为一设置消防泵和水箱的室内消火栓给水系统,该系统由以下几部分组成:

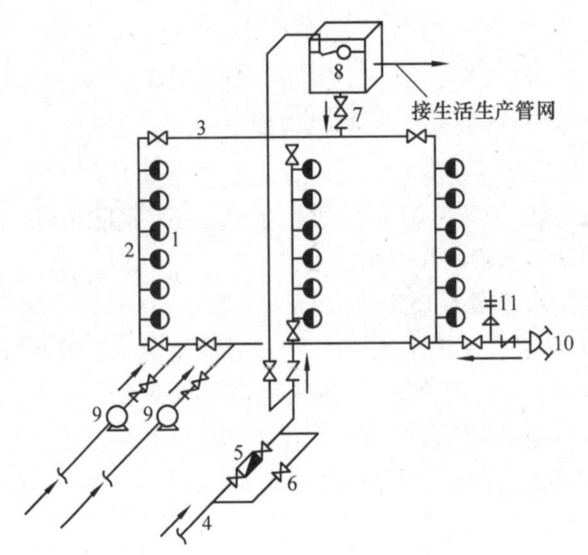

图 4.13　设有消防泵和水箱的室内消火栓给水系统

1—室内消火栓；2—消防立管；3—干管；4—进户管；5—水表；6—旁通管及阀门；

7—止回阀；8—水箱；9—水泵；10—水泵接合器；11—安全阀

1）消火栓

消火栓有单阀和双阀之分，单阀消火栓又分为单出口和双出口。一般情况下推荐使用单出口消火栓。栓口直径有 DN50 和 DN65 两种，前者用于每支水枪最小流量为 2.5 ~5.0 L/s，后者用于每支水枪最小流量不小于 5.0 L/s 的消防系统。消火栓应设置在明显且易取用的地点，栓口距地面 1.1 m。

2）水龙带

消防水龙带是输送消防水的软管，一端通过快速内扣式接口与消火栓、消防车连接，另一端与水枪相连。常用的水龙带有麻质水龙带、帆布水龙带和衬胶水龙带等。消防水龙带的直径规格有 DN50 和 DN65 两种，长度有 15 m，20 m，25 m3 种。

3）水枪

水枪是消防灭火的主要工具，其功能是将消防水带内的水流转化成高速水流后，直接喷射到火场，达到灭火、冷却或防护的目的。工程中一般采用直流式水枪，喷口直径有 13 mm，16 mm和 19 mm3 种。喷口直径 13 mm 的水枪配 DN50 水龙带，16 mm 的水枪可配 DN50 和 DN65 的水龙带，用于低层建筑内。19 mm 水枪配 DN65 的水龙带，用于高层建筑中。

4）消火栓箱

消火栓箱是将室内消火栓、消防水龙带、消防水枪及报警装置集装于一体，并明装、暗装或半暗装于建筑物内的具有给水、灭火、控制和报警等功能的箱状固定式消防装置。消火栓箱内部结构及安装形式分别如图 4.14、图 4.15 所示。

5）消防管道

消防管道由引入管、干管、立管和支管组成，一般选用镀锌钢管、焊接钢管。其作用是向消火栓供水，并满足消火栓在消防灭火时所需水量和水压要求。消防管道的直径应不小于 50 mm。

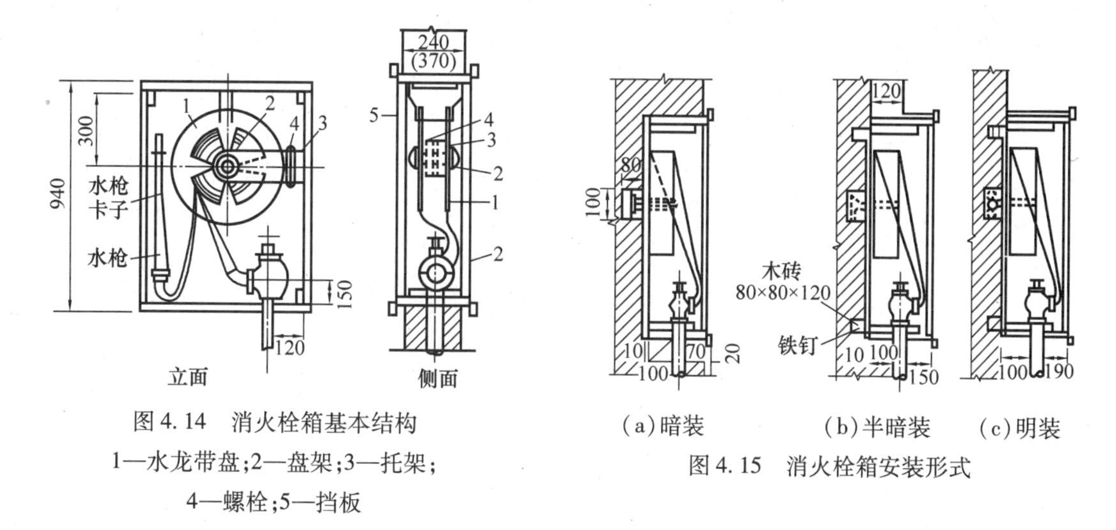

图4.14　消火栓箱基本结构

1—水龙带盘;2—盘架;3—托架;

4—螺栓;5—挡板

(a)暗装　(b)半暗装　(c)明装

图4.15　消火栓箱安装形式

对7～9层的单元住宅,其室内消防给水管道可设为枝状,进水管道可采用一条。对于室内消火栓超过10个,且室外消防用水量大于15 L/s时,室内消防给水管道至少应有两条进水管与室外环状管网连接,并应将室内管道连成环状或将进水管与室外管道连成环状。对于超过6层的塔式建筑(采用双出口消火栓者除外)和通廊式住宅,超过5层或体积超过10 000 m^2的其他民用建筑,超过4层的厂房和库房,若室内消防竖管为两条或两条以上时,至少每两条竖管相连组成环状管道。

6)消防水泵接合器

消防水泵接合器是为建筑物配套的自备消防设施,用以连接消防车、机动泵向建筑物的消防灭火管网输水。水泵接合器有地上、地下和墙壁式3种,其中地上式和地下式水泵接合器的结构如图4.16所示。

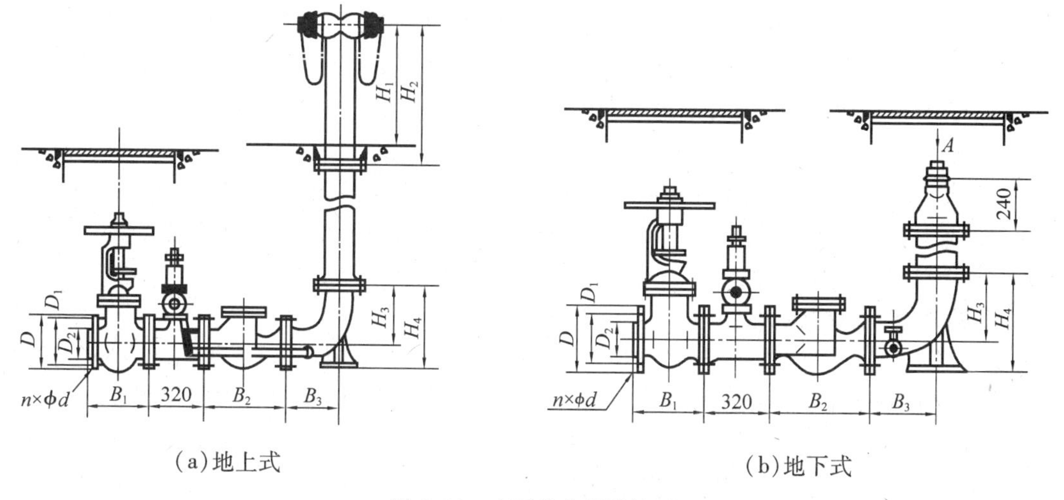

(a)地上式　(b)地下式

图4.16　水泵接合器结构图

消防水泵接合器设置在超过6层的住宅和超过5层的其他民用建筑、超过4层的厂房和库房的室内消防给水管网中。距接合器15 m范围内应设室外消火栓或消防水池。每个接合器的流量按10～15 L/s计算,接合器的数量应按室内消防用水量确定。

(3)消火栓设置间距

按照灭火要求,从水枪喷出的水流不仅应该达到火焰的产生处,而且能够击灭火焰。因此,计算时要求水枪出流有一股充实的水柱作为消防射流,此股射流称为充实水柱。为保护消防人员,灭火时消防人员必须距着火点有一定的距离,因此规范规定了充实水柱的长度,即要求充实水柱长度不小于7 m;对于超过6层的民用建筑和超过4层的厂房、车库等不应小于10 m;对于高层工业建筑,充实水柱长度不应小于13 m。

根据水龙带的长度和水枪充实水柱长度,每个消火栓的保护半径可由下式求得

$$R=0.9L+S_z\cos 45° \tag{4.6}$$

式中 R——消火栓保护半径,m;

L——水龙带长度,m;

0.9——考虑到水龙带转角曲折的折减系数;

S_z——充实水柱长度,m;

45°——灭火时水枪的倾角。

有了消火栓的保护半径和规范要求的同时灭火水柱股数,结合建筑物的形状就可确定消火栓的设置间距。

4.3.2 高层建筑消防给水系统

高层建筑多为钢筋混凝土框架结构或钢结构,其建筑装饰标准高,因而火灾的危险性远高于低层建筑。由于发生火灾时扑救困难,因此,高层建筑消防给水系统应具有独立扑救室内火灾的能力。有些高层建筑消防给水系统除室内消火栓给水系统外,还设有自动喷淋灭火给水系统,有时还设有水幕消防给水系统等消防装置。

(1)高层建筑消防给水系统的给水方式

1)不分区的室内消火栓给水系统

如图4.17所示,该系统属于临时高压消防给水系统,平时管网中的水压由高位水箱提供,压力不足时可设补压设备,水箱储存10 min的消防用水量,发生火灾时靠水泵供水。这种系统不作竖向分区,只适用于消防泵至屋顶高位水箱的几何高差小于80 m的建筑。

2)分区并联式

建筑物高度在50 m或建筑内部消火栓处静水压力大于0.80 MPa时,一般需分区供水。并联式消火栓给水系统如图4.18所示。在该系统中,水泵集中布置,便于管理,适用于建筑高度不超过100 m的消防给水系统。

(2)高层建筑室内消火栓给水系统的布置要求

高层建筑消防给水系统由于压力高,一般独立成一个系统,消火栓给水系统也应与自动喷淋等消防给水系统分开。消防给水管道的引入管应不少于两条,室内管道应布置成环状,并应用阀门将室内环状管网分成若干独立段,使管道检修时关停的竖管不超过一条。消防立管管径不应小于100 mm。但对于建筑物高度不超过18层,每层不超过8户且建筑面积不超过650 m^{2}的普通塔式住宅,设两条竖管有困难时,可设一条,但须设双出口消火栓。

高层建筑的消火栓设置间距不应大于30 m,一栋建筑物内应采用同一型号、规格的消火栓和与其配套的水龙带、水枪,水龙带长度不超过25 m,水枪口径不小于19 mm,消火栓处静水压力大于0.5 kPa时,应设减压孔板等减压装置。消防电梯间前室应设有消火栓,屋顶设检验

用消火栓。对于高级旅馆、重要办公楼,应设消防水喉设备。

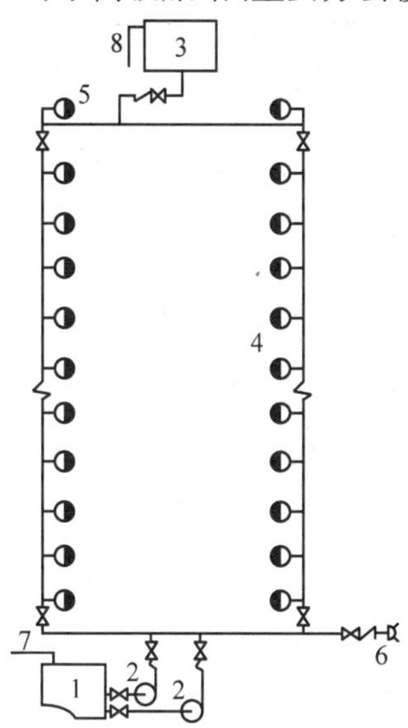

图4.17 不分区消防供水方式

1—水池;2—消防水泵;3—水箱;4—消火栓;5—试验消火栓;6—水泵接合器;7—水池进水管;8—水箱进水管

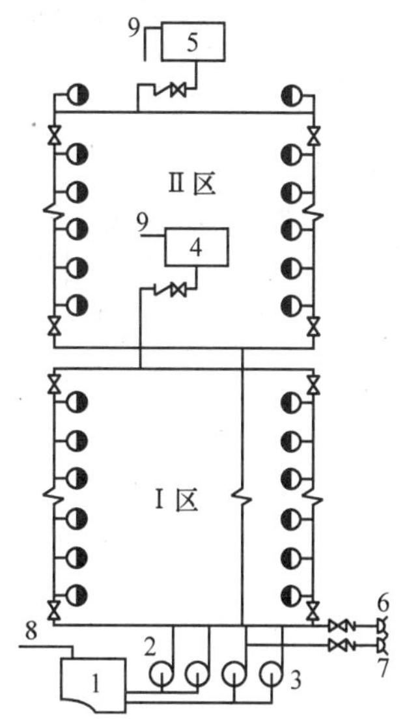

图4.18 分区消防供水方式

1—水池;2—Ⅰ区消防水泵;3—Ⅱ区消防水泵;4—Ⅰ区水箱;5—Ⅱ区水箱;6—Ⅰ区水泵接合器;7—Ⅱ区水泵接合器;8—水池进水管;9—水箱进水管

消防水泵接合器安装数量按规范中规定的室内消防流量计算确定,当采用分区并联消防给水系统时,每个分区应设置水泵接合器。水泵接合器与室内管道连接点应尽量远离固定消防水泵的出水管。每个水泵接合器的流量为10~15 L/s。

(3)自动喷洒消防给水系统

自动喷洒消防给水系统是在火灾发生时,能自动喷水并能发出火警信号的灭火系统,其控火、灭火成功率高。目前,广泛应用于一些重要的、火灾危险性大以及发生火灾后损失严重的工业与民用建筑中。

1)自动喷洒消防给水系统的类型及组成

①湿式喷水灭火系统

该系统由闭式喷头、湿式报警阀、报警装置、管网及供水设施等组成,如图4.19所示。该系统在报警阀的前后管道内始终充满着压力水。

在火灾发生的初期,建筑物内的温度随之不断升高,当温度上升到使闭式喷头温感元件爆破或熔化脱落时,喷头自动喷水灭火。此时,管网中的水由静止变为流动,水流指示器被感应送出电信号,在报警控制器上显示相应区域已在喷水。持续喷水造成报警阀的上部水压低于下部水压,其压力差值达到一定值时,原来处于闭合的报警阀就会自动开启,消防水通过湿式报警阀流向干管和配水管灭火。同时,一部分水流沿报警阀进入延迟器、压力开关及水力警铃等设施发出火警信号。此外,根据水流指示器和压力开关的信号或消防水箱的水位信号,控制箱内控制器自动启动消防泵向管网加压供水,达到持续自动供水的目的。该系统适合安装在常年室温不低于4 ℃且不高于70 ℃,能用水灭火的建筑物、构筑物内。

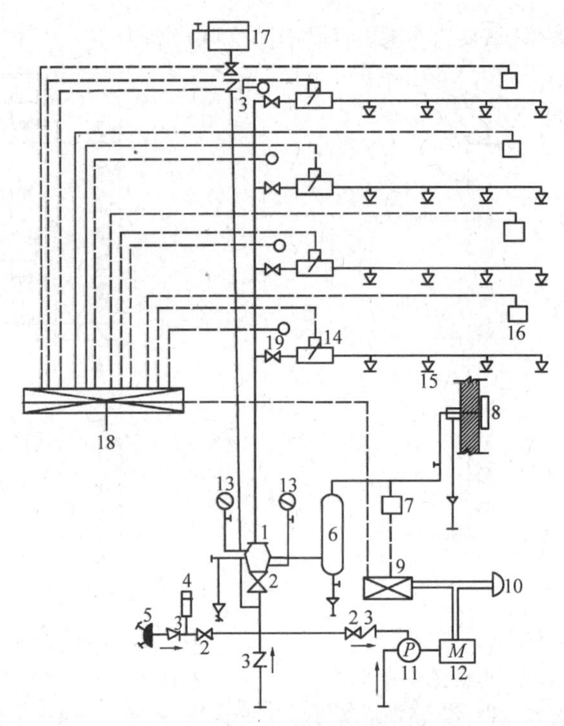

图 4.19　湿式自动喷水灭火系统

1—湿式报警阀；2—闸阀；3—止回阀；4—安全阀；5—消防水泵接合器；6—延迟器；
7—压力开关（压力继电器）；8—水力警铃；9—自控箱；10—按钮；11—水泵；
12—电机；13—压力表；14—水流指示器；15—闭式喷头；16—感烟探测器；
17—高位水箱；18—火灾控制台；19—报警按钮

②干式喷水灭火系统

该系统与湿式灭火系统类似，但在报警阀后的管道内无水，而是充以有压气体，火灾发生时，喷头首先喷出气体，致使管网中压力降低，供水管道中的压力水打开报警阀而进入配水管网，压力水迅速充满管道，通过受热后打开的喷头向着火点喷水。该系统由于报警阀后管道内无水而不怕冻结，因此，该系统适用于温度低于 4 ℃或温度高于 70 ℃以上的场合。

③预作用喷水灭火系统

该系统综合应用了火灾自动探测控制技术和自动喷水灭火技术，兼容了干式和湿式系统的特点。平时，预作用阀后管道内充满有压气体，发生火灾时，由火灾探测系统自动开启预作用阀，使压力水迅速充满管道，喷头受热后即打开喷水。该系统适用于冬季结冰和不能采暖的建筑物内，或不允许有误喷而造成水渍损失的建筑物（如高级酒店、医院、重要办公楼、大型商场等）和构筑物。

④雨淋喷水灭火系统

该系统由火灾探测系统、开式喷头、雨淋阀、报警装置、管道系统和供水装置组成。发生火灾时，火灾报警装置自动开启雨淋阀，开式喷头便自动喷水，大面积均匀灭火，效果十分显著。此系统适用于需要大面积喷水灭火并需迅速制止火灾蔓延的危险场合，如剧院舞台及火灾危险性较大的工业车间、库房等场合。

⑤水幕系统

该系统由水幕喷头、控制阀(雨淋阀或干式报警阀等)、探测系统、报警系统和管道等组成阻火、隔火喷水系统,如图4.20所示。该系统和雨淋喷水灭火系统不同的是雨淋系统中用开式喷头,将水喷洒成锥体形扩散射流,而水幕系统中用开式水幕喷头,将水喷洒成水帘幕状。因此,它不能直接用来扑灭火灾,而是与防火卷帘、防火幕配合使用,防止火势扩大和蔓延。也可单独使用,用来保护建筑物的门窗、洞口或在大空间形成防火水帘,起防火分隔作用。

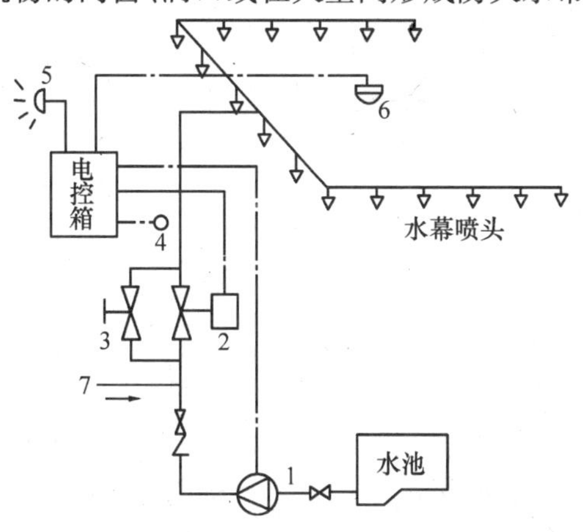

图4.20　电动控制水幕系统图

1—水泵;2—电动阀;3—手动阀; 4—电按钮;

5—电铃;6—火灾探测器; 7—来自水箱

⑥水喷雾灭火系统

该系统是利用喷雾喷头在一定水压下将水流分解成细小水雾滴进行灭火或防护冷却的一种固定式灭火系统。适用于存放或使用易燃液体的场合及用于扑灭电器设备的火灾。

2)自动喷水灭火系统中的主要器材

①喷头

消防喷头按其所处状态可分为闭式、开式和特殊喷头3种。

A.闭式喷头

该喷头是带敏感元件及密封组件的自动喷头。敏感元件可在预定温度范围下动作,当达到预定温度时,敏感元件及其密封组件脱离喷头主体,并按规定的形状和水量在规定的保护面积内喷水灭火。此种喷头按敏感元件的材质分为玻璃球喷头和易熔元件喷头两种类型,按安装形式和布水形状又可分为直立型、下垂型、边墙型、吊顶型等。如图4.21所示为易熔金属元件闭式喷头。

B.开式喷头

其喷口为敞开式,喷水动作由阀门控制,分别用于雨淋、水幕及喷雾系统中。

C.特殊喷头

有大小滴喷头、大覆盖面喷头等特殊要求喷头。

喷头的选择应结合喷头安装场合及环境温度选择,喷头公称动作温度应比环境温度高30 ℃左右。

②湿式报警阀

该阀用于湿式自动喷水灭火系统上,其作用:一是接通或切断水源;二是传递报警信号,启动水力警铃；三是防止水倒流。

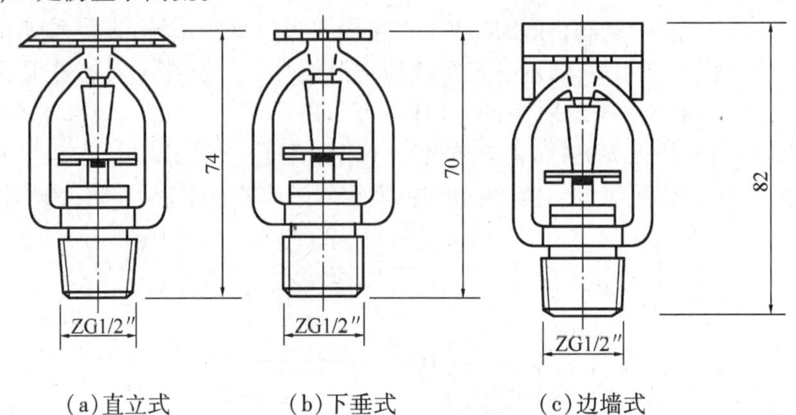

(a)直立式　(b)下垂式　(c)边墙式

图 4.21　易熔金属元件闭式喷头

喷头的公称动作温度及色标见表 4.11。

表 4.11　闭式喷头的公称动作温度和色标

玻璃球喷头		易熔元件喷头	
公称动作温度/ ℃	工作液色标	公称动作温度/ ℃	工作液色标
57	橙色	57 ~ 77	本色
68	红色	80 ~ 107	白色
79	黄色	121 ~ 149	蓝色
93	绿色	163 ~ 191	红色
141	蓝色	204 ~ 246	绿色

③水流指示器

它用于湿式喷水灭火系统，其作用在于当发生火灾时喷头开启喷水或管道发生泄漏以及意外损坏等情况时，有水流过装有水流指示器的管道，则水流指示器发出区域水流信号，起辅助电动报警作用。

④水力警铃

主要用于湿式喷水灭火系统，安装在湿式报警阀附近。当报警阀打开水源，水流将使铃锤旋转，打铃报警。

⑤延迟器

主要用于湿式喷水灭火系统，安装在湿式报警阀与水力警铃、水力继电器之间，以防止湿式报警阀因水压不稳而引起的误动作，造成报警失误。

表 4.12　标准喷头的保护面积和间距表

建、构筑物危险等级分类		每只喷头最大保护面积/m^2	喷头最大水平间距/m	喷头与墙、柱面最大间距/m
严重危险级	生产建筑物	8.0	2.8	1.4
	储存建筑物	5.4	2.3	1.1
中危险级		12.5	3.6	1.8
轻危险级		21.0	4.6	2.3

3)自动喷水灭火系统管道和器材的布置

①标准喷头的保护面积、喷头间距见表4.12。

②报警阀宜设在明显地点,便于操作,距地高度宜为1.2 m,安装处的地面应设排水设施。报警阀后的管道应成独立系统。

③每根配水支管或配水管的管径应不小于25 mm,每根配水支管的喷头数对于轻、中危险级建筑不多于8个,对于严重危险级建筑不多于6个。自动喷水灭火系统的管材应采用镀锌钢管或镀锌无缝钢管。

④自动喷水灭火系统应设置水泵接合器,且不宜少于两个。管网的工作压力不应大于1.2 MPa。

⑤自动喷水消防给水系统的消防水箱按10 min自动喷水量考虑;消防水池容量按储存不小于1 h自动消防水量考虑。

4.4　室内热水供应系统

室内热水供应系统是为满足人们在生产和生活过程中对水温的某些特定要求,而由管道及辅助设备组成的输送热水的网络。其任务是按设计要求的水量、水温和水质随时间向用户供应热水。

4.4.1　热水供应系统的分类及组成

(1)热水供应系统的分类

室内热水供应系统按作用范围的大小可分为以下两种:

1)局部热水供应系统

局部热水供应系统是利用各种小型加热器在用水场所就地将水加热,供给局部范围内的一个或几个用水点使用,如采用小型燃气加热器、蒸汽加热器、电加热器、太阳能加热器等,给单个厨房、浴室、生活间等供水,如图4.22(a)所示。大型建筑物同样可采用多个局部加热器分别对各个用水场所供应热水。其优点是系统简单,维护管理方便,改建、增减容易。缺点是加热设备效率低,热水成本高,使用不方便,设备容量较大。因此,适用于热水供应点较分散的公共建筑和车间等工业建筑。

2)集中热水供应系统

该系统由加热设备、热水管网和用水设备等组成,向整幢或几幢建筑供水,如图4.22(b)所示。其优点是加热器及其他设备相对集中,可集中管理,加热效率高,热水制备成本低,设备总容量小,占地面积少,但设备及系统较复杂,基本建设投资较大,管线长,热损失大。适用于热水用量较大,用水量比较集中的场所。如高级宾馆、医院、大型饭店等公共建筑、居住建筑和布置比较集中的工业建筑。

(2)热水系统的组成

图4.22(b)是集中热水供应系统的示意图。该系统中水在锅炉中被加热后产生的蒸汽,经热媒管送入汽-水换热器后将冷水加热;蒸汽冷凝水由冷凝水管排入凝水池,锅炉用水则由凝水池旁的水泵压入锅炉。换热器中所需的冷水由给水水箱经循环水泵压入,在加热器中吸收蒸汽的冷凝热后温度升高,经管网输送至各用水点。

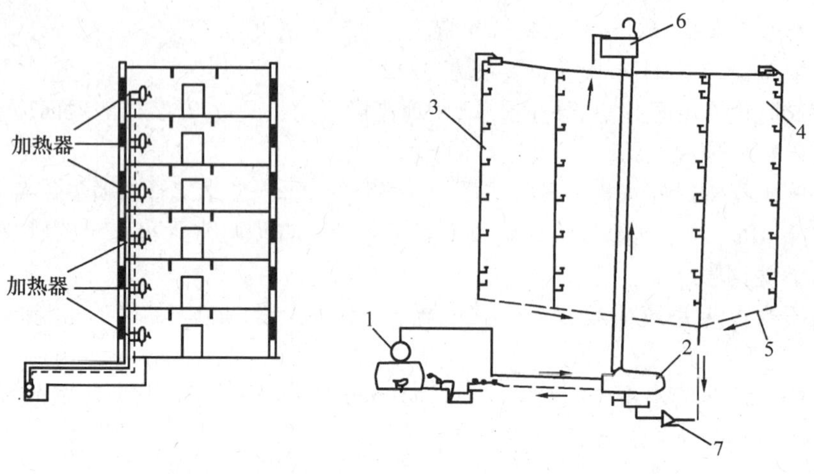

(a)局部热水供应　　(b)集中热水供应

图4.22　局部和集中热水供应系统

1—锅炉;2—热交换器;3—输配水管网;4—热水配水点;

5—循环回水管;6—冷水箱;7—循环水泵

如图4.22(b)所示,一个比较完善的热水供应系统通常由以下5部分组成:

①加热设备。如锅炉、炉灶、太阳能热水器、各种热交换器等。

②热媒管网。如蒸汽管或过热水管、凝结水管等。

③热水储存水箱。如开式水箱、闭式水箱等。

④热水输配管网和回水管网。

⑤其他设备和附件。如循环水泵、各种器材和仪表、管道伸缩器等。

4.4.2　热水管道的布置与敷设

①热水供应管道按管网是否有循环管分为全循环、半循环和非循环方式。全循环式系统所有立管、干管中的水保持循环,管网水温不低于设计温度,适用于对水温有较严格要求的用水场所,如图4.22(b)所示为全循环方式;半循环方式是仅对局部的配水干管设置了循环管道,对立管不设循环管,适用于对水温要求不太高或配水管道系统较大的场所;非循环方式中不需设置循环管道,适用于连续用水、定时集中用水和管道系统较小的场所。

②按干管在建筑内的布置位置,有下行上给和上行下给两种方式。如图4.22(b)所示为上行下给式,该系统的水平干管可敷设在建筑物顶层或专用设备技术层内,回水管可设在底层的地沟内或地下室内。

③立管尽量安装在管道竖井内,或布置在卫生间内。管道穿越楼板和墙壁时应加装套管。楼板套管应高出地面5~10 mm,以防地面积水通过管道间隙流到下一层。热水横管应有与水流方向相反的坡度,便于排气和泄水,坡度不小于0.003 m。

④为防止热水管道在输水过程中发生倒流或串流,冷热水的水压应接近,并应在水加热器或储水罐给水管道上设置止回阀。

⑤热水管道应有补偿管道伸缩的措施,较长干管宜用波纹管伸缩节;立管与水平干管通过弯头连接,以消除管道热胀冷缩时的各种影响。

⑥热水管道宜用铜管、铝塑复合管及不锈钢管等。

⑦热水锅炉、水加热器、储水器、热水配水干管、回水干管及有冻结可能的自然循环回水管

等应保温。保温层的厚度应经计算确定。

4.4.3 水加热设备

水加热设备也称热交换器,是将冷水制成热水的换热装置。根据水加热器内换热介质的种类,有汽-水加热器和水-水加热器两类。按换热器的换热方式有表面式、混合式两类,表面式水加热器属间接加热,如容积式水加热器、快速式加热器等;混合式水加热器是将冷水与热水或蒸汽直接接触相互掺混,属于直接加热方式。如图4.23所示为容积式水加热器(卧式),如图4.24所示为蒸汽-水快速加热器。

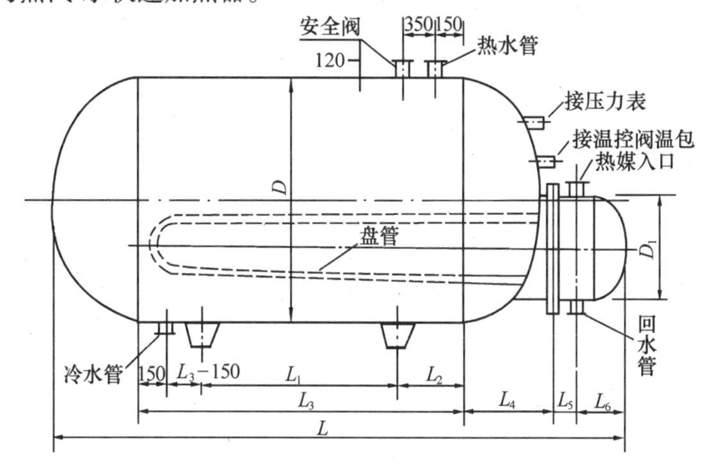

图4.23 容积式水加热器

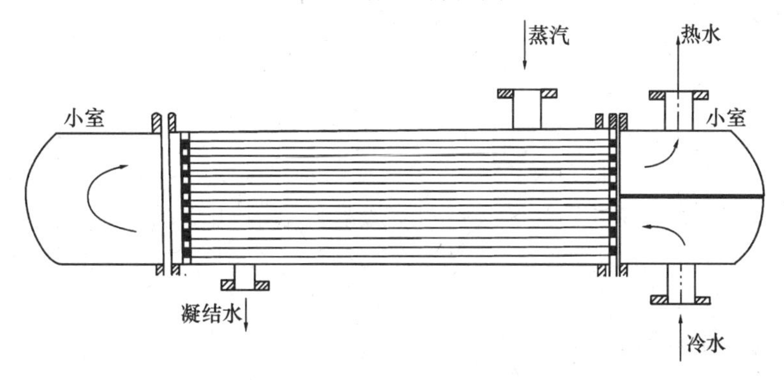

图4.24 蒸汽-水快速热水器

复习与思考题

1. 室内给水按用途可分为哪几类?
2. 建筑给水系统最基本的给水方式有哪几种?各自的适用条件及用水有哪些特点?
3. 给水管道敷设方式有哪几种?各适用于怎样的建筑?
4. 室内消火栓给水系统由哪几部分组成?消火栓的布置原则是什么?
5. 自动喷水灭火系统有哪几种类型?各适用于什么场合?

第 5 章
建筑排水工程

5.1 建筑排水系统的组成

5.1.1 污、废水管道类别及选用

建筑内部排水系统的任务是将建筑内卫生器具或生产设备收集的污水、废水和屋面的雨雪水迅速地排至室外及市政污水管道,或排至室外污水处理构筑物处理后再予以排放。建筑物内装设的排水管道按其所接纳排除的污、废水性质,可分为生活排水系统、工业废水排水系统、建筑内部雨水排水系统。

生活排水系统用以排除人们日常生活中盥洗、洗涤的生活废水和生活污水。生活污水大多排入化粪池,而生活废水则直接排入室外合流制下水管道或雨水管道中。

工业废水管道用以排除生产工艺过程中的污水、废水。由于工业生产种类繁多,污、废水的性质极其复杂,因此按其污染程度分为生产污水和生产废水两种,前者仅受到轻微污染,如循环冷却水等;后者受到的污染程度较为严重,通常需要经过厂内处理后才能排放。

建筑物内部的雨水管道用以接纳排除屋面的雨雪水,一般用于高层建筑和大型厂房的屋面雨雪水的排除。

上述 3 大类排水系统中的污水、废水,如果分别设置管道排至建筑物外,称为建筑分流制排水;如果将其中两类或者 3 类污水、废水合流排出,则称建筑合流制排水。确定建筑排水的分流或合流体制,应注意建筑物与市政的排水体制是否适应,必须综合考虑经济技术及环保要求等因素。具体考虑的因素还有:建筑物排放污水、废水的性质,市政排水体制和污水处理设施的完善程度,污水是否回用,室内排水点和排出建筑的位置,等等。

另外,室内污、废水的排放还必须符合国家有关法令、标准和条例的规定。

5.1.2 建筑内部排水系统的组成

完整的建筑内部排水系统如图 5.1 所示。它一般由下列部分组成。

(1)污(废)水收集器

污(废)水收集器是用来收集污(废)水的器具,如各种卫生器具、生产污(废)水的排水设备及雨水斗等。

(2)排水管系

排水管系由器具排水管(连接卫生器具和排水横管之间的短管,除坐式大便器和地漏外,其余支管上均应安装存水弯),带有一定坡度的排水横管、排水立管、埋设在室内的总干管和排除到室外的出户管等组成。

(3)通气管系

绝大多数排水管系内流动的是重力流,即管道内的污水、废水是靠重力的作用排至室外的。因此,排水管必须与大气相通,从而保证管系内气压恒定,以保证污(废)水的重力流状态。

通气管系的作用是维持排水管道系统内的大气压力,保证水流畅通,防止器具水封被破坏,同时排出管内污浊空气。

对于层数不高,卫生器具不多的建筑物,一般不设置专用通气管系,仅将排水立管上端延伸出屋面即可,从立管最高层检查口以上至通气帽之间的管段称为升顶通气管。

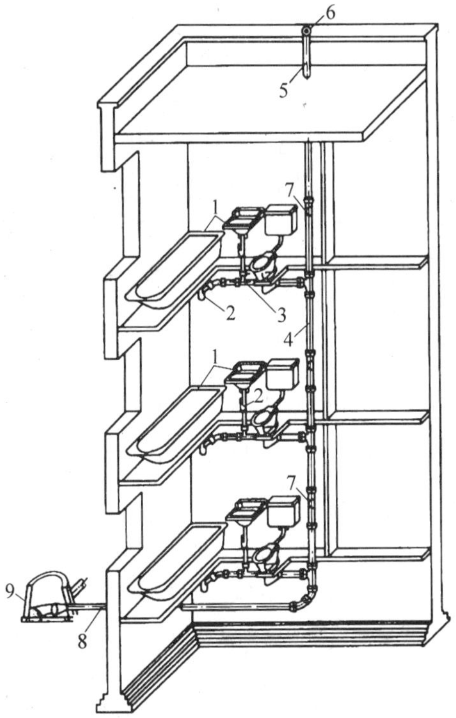

图5.1　建筑内部排水系统
1—卫生器具;2—器具排水管;3—横支管;
4—立管;5—伸顶通气管;6—铅丝网罩;
7—检查口;8—排出管;9—检查井

对于层数较多或卫生器具设置较多的建筑物,单纯采用将排水管上端延伸补气的方法已不能满足稳定排水管系内气压的要求,因此必须设置专用的通气管系。通气管系是一个与排水管系相通的系统,但其内部没有水流,只向排水管系内补给空气,达到加强排水管系气流循环流动,控制压力稳定的作用。

(4)清通装置

清通装置用于清通排水管道,常用的有检查口、清扫口、检查井及带有清通盖板的90°弯头或三通等设备,作为疏通排水管道之用,如图5.2所示。

(5)抽升设备

在民用和公共建筑的地下室、人防建筑及工业建筑内部标高低于室外地坪的车间和其他用水设备的房间,其污水一般难以自流至室外,通常需要抽升排放。常见的抽升设备有水泵、空气扬水器和水射器等。

(6)室外排水管道

自排水管出户的第一检查井后至城市下水道或工业企业排水主干管间的排水管段即为室外排水管道,其任务是将建筑物内的污水、废水排送到市政或工厂的排水管道中去。

(7)污水局部处理构筑物

当建筑内部污水未经处理不允许直接排入城市下水道或天然水体时,必须对污(废)水给予处理,如化粪池等。

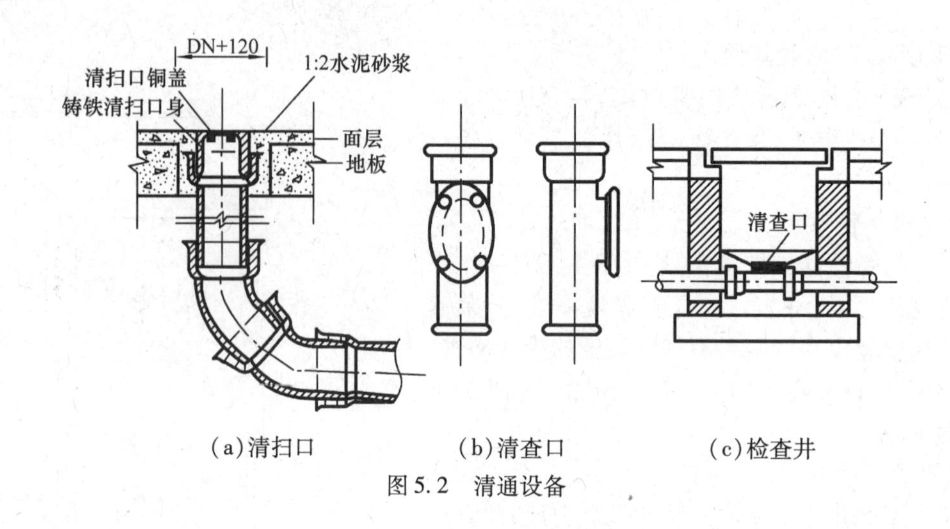

(a)清扫口　　(b)清查口　　(c)检查井

图 5.2　清通设备

5.2　卫生器具及其安装

5.2.1　卫生器具的分类及其安装

卫生器具是室内排水系统的重要组成部分,是用来满足日常生活中各种卫生要求、收集和排除生活及生产中的污、废水的设备。

卫生器具按其作用可分为以下 4 类:

(1)便溺用卫生器具

1)大便器

①坐式大便器

坐式大便器多用于住宅、医院、宾馆等民用建筑的卫生间内,它本体构造中自带水封装置,故可不设存水弯。常见的坐式大便器为漏斗形,按冲洗水的水流原理又可分为冲洗式和虹吸式两种,冲洗式大便器是靠冲洗设备所具有的水头压力进行冲洗,而虹吸式大便器是靠冲洗水头和虹吸作用冲洗的。

坐式大便器安装在卫生间地面上,不设台阶。安装时,应预先在地面的垫层内按坐式大便器底座螺纹孔的位置预先埋设梯形木砖,然后用木螺丝钉将坐式大便器固定在木砖上。坐式大便器多配以低水箱加以冲洗。低水箱坐式大便器的安装如图 5.3 所示。

②蹲式大便器

蹲式大便器在集体宿舍、普通住宅、公共建筑的卫生间、公共厕所内广泛采用。由于大便器本身不带水封,安装时须另装存水弯。存水弯有陶瓷和铸铁两种,陶瓷存水弯仅用于底层。为了装设存水弯,大便器一般都安装在地面以上的平台中,具体安装形式如图 5.4 所示。

蹲式大便器设高水箱进行冲洗,以保证一定的水压。高水箱上部由给水管供水,用浮球阀进行控制。下部的冲洗管用专用皮碗与大便器的进水口连接,并用铜丝扎牢,周围填充干沙,在做地坪时抹一层水泥砂浆,以便掏开进行维修。

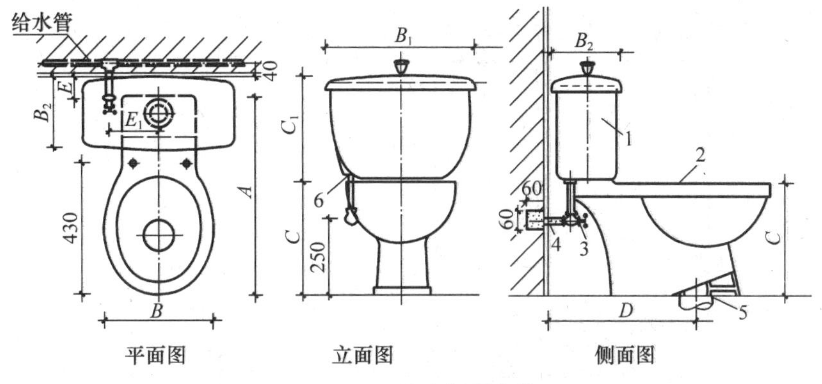

图5.3 坐式大便器安装

1—低水箱;2—坐式大便口;3—角阀

4—三通;5—排水管;6—水箱进水管

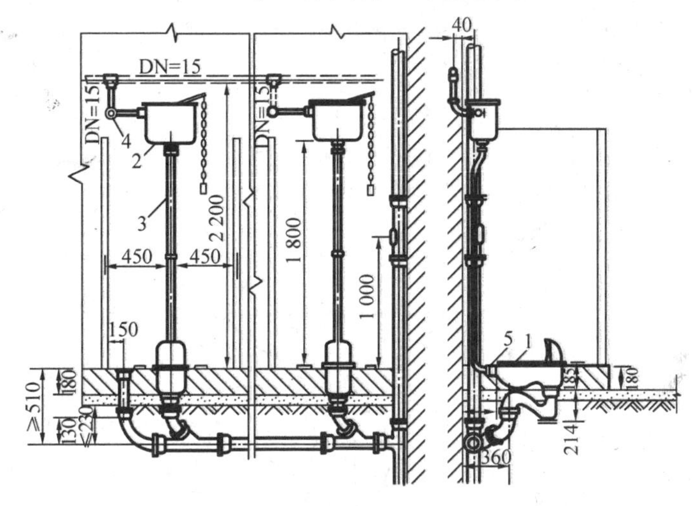

图5.4 高水箱蹲式大便器安装

1—蹲式大便器;2—高水箱;3－给水管;4—角阀;5—胶皮碗

2)小便器

在公共男厕所内,常安装挂式或立式小便器。冲洗设备可用自动冲洗水箱,也可采用阀门冲洗,每个小便器均设有存水弯;立式小便器在对卫生设备要求较高的公共建筑,如展览厅、大剧院、宾馆等男厕所内装设,多为两套以上成组装设,如图5.5所示。

在公共建筑、工厂、学校和集体宿舍的男厕所中也可采用小便槽,其构造简单,造价低,能同时容纳多人同时使用。小便槽可采用普通阀门控制多孔管冲洗或自动冲洗水箱定时冲洗。

(2)盥洗、沐浴用卫生器具

1)洗脸盆

洗脸盆安装在盥洗室、浴室、卫生间中供洗脸洗手用。洗脸盆的规格形式很多,有长方形、三角形、椭圆形等多种形状,多为陶瓷制品,安装方式有墙架式、柱脚式、台式等。其中,柱脚式洗脸盆的安装如图5.6所示。

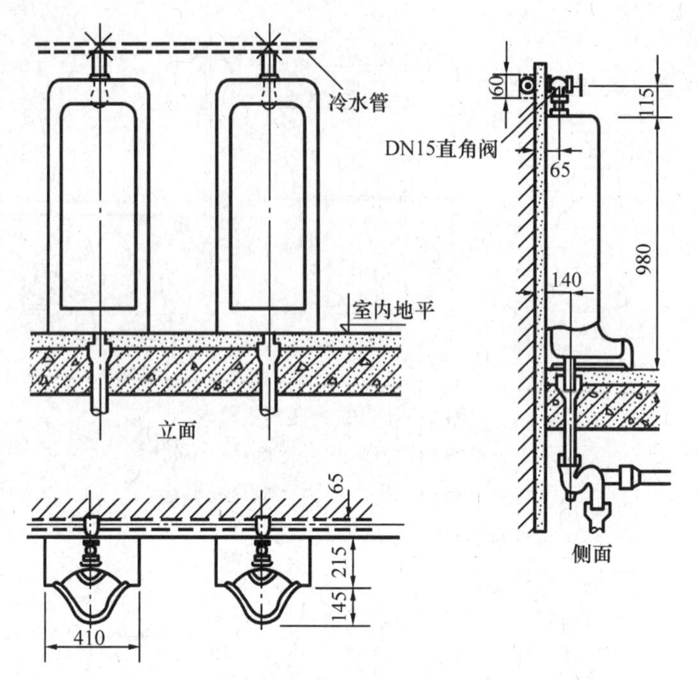

图 5.5　立式小便器

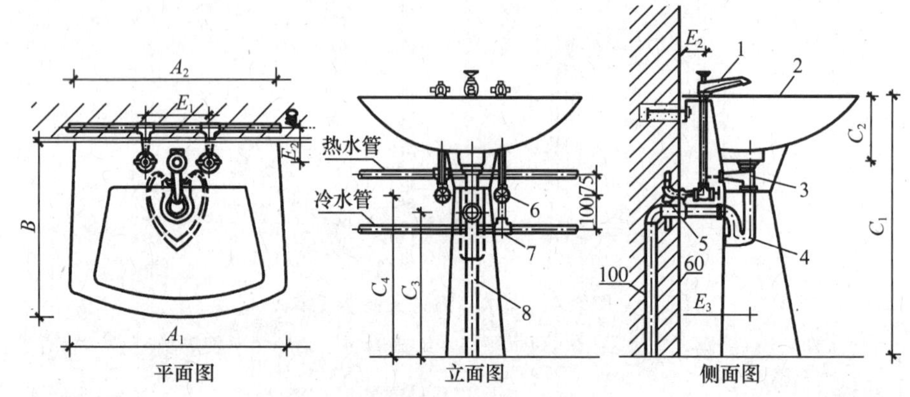

图 5.6　柱脚式洗脸盆安装图

1—水嘴；2—洗脸盆；3—排水栓；4—存水弯；

5—弯头；6—角阀；7—三通；8—柱脚

柱脚式洗脸盆是靠盆子下面的一个大柱脚来支撑盆子的，安装方便，外表美观，一般装设在较高级建筑的卫生间内。其缺点是柱脚下端内部的排水口处为卫生死角，积存的生活垃圾较难清理。

2）盥洗槽

对卫生要求不高的公共建筑或集体宿舍，多用水泥或水磨石制成盥洗槽，具有结构简单，用途广泛，造价低等特点。

3）淋浴器

淋浴器具有占地面积小，设备费用低，耗水量小，卫生条件好等优点，因此，多用于集体宿舍、体育馆、公共浴室内。其安装如图 5.7 所示。

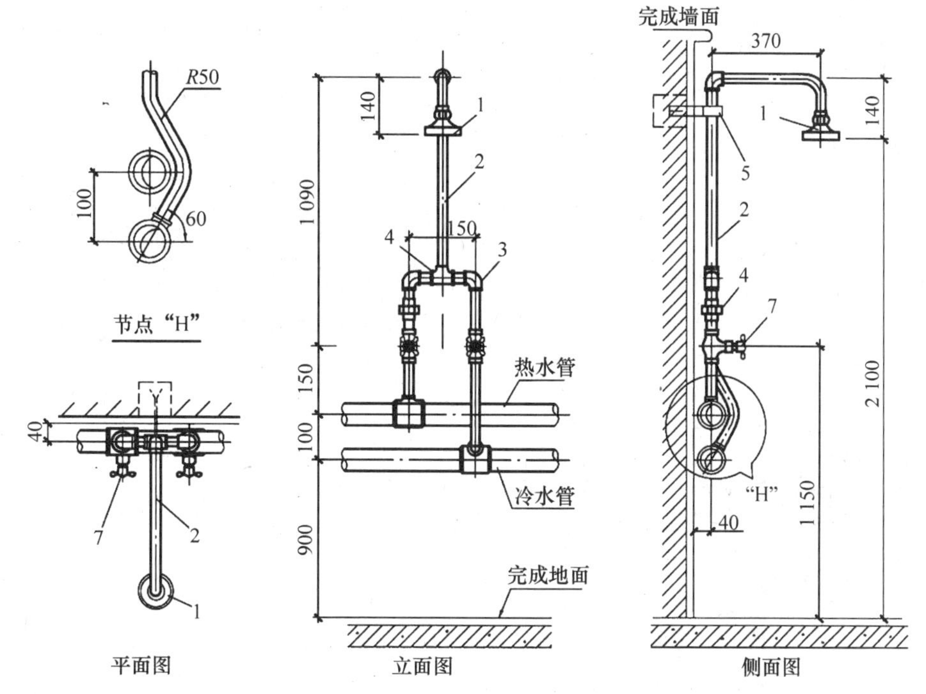

图5.7 双管式淋浴器安装图

1—莲蓬头;2—给水管;3—弯头;4—合流三通;

5—单管立式支架;6—活接头;7—截止阀

4)浴盆

浴盆的种类及样式很多,多为长方形,多用于住宅、宾馆、医院等卫生间及公共浴室内。一般设有冷、热水龙头或混合龙头,有的还有固定的莲蓬头或软管莲蓬头。其具体结构如图5.8所示。

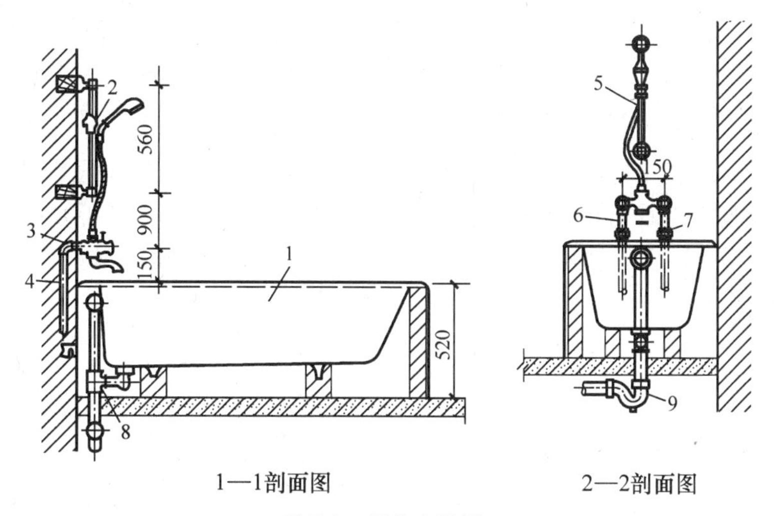

图5.8 浴盆安装图

1—浴盆;2—滑动支架;3—弯头;4—给水立管;5—移动式软管淋浴器;

6—热水管;7—冷水管;8—排水配件;9—存水弯

(3)洗涤用卫生器具

1)洗涤盆

家用和公共食堂用洗涤盆,按安装方式有墙架式、柱脚式和台式3种,按构造则有单格、双格、有隔板、无隔板、有靠背、无靠背等类型。如图5.9所示为家用厨房平边式洗涤盆。

2)污水盆

设于公共建筑的厕所、卫生间、集体宿舍盥洗室中,供打扫厕所、洗涤拖布及倾倒污水之用。分架空式和落地式,如图5.10所示。

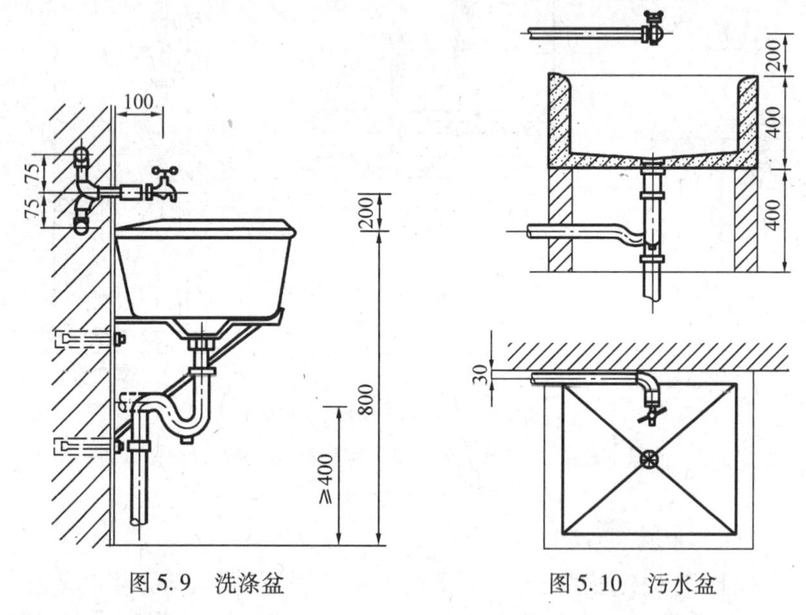

图5.9　洗涤盆　　　　图5.10　污水盆

(4)其他专用卫生器具

在医疗、化验室、实验室等场所,根据工作特点,需安装设置一些特殊的卫生器具,因其结构种类繁多,在此不再赘述。

5.2.2　卫生器具的总体要求

卫生器具的材质应耐腐蚀、耐摩擦、耐老化、耐冷热,并具有一定的强度,不含对人体有害的成分;卫生器具应表面光滑、易清洗、便于安装和维修。除大便器外,所有卫生器具在其排水口处均须设置排水栓,以防较粗大污物进入管道。每个卫生器具的下面应设存水弯。

5.3　室内排水系统的布置与敷设

5.3.1　排水管道的布置与敷设

排水管道的布置应满足以下要求:一是满足最佳排水水力条件,二是满足美观要求及便于维护管理;三是保证生产和使用安全;四是管道不易受到损坏。其布置原则如下:

①成组洗脸盆或饮水器到共用水封之间的排水管和连接卫生器具的排水短管,可使用

钢管。

②雨水管道宜使用塑料管、铸铁管、镀锌或非镀锌的钢管或混凝土管等。悬吊式雨水管道应选用钢管、铸铁管或塑料管。易受振动的雨水管道(如锻造车间等)应使用钢管。

③生活污水管道的坡度必须符合设计要求,设计无明确要求的,排水铸铁管和塑料管道坡度应符合表5.1、表5.2的规定。

表5.1　生活污水铸铁管的坡度

项次	管径/mm	标准坡度平/‰	最小坡度/‰
1	50	35	25
2	75	25	15
3	100	20	12
4	125	15	10
5	150	10	7
6	200	8	5

表5.2　生活污水塑料管的坡度

项次	管径/mm	标准坡度平/‰	最小坡度/‰
1	50	35	25
2	75	25	15
3	110	20	12
4	125	15	10
5	160	10	7

④排水塑料管必须按设计要求及位置装设伸缩节,如设计无要求时,伸缩节间距不得大于4 m。

⑤高层建筑中明设排水塑料管,应按设计要求设置阻火圈或防火套管。

⑥埋地排水管道在隐蔽前必须做灌水试验;排水主立管及水平干管管道应做通球试验,通球球径不小于排水管管径的2/3,通球率必须达到100%。

⑦在生活污水管道上应设置检查口或清扫口,当设计无要求时应符合下列规定:

a. 在立管上应每隔一层设置一个检查口,但在最底层和有卫生器具的最高层必须设置。如为两层建筑时,可仅在底层设置立管检查口;如有乙字弯管时,则在该层乙字弯管的上部设置检查口。检查口中心距操作地面一般为1 m,允许偏差为±20 mm,检查口的朝向应便于检修。立管暗装时,在检查口处应安装检修门。

b. 连接两个及两个以上的大便器或3个以上卫生器具的污水横管上应设置清扫口。当污水管在楼板下悬吊敷设时,可将清扫口设在上一层楼的地面上,污水管起点的清扫口与管道相垂直的墙面距离不得小于200 mm;若污水管起点设置堵头代替清扫口时,与墙面距离不得小于400 mm。

c. 在转角小于135°的污水横管上,应设置检查口或清扫口。

d. 污水横管的直线管段,应按设计要求的距离设置检查口或清扫口。

⑧埋在地下或地板下的排水管道检查口,应设在检查井内。井底表面标高与检查口的法兰相平,井底表面应有5%的坡度,坡向检查口。

⑨金属排水管道上的吊钩或卡箍应固定在承重结构上。固定件间距:横管不大于2 m,立管不大于3 m。楼层高度小于或等于4 m,立管可安装一个固定件。立管底部的弯管处应设支墩或采取固定措施。

⑩排水塑料管道支、吊架间距应符合表5.3的规定。

表5.3　排水塑料管道安装支、吊架间距

管　径	50	75	110	125	160
立管/m	1.2	1.5	2.0	2.0	2.0
横管/m	0.5	0.75	1.10	1.30	1.6

⑪排水通气管不得与风道或烟道连接，且应符合下列规定：

a. 通气管应高出屋面300 mm，但必须大于当地最大积雪厚度。

b. 在通气管出口4 m以内有门、窗时，通气管应高出门、窗顶600 mm或引向无门、窗的一侧。

c. 在经常有人停留的平屋顶上，通气管应高出屋面2 m，并应根据防雷要求设置防雷装置。

⑫安装在室内的雨水管道安装后应做灌水试验，灌水高度必须达到每根立管上部的雨水斗。

⑬雨水管道如采用塑料管，其伸缩节安装应符合设计要求。

⑭悬吊式雨水管道的敷设坡度不得小于5‰，埋地雨水管道的最小坡度应符合表5.4的规定。

表5.4　地下埋设雨水排水管道的最小坡度

项　次	管径/mm	最小坡度/‰	项　次	管径/mm	最小坡度/‰
1	50	20	4	125	6
2	75	15	5	150	5
3	100	8	6	200 ~ 400	4

⑮雨水管道不得与生活污水管道相连接。

⑯雨水斗的连接应固定在屋面承重墙结构上。雨水斗边缘与屋面相连处应严密不漏水。连接管道管径当设计无要求时，不得小于100 mm。

⑰悬吊式雨水管道的检查口或带法兰堵口的三通的间距：当DN≤150 mm时不超过15 m；当DN > 150 mm时，不超过20 m。

5.3.2　排水设备的布置与敷设

排水设备即卫生器具，是建筑内给排水系统的重要组成部分，是用来收集和排除生产和生活中产生的污水、废水的设备。卫生器具按其作用分为以下4类：

①便溺用卫生器具。如大便器、小便器(槽)等。

②盥洗、沐浴用卫生器具。如洗脸盆、浴盆、淋浴器等。

③洗涤用卫生器具。如洗涤盆、污水盆等。

④其他专用卫生器具。如地漏，医疗、科学研究实验室等特殊需要的卫生器具等。

各类卫生器具的结构、形式及材料等应根据卫生器具的用途、装设地点、维修条件、安装等要求而定，多采用陶瓷、塑料、水磨石、不锈钢等不透水、无孔材料制造。

对于卫生器具有如下要求:表面光滑容易清洗,不透水,耐腐蚀,耐冷热并具有一定的机械强度。除大便器外,一般卫生器具应在排水口处设置十字栅栏,以防止粗大颗污物进入排水管道,引起管道堵塞。为防止排水系统中有害气体窜入室内,每个卫生器具下面必须装设存水弯。

卫生间应根据所选用的卫生器具类型、数量合理布置,同时应考虑给排水立管的位置。卫生间中常用的卫生器具为 3 件组合,即浴盆、大便器和洗脸盆,高级卫生间中增设妇女专用卫生盆。卫生间管道布置时应注意以下 6 点:

①粪便污水立管应靠近大便器,大便器排出支管应尽可能径直接入污水立管。

②如污水、废水分流排放,废水立管应尽量靠近浴盆。

③如污水、废水分流排放,且污水、废水立管共用一根专用通气立管,则共用的专用通气立管应布置在两者之间;若管道均置于管道井内且双排布置时,在满足管道安装间距的前提下,共用的专用通气立管尽量布置在污水、废水立管的对侧。

④高级房间的排水管道在满足安装高度的前提下布置在吊顶内。

⑤给排水管道和空调管道共用管道井时,一般靠近检修门的一侧为排水管道,且给水管道位于外侧。

⑥在考虑以上要素的同时,卫生间卫生器具的布置尺寸有如下要求:

大便器与洗脸盆并列,大便器的中心至洗脸盆的边缘不小于 350 mm,距旁边墙面不小于 380 mm,大便器至对面墙壁的最小净距不小于 460 mm;洗脸盆设在大便器的对面时,两者净距不小于 760 mm,洗脸盆中心至旁边墙壁净距不小于 450 mm,具体布置如图 5. 11 所示。

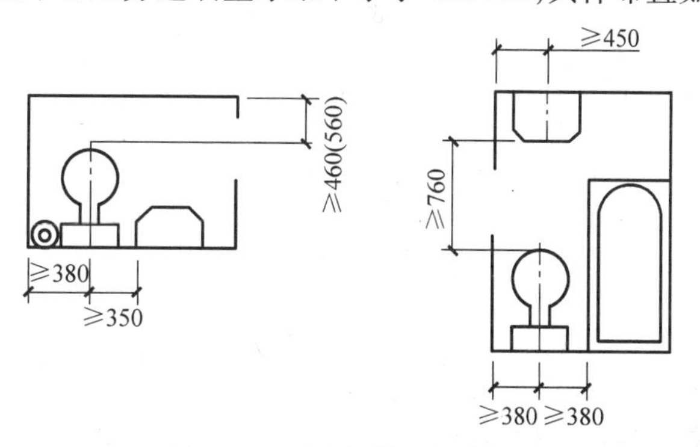

图 5. 11　卫生间器具最小间距

同时,为及时排除地面的积水,应在卫生间、厨房、盥洗室等用水房间的地面设置一定数量的地漏,具体敷设要求如下:

①每个男、女卫生间均应设置一个 50 mm 规格的地漏,地漏应设置在易溅水的卫生器具(如洗脸盆、小便槽等)附近的地面上。

②应向建筑专业人员提示地漏的设置位置及地面的坡度、坡向等,地漏箅子面应低于地面标高 5 ~ 10 mm。

③淋浴室布置地漏时,有排水沟时应较无排水沟时多 1 倍布置地漏。

5.4 建筑排水系统设计实例

5.4.1 建筑排水系统设计计算方法

(1)设计秒流量法

国内常用的建筑排水系统设计秒流量的计算公式有以下两种：

①适用于住宅、集体宿舍、宾馆、医院、教学楼、办公楼等生活污水排水管道的设计秒流量计算公式为

$$q_u = 0.12\alpha\sqrt{N_0} + q_{max} \tag{5.1}$$

式中 q_u——计算管段污水设计秒流量，L/s；

N_0——计算管段的卫生器具排水当量总数；

α——根据建筑物用途确定的系数，见表5.5；

q_{max}——计算管段上排水量最大的卫生器具的排水流量，L/s。

表5.5 根据建筑物用途而确定的排水系数 α 值

建筑物用途分类	集体宿舍、宾馆和其他公共建筑的盥洗室、水房、厕所间	住宅、宾馆、医院疗养院的卫生间
α 值	1.5	2.0 ~ 2.5

注：如果计算所得的流量值大于该管段上按卫生器具排水水量累加值时，应按卫生器具排水流量累加值确定设计秒流量。若计算值小于所连接的一个排水量最大的卫生器具的排水量时，应按此卫生器具的排水量确定设计秒流量。

②适用于工业企业生活间、公共浴室、洗衣房、公共食堂、实验室、影剧院、体育场等场所的生活污水排水管道的设计秒流量计算公式为

$$q_u = \sum q_0 nb \tag{5.2}$$

式中 q_u——计算管段污水设计秒流量，L/s；

q_0——计算管段上同类型的一个卫生器具的排水量，L/s；

n——计算管段上同类型卫生器具的数量；

b——卫生器具的同时排水百分数，%，见表5.6。大便器的同时排水百分数应按12%计算，当计算排水流量小于一个大便器的排水流量时，应按一个大便器的排水流量计算。

(2)经验法确定某些排水管的最小管径

室内排水管的管径和管道坡度在一般情况下可根据卫生器具的类型和数量，按经验资料确定，具体方法如下：

①为防止管道淤塞，室内排水管的管径不小于50 mm。

②对于单个洗脸盆、浴盆、妇女卫生盆等排泄较清洁废水的卫生器具，排水管最小管径可采用40 mm的钢管。

表5.6 卫生器具同时排水百分数/%

卫生器具名称	同时排水系数						
	工业企业生活间	公共浴室	洗衣房	电影院、剧院	体育场、游泳池	科研实验室	生产实验室
洗涤盆(池)	如无工艺要求时,采用33	15	25~40	50	50	—	—
洗手盆	50	20	—	50	70	—	—
洗脸盆(盥洗槽水龙头)	60~100	60~100	60	50	80	—	—
浴盆	—	50	—	—	—	—	—
淋浴器	100	100	100	100	100	—	—
大便器冲洗水箱	30	20	30	50	70	—	—
大便器自闭式冲洗阀	5	3	4	10	15	—	—
大便槽自动冲洗水箱	100	—	—	100	100	—	—
小便器手动冲洗阀	50	—	—	50	70	—	—
小便槽自动冲洗水箱	100	—	—	100	100	—	—
小便槽自闭式冲洗阀	25	—	—	15	20	—	—
净身器	100	—	—	—	—	—	—
饮水器	30~60	30	30	30	30	—	—
单联化验龙头	—	—	—	—	—	20	30
双联或三联化验龙头	—	—	—	—	—	30	50

③对于单个饮水器的排水管,因排水水质较清、水量较小,排水管管径可采用25 mm的钢管。

④公共食堂厨房排泄含大量油脂和泥沙等杂质,其排水管管径不宜过小,干管管径不得小于100 mm,支管不得小于75 mm。

⑤医院住院部的卫生间或杂物间内,由于使用卫生器具的人员繁杂,而且常有棉花球、纱布碎块、竹签、玻璃瓶等杂物投入各种卫生器具内,因此,洗涤盆或污水盆的排水管径不得小于75 mm。

⑥小便槽或连接3个及3个以上手动冲洗小便器的排水管,应考虑冲洗不及时而结尿垢的影响,管径不得小于75 mm。

⑦凡连接有大便器的管段,即使仅连一只大便器,也应考虑其排水时水量大而猛的特点,管径至少应为100 mm。

⑧对于大便槽的排水管,同上述道理,管径至少应为150 mm。

⑨连接一根立管的排水管,自立管底部至室外排水检查井中心的距离不大于15 m时,管径为DN100~DN150;当距离小于10 m时,管径应与立管相同。

(3)按临界流量值确定排水管管径

针对通气立管的设置情况,可参见表5.7、表5.8选用排水立管的管径。

由于建筑物或其他方面的原因而使排水立管的上端不可能设置伸顶通气管时,对没设通气管的排水立管,其排水能力应按表5.9选用。表中立管高度为立管上最高排水横支管和立管的连接点至底层排水管中心线间的距离。若实际高度不符合表中的立管高度,可用内插法求其流量。当排水立管仅承纳建筑底层排入的污水时，立管工作高度按≤3 m 确定其排水能力。

表 5.7　无专用通气立管的排水立管临界流量值

管径/mm	50	75	100	150
排水立管的临界流量/($L \cdot s^{-1}$)	1.0	2.5	4.5	10

表 5.8　设有通气立管的排水立管临界流量值

管　径/mm	50	75	100	150
排水立管的临界流量/($L \cdot s^{-1}$)	—	5	9	25

表 5.9　无通气管的排水立管最大排水能力/($L \cdot s^{-1}$)

立管工作高度/m	立管管径/mm		
	50	75	100
2	1.0	1.75	3.80
≤3	0.64	1.35	2.40
4	0.50	0.92	1.76
5	0.40	0.70	1.36
6	0.40	0.50	1.00
7	0.40	0.50	0.76
≥8	0.40	0.50	0.64

(4)水力计算确定排水管管径

当计算管段上卫生器具数量相当多，其排水当量总数较大时，必须进行水力计算。水力计算的目的在于合理、经济地确定管径、管道坡度以及是否需要设置通气管系，从而使排水顺畅，管路系统工况良好。

1)计算规定

①管道坡度。生活排水和工业废水管道的标准坡度、最小坡度见表 5.10。

表 5.10　排水管道标准坡度和最小坡度

管径/mm	工业废水(最小坡度)/‰		生活排水	
	生产废水	生产污水	标准坡度/‰	最小坡度/‰
50	20	30	35	25
75	15	20	25	15
100	8	12	20	12
125	6	10	15	10
150	5	6	10	7

续表

管径/mm	工业废水(最小坡度)/‰		生活排水	
	生产废水	生产污水	标准坡度/‰	最小坡度/‰
200	4		8	5
250	3.5		—	—
300	3		—	—

②管道流速。为使悬浮在污水中的杂质不致沉淀在管底,必须使管中的污水保证不小于某最小流量,该流速称为污水的自清流速。自清流速应根据污水、废水的成分和所含机械杂质的性质而定。表 5.11 为管道在设计充满度下的自清流速。

表 5.11　各种排水管道的自清流速值/($m \cdot s^{-1}$)

污水、废水类别	生活污水			明　渠	雨水管及合流制排水管
	$d<150$	$d=150$	$d=200$		
自清流速	0.6	0.65	0.70	0.40	0.75

为防止管壁因受污水中坚硬杂质长期高速流动的摩擦而损坏以及防止过大的水流冲击,各种管材的排水管道均有最大允许流速值的规定,见表 5.12。

表 5.12　管道内最大允许流速值/($m \cdot s^{-1}$)

管　材	生活排水	含杂质的工业废水及雨水
金属管	7	10
陶土及陶瓷管	5	7
混凝土、钢筋混凝土及石棉水泥管	4	7

2)管道充满度

自流排水管内,污水、废水是在非满流的状态下排出的。管道上部未充满水流的空间的作用有以下 3 点,一是使污水、废水散发的有毒、有害气体能通过通气管系向空中排出;二是调节排水管系内的压力波动,从而防止卫生器具内水封的破坏;三是容纳管道内超设计的高峰流量。排水管道的最大设计充满度见表 5.13。

表 5.13　排水管道的最大设计充满度

排水管道名称	生活排水	含杂质的工业废水及雨水
生活排水管道	≤125	0.5
	150 ~ 200	0.6
	50 ~ 75	0.6
生产废水管道	100 ~ 150	0.7
	≥200	1.0
	50 ~ 75	0.6

续表

排水管道名称	生活排水	含杂质的工业废水及雨水
生产污水管道	100 ~ 150	0.7
	≥200	1.0

注:1. 若生活排水管道在短时间内排泄大量洗涤污水(如浴室、洗衣房等),可按满管流计算。

2. 生产废水和雨水合流排放的排水管道,可按地下雨水管道的设计充满度进行计算。

3. 排水明渠的最大设计充满度为计算断面深度的80%。

(5)排水管道允许负荷卫生器具当量估算

根据建筑物的性质和设置通气管道的情况,将计算管段上的卫生器具排水当量数求和,查表5.14即可得到相应管径。

表5.14　排水管道允许负荷卫生器具当量数

建筑物性质	排水管道名称		允许负荷当量总数			
			50/mm	75/mm	100/mm	150/mm
住宅、公共居住建筑的小卫生间	横支管	无器具通气管	4	8	25	—
		有器具通气管	8	14	100	—
		底层单独排除	3	6	12	—
	横干管		—	14	100	1 200
	立　管	仅有伸顶通气管	5	25	70	—
		有通气立管	—	—	900	1 000
集体宿舍、旅馆、医院、办公楼、学校等公共建筑的盥洗室、厕所	横支管	无器具通气管	4.5	12	36	—
		有器具通气管	—	—	120	—
		底层单独排除	4	8	36	—
	横干管		—	18	120	2 000
	立　管	仅有伸顶通气管	6	70	100	2 500
		有通气立管	—	—	1 500	—
集体宿舍、旅馆、医院、办公楼、学校等公共建筑的盥洗室、厕所	横支管	无器具通气管	2	6	27	—
		有器具通气管	—	—	100	—
		底层单独排除	2	4	27	—
	横干管		—	12	80	1 000
	立　管	仅有伸顶通气管	3	35	60	800

5.4.2　建筑排水系统设计

建筑室内排水系统的设计程序可分为资料收集、设计计算和施工图绘制3个步骤。

(1)资料收集

①了解设计对象的使用要求及标准,根据建筑和生产工艺图了解卫生器具或用水设备的

位置、类型和数量。

②了解室外排水管网的排水体制，排水管道的位置、管径、管材、埋深、污水流向，检查井的构造尺寸和对排入污水的水质要求等资料，若就近将污水排入天然水体，还应掌握该水体的最高、最低和经常水位标高及岸边设置污水排出口的条件等资料。

(2)设计计算

①进行方案比较，确定建筑物内部排水系统的体制。

②绘制建筑物内部排水管道的平面图和系统图。

③进行水力计算，根据排水管道的设计秒流量确定排水管的管径、坡度，并合理地选择通气管系。

④选择和计算排水系统中设置的抽升设备和局部处理构筑物。

对于新型的建筑排水材料——U-PVC等塑料类排水管材，与传统的铸铁管相比，具有内壁光滑，水力条件好，不宜堵塞，施工速度快，接口处理简单等特点；但也存在排水时噪声较大，不防火等缺点。U-PVC管材常用的管径有DN50、DN75、DN110、DN160等系列。当设计中采用该类管材时，应根据《建筑排水硬聚氯乙烯管道设计规程》(CJJ/T29—1998)进行设计计算。

(3)绘制施工图

建筑给水排水工程施工图一般包括图纸目录、材料设备表、设计施工说明、平面图、系统图、局部详图(包括所选用的标准图)及预留孔洞图等。

1)图纸目录

将全部施工图纸按其编号(水施-X)、图名等顺序填入图纸目录表格，同时在表头上标明建设单位、工程项目、分部工程名称、设计日期等，装订于封面。其作用是核对图纸数量，便于识图时查找。

2)设计施工说明

一般用文字(图文)表明工程概况(建筑类型、建筑面积、给排水系统形式及系统阻力等)、所采用的管材及连接方法、施工质量验收要求等无法用图形表示的一些设计要求及施工中应遵循和采用的规范、标准图号等。

图文是设计的重要组成部分，必须认真识读，反复对照，严格执行，才可确保施工无误。

3)平面图

平面图用来表明建筑内部用水设备的平面位置以及给水管道的平面位置，图中应包括以下内容：

①卫生器具的类型及位置。卫生器具以图例表示，其位置通常注明该器具中心距墙的距离，紧靠墙柱时可不注明距离。

②各干管、立管、支管的平面位置、管径及距离。各立管应编号，管线一般用单线图例来表示，沿墙敷设时可不注明距离。

③各种设备(消火栓、水箱等)及附件(阀门、配水龙头、地漏等)的平面位置。

④给水引入管和污水排出管的平面位置及其与建筑物外给排水管网的关系。如果建筑物内卫生器具及其他用水设备仅限于某些房间使用，可不必画出每层完整的建筑平面图，只需画出与设备、管道有关房间的局部平面图即可，此时应注明该房间的轴线编号及房间名称。

凡是设有卫生器具和用水设备的每层房间都应有平面图，当各楼层卫生设备及管道布置均相同时，只需画出给水和排水管道的平面图即可。

制图时，应将室内给水和排水管道用不同的线型表示并绘在同一张图上。但当管道较为复杂时,可分别画出给水及排水管道的平面图。

平面图常用的出图比例为 1:100,管线较多时可采用 1:50 ~ 1:20,大型车间可用 1:400 ~ 1:200。常用的图例符号可查询 GB/T 50106—2001 等规范资料。

在给排水平面图中,建筑构造图可适当简化,用细实线表示。

4)系统图

系统图又称轴测图或透视图,它表明给排水管道的空间位置及相互关系。在轴测图中,X 轴表示左右方向,Y 轴表示前后方向,Z 轴表示垂直高度。X 轴和 Y 轴的夹角一般为 45°,轴测图中的管线长度应和平面图中一致,有时为了方便也可与平面图中不一致。当轴测图中前后的管线重叠,给识图造成困难时,应将系统局部段剖开绘制。系统图中应包括以下内容:

①各管道的管径、立管编号。

②横管的标高及坡度。坡度不需用比例尺显示,用箭头表示坡度方向并注明管道坡度即可。

③楼层标高以及安装在立管上的附件(检查口、阀门等)标高。

④系统图中应分别绘制给水、排水系统图,如果建筑物内的给排水系统较为简单时,可不绘系统图,而只绘立管图。

系统图常用的比例为 1:100,1:50 等。

5)详图

凡是在以上图中无法表达清楚,而又无标准图可供选用的设备、管道节点等,需绘制施工安装详图。详图是通过平面图及剖面图表示设备或管道节点的详细构造以及安装要求。

6)预留孔洞

预留孔洞中应注明各种给排水管道在穿越楼板、地面时的位置以及预留孔洞的大小,主要为了建筑施工的方便。它应与设计所选用的各种卫生洁具型号相对应。当平面图中的注解较为详细时,预留孔洞可以省略。

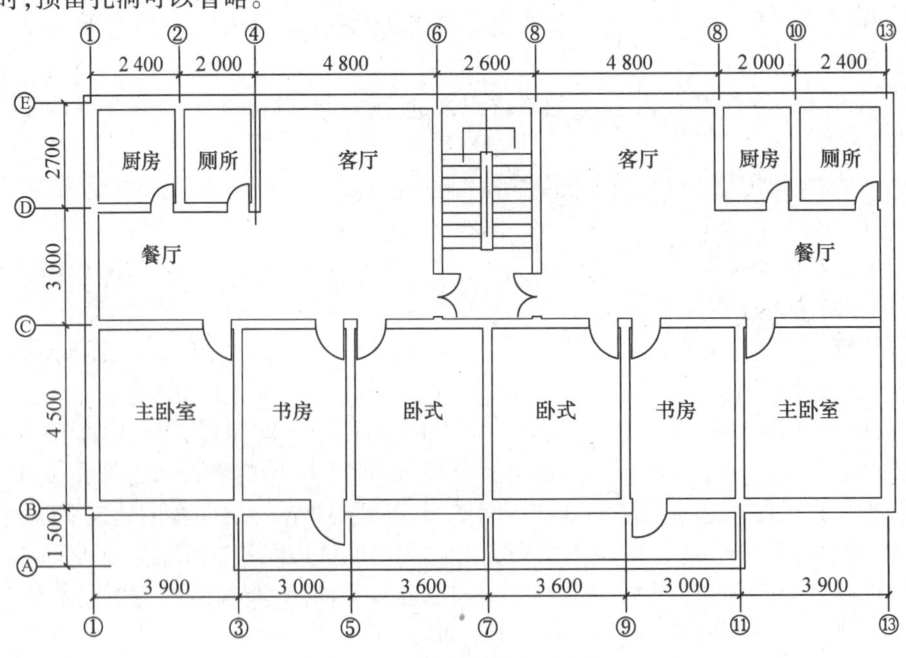

图 5.12　标准层单元户型布置

(4)设计举例

某单位拟新建一幢7层单元式住宅楼,共3单元,每单元的平面布置相同,单元平面布置如图5.12所示,标准户型卫生间及厨房平面布置如图5.13所示。该建筑物室内外高差0.6 m,该地区冬季室外最大冻土深度-0.35 m,室外市政合流制排水管道预留污水接入口中心标高为-2.10 m。

设计步骤:

①根据卫生间的布置要求,布置底层排水管道平面布置、标准层排水管道平面布置如图5.14a、图5.14b、图5.14c所示。

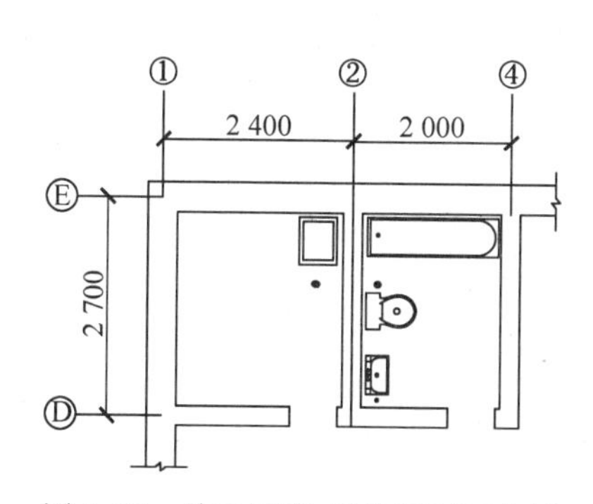

图5.13　单元厨房、卫生间平面布置

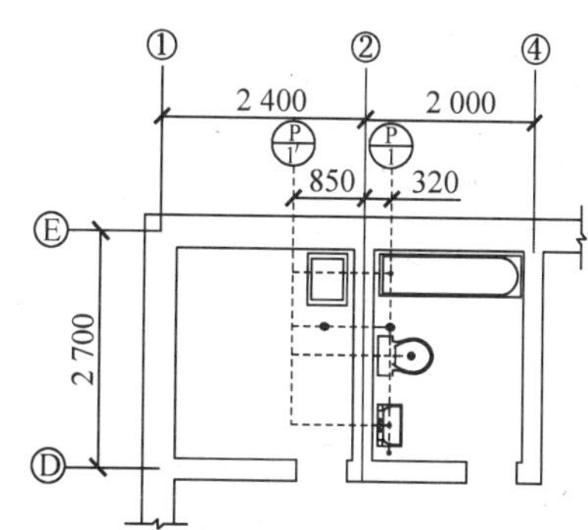

图5.14a　底层排水管平面布置图

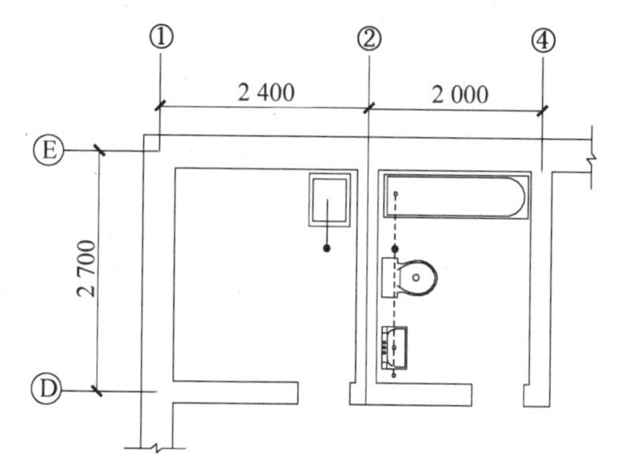

图5.14b　标准层排水管平面布置图

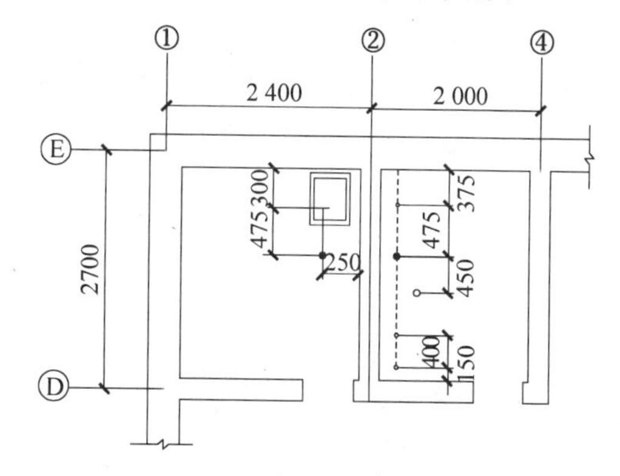

图5.14c　排水管预留孔洞图

②绘制排水管道系统图。在绘制排水管道系统图时,要综合考虑各方面的因素。在本工程中,根据已知条件,室外最大冻土深度为-0.35 m,室内外高差0.60 m。排水出户管埋深应在冻土层以下以免冻坏;综合考虑交通、工程投资等因素,排水管的埋设深度为室外地坪下0.55 m,保证出户污水能够排入市政管道。因本建筑共7层,底层用水单位的污水排放考虑采用单独排出户外的形式,底层采用无通气管系的排水管道,其排水立管的排水能力查表5.7,满足排出要求,现只需计算2—7层排水管道的排水能力是否满足设计需要即可。

③进行排水管道的管径计算:

A.横支管配管的水力计算

将横支管的计算管路编号为0—1—2—3—4,按经验法确定各排水管段的管径,如图5.15所示,其计算见表5.15。

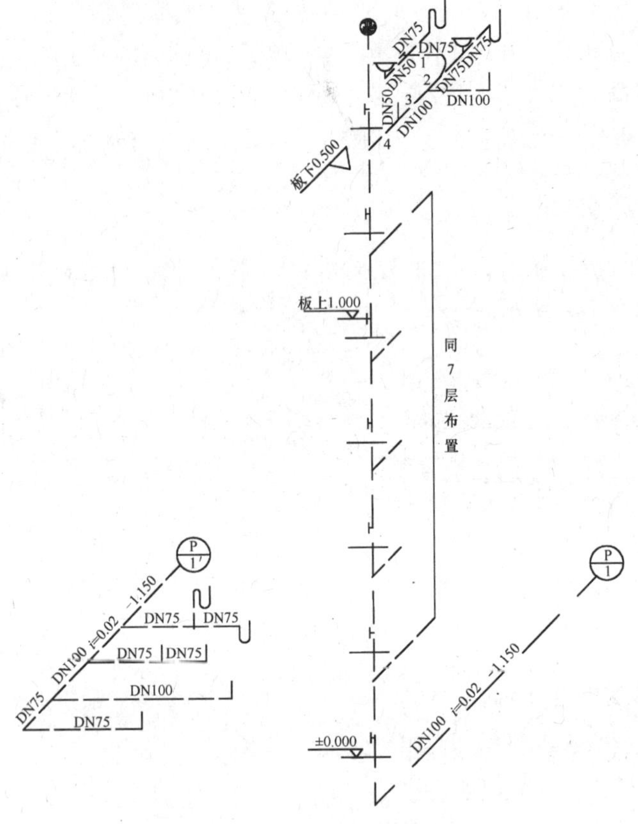

图 5.15　排水管道系统图

表 5.15　各层横支管配管计算

计算管段编号	卫生器具种类和数量				排水当量数 N_u	设计秒流量 $q_u/(L \cdot s^{-1})$	管径/mm	坡　度
	洗涤盆	浴 盆	大便器	洗脸盆				
0～1	1	—	—	—	1.0	—	50	0.025
1～2	1	1	—	—	4.0	2.48	75	0.025
2～3	1	1	1	—	10.0	2.76	100	0.025
3～4	1	1	1	1	10.75	2.79	100	0.025

注：计算公式为 $q_u = 0.12\alpha\sqrt{N_u} + 2.0$，其中 α 取值为 2.0，为考虑施工的方便，横管的坡度均为 0.025。

B. 立管配管计算

因为管网系统中有大便器，立管管径 DN≥100 mm，故仅需对立管最下部进行计算。其中，最下部管段中的设计秒流量按式 5.1 计算得

$$q_u = 0.24\sqrt{7 \times 10.75}\ \text{L/s} + 2.0\ \text{L/s} = 4.1\ \text{L/s}$$

查表 5.7，选用无须设置专用通气立管的排水立管，管径 DN100，其升顶通气管管径为 DN100(非高寒地区)。

C. 排水管配管计算

查相关手册中 $n = 0.013$ 的管道水力计算表可知：

当 $q_u=4.1$ L/s,DN100,$i=0.025$ 时($q_u=4.17$ L/s,$v=1.05$),$h/D=0.5$,均在允许的范围之内。

④绘制图例及施工说明：

a. 设计图中,所有标高均以 m 计,其余尺寸均以 mm 计。

b. 排水管道均为承插式铸铁管道,石棉水泥接口。

c. 明装管道外刷防锈漆一道,银粉漆两道;埋地管道刷沥青漆两道。

d. 室内地漏上箅面应低于室内地坪 5 ~ 10 mm,以利于排水通畅。

以上施工图设计中所采用的图例均为《给水排水制图标准》(GB/T 50106—2001)中规定的标准图例符号,故不再给出设计图例表。表中采用的坐便器、浴盆、洗脸盆等均为《给排水标准图集》(S2—2002)中产品,因篇幅所限不再一一赘述。若设计中有非标准图例及产品,应在图例中特别提出。

5.5　屋面排水

屋面排水系统的任务是汇集和排除降落在建筑物屋面上的雨、雪水,根据其结构特征,可分为以下几种。

5.5.1　檐沟外排水

如图 5.16 所示,一般的居住建筑、房屋面积较小的公共建筑和单跨的工业厂房等,屋面雨水常通过屋面檐沟汇集,然后流入隔一定间距沿外墙设置的水落管排至地下管沟或地面散水。

在民用建筑中,檐沟多用白铁皮或混凝土制作,水落管由铸铁、白铁皮、玻璃钢或 U-PVC 材料制作,管径多为 75 ~ 100 mm。

水落管设置间距应根据设计地区的降雨量以及管道的过水能力所确定的一根水落管服务的屋面面积而定,一般间距为 8 ~ 16 m 一根,在工业建筑中可达 24 m 一根,其汇水面积一般不超过 250 m^2。

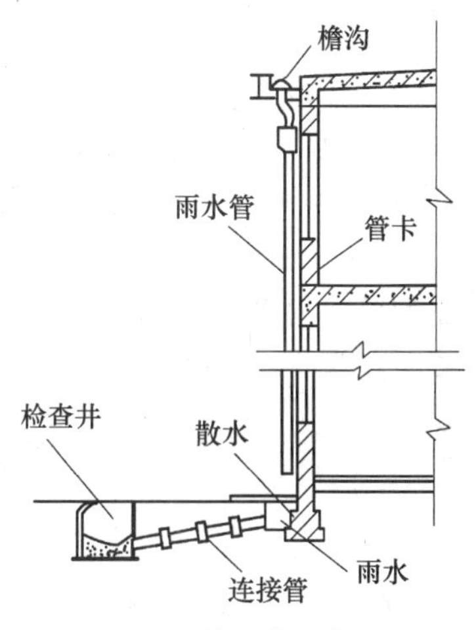

图 5.16　檐沟外排水图

5.5.2　天沟外排水

大型屋面的雨、雪水的排除,单纯采用檐沟外排水的方式有时会很不切合实际,实际工程中常采用天沟外排水的排除方式。

如图 5.17 所示,所谓天沟外排水,即利用屋面构造上所形成的天沟本身容量和坡度,使雨、雪水向建筑物两端(山墙、女儿墙)汇集,并经墙外立管排至地面或雨水道。采用天沟外排水不仅能消除厂房内部检查井冒水的问题,而且具有节约投资、节省金属材料、施工简便(相对于内排水而言不需留洞、不需搭架安装悬吊管)、有利于合理地使用厂房空间和地面为厂区雨水系统提供明沟排水、减少管道埋深等优点。其缺点是当设计、施工不当会造成天沟翻水、漏水等问题。

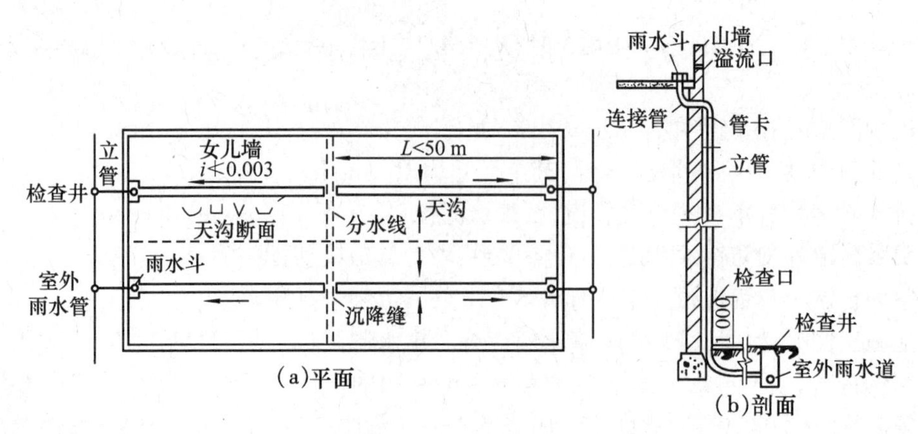

图 5.17　天沟外排水系统图

天沟应以伸缩缝或沉降缝为分水线，以避免天沟过伸缩缝或沉降缝而引起漏水。

天沟的流水长度应以当地的暴雨强度、建筑物跨度(即汇水面积)、屋面的结构形式(决定天沟断面)等为依据进行水力计算确定，一般以 40 ~ 50 m 为宜。当天沟过长时，由于坡度的要求(最小坡度 0.003，一般施工取 0.005 ~ 0.006)，将会给建筑物处理带来困难。另外，为了防止天沟内过量积水，应在山墙部分的天沟端壁处设置溢流口。

5.5.3　天沟内排水

对于跨度和屋面面积甚大的工业厂房、尤其是屋面有天窗、多跨度、锯齿形屋面或壳形屋面等工业厂房，其屋面面积较大或曲折甚多，采用檐沟外排水或天沟外排水的方式排除屋面雨、雪水不能满足时，必须在建筑物内部设置雨水管系统；对于建筑外立面处理要求较高的建筑物，也应采取内排水系统；高层大面积平屋面民用建筑，特别是处于寒冷地区的建筑物，均应采取建筑内排水系统。

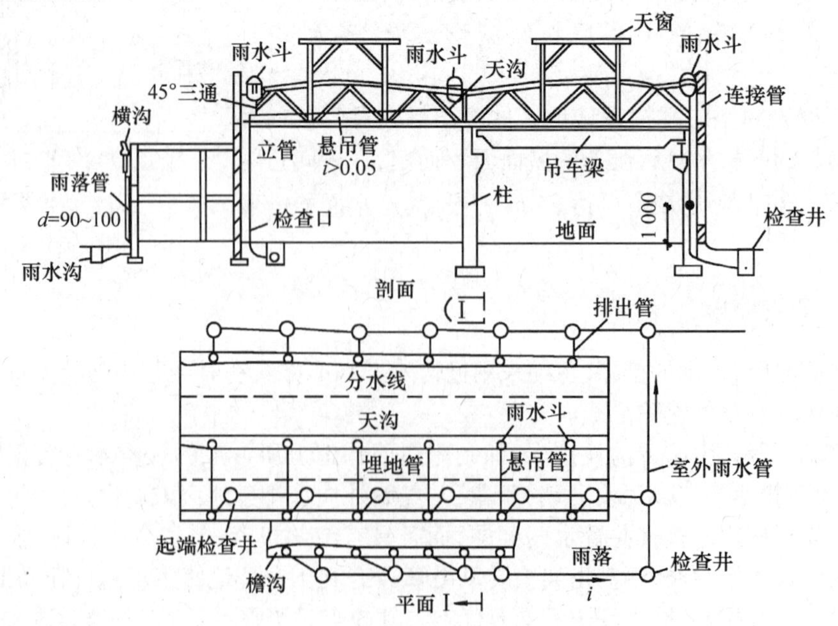

图 5.18　屋面内排水系统图

如图5.18所示，建筑内排水系统由雨水斗、连接管、悬吊管、埋地管和检查井等部分组成。根据悬吊管所连接的雨水斗数量的不同，建筑内排水系统可分为单斗和多斗两种。在进行建筑内排水系统设计时应尽量采用单斗系统。若不得不采用多斗系统时，一根悬吊管上连接的雨水斗不得多于4个。根据建筑物内部是否设置雨水检查井，又可分为敞开系统和密闭系统。敞开系统在建筑物内部设置检查井，方便清通和维修，但有可能出现检查井翻水的情况；密闭系统不会出现建筑物内部翻水的情况，但应有检查和清通措施。

5.5.4　混合式排水系统

当建筑物屋面组成部分较多、形式较为复杂时，或对于工业厂房各个组成部分屋面工艺要求不同时，屋面的雨、雪水若只采用一种排水方式不能满足要求，可将几种不同的方式组合起来排除屋面雨、雪水，这种系统形式称为混合式排水系统。

复习与思考题

1. 简述排水系统的组成。
2. 建筑排水系统中为什么要设通气管？
3. 水封的作用是什么？
4. 天沟外排水有哪些结构特点？

第3篇 供热、通风与空气调节工程

第6章 供热工程

在我国北方地区的寒冷季节，因室内外存在温差，室内热量不断地传向室外。为保持室内要求的温度，必须连续地向室内补充一定的热量，以满足人们正常生活和生产的需要。这种向室内供给热量的系统称为供暖系统。

6.1 供暖系统的组成及分类

6.1.1 供暖系统的组成

供暖系统主要由热源（如锅炉）、供热管道（室内外供热管道）和散热设备（各类散热器、辐射板、暖风机等）3部分组成。此外，还有为保证供暖系统正常工作而设置的附属设备（如膨胀水箱、循环水泵、排气装置设备及各类阀门等)。

6.1.2　供暖系统的分类

(1)按作用范围分类

1)局部供暖系统

局部供暖系统是指热源、供热管道和散热设备都在供暖房间内,并在构造上成为一个整体的系统。如火炉、火炕、燃气、电热采暖等,这类供暖系统构造简单,易于实现,但作用范围相对较小,使用时要考虑其安全性及节能减排等因素。

2)集中供暖系统

集中供暖系统的热源单独建在锅炉房或换热站内,热媒由热源经供热管道送至某一地区多个用户,通过分布在室内的散热设备放热后返回锅炉重新加热,不断循环。

3)区域供热系统

区域供热系统是由一个或几个大型热源生产的热水或蒸汽,通过区域性供热管网,向一个地区以至整个城市的建筑物供暖,或者提供生活和生产用热。区域供热系统以区域性锅炉房、热电厂或工业余热作为热源,该系统具有供暖范围大、节能性好、环境污染小等特点。

(2)按连接散热器的供回水立管数分类

1)单管系统

单管系统是热介质按顺序依次通过各组散热设备并在其内冷却的系统。

2)双管系统

双管系统是热介质均等地通过各组散热设备并在散热设备内冷却后,直接流入供暖系统回水(或凝结水)立管中的系统。

(3)按供暖所用热介质的不同分类

1)热水供暖系统

热水供暖系统以热水作为热介质,是目前使用较广泛的一种供暖系统。习惯上把水温高于100 ℃的热水称为高温水,水温低于或等于100 ℃的热水称为低温水。

室内热水供暖系统大多采用低温水,散热器集中热水供暖系统宜按75 ℃/50 ℃连续供暖进行设计,且供水温度不宜大于85 ℃,供回水温差不宜小于20 ℃。高温热水供暖系统宜用于工业厂房内,设计供回水温度为110～130 ℃/70～80 ℃。

2)蒸汽供暖系统

蒸汽供暖系统供暖的热介质是水蒸气,是靠加热设备将水加热成为蒸汽后,通往供暖房间,通过水蒸气在散热设备内冷凝后放出的热量来保持室内温度。

3)热风系统

热风系统供暖的热介质是热空气。

6.2　供暖系统的形式与特点

室内供暖系统中,按供暖介质的不同,可分为热水供暖系统和蒸汽供暖系统。

6.2.1 热水供暖系统

以热水作为热媒的供暖系统称为热水供暖系统。热水供暖系统具有热能利用率高,输送时无效热损失少,散热设备不易腐蚀,使用寿命长,且散热设备表面温度低,卫生条件好。系统操作方便,运行安全,蓄热能力高,易于实现供水温度的集中调节,适合于远距离输送。按循环动力的不同,热水供暖系统可分为自然循环和机械循环两类。

(1)自然循环热水供暖系统

自然循环热水供暖系统主要由锅炉、供回水管道、散热器及膨胀水箱等组成,如图6.1所示。

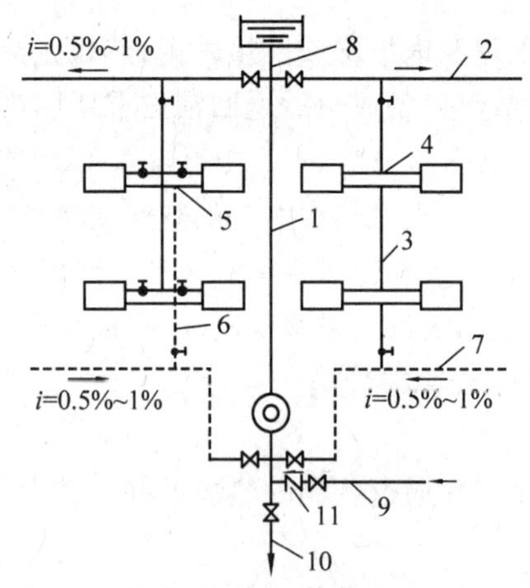

图6.1 自然循环热水采暖系统

1—总立管;2—供水干管;3—供水立管;4—散热器供水支管;5—散热器回水支管;6—回水立管;7—回水干管;8—膨胀水箱连接管;9—充水管(接上水管);10—泄水管(接下水道);11—止回阀

在系统的循环过程中,先将整个系统注入冷水至最高处,系统中的空气从膨胀水箱排出。系统工作时,水在锅炉内加热,水受热后体积膨胀,密度减小而上升,热水沿供水管道进入散热器,在散热器内热水放热冷却,密度增大,在重力作用下使水再返回到锅炉重新加热,这种密度差形成了推动整个系统中水循环流动的动力。

自然循环热水供暖系统结构简单,操作方便,运行时无噪声,不需要消耗电能。但其循环动力小,供热半径也小,系统所需管径大,初期投资高。在循环系统作用半径较大时,多采用机械循环供暖系统。

(2)机械循环热水供暖系统

机械循环热水供暖设置了循环水泵,为水循环提供了动力。这虽然增加了运行管理费用和电耗,但系统循环作用压力大,循环速度快,管径小,系统的作用半径显著增大,是当前应用最广泛的供暖系统。其主要系统形式分为垂直式系统和水平式系统。

1)垂直式系统

垂直式系统是指热介质在垂直方向上经由立管通过各散热器,其形式包括上供下回式、下供下回式、中供式和下供上回式等系统形式。

①上供下回式系统

该系统如图6.2所示，供、回水干管分别敷设在系统的顶层(屋顶下或吊顶内)和底层(地下室、地沟或地面上)，左侧为双管式系统，右侧Ⅰ为单管顺流式系统，Ⅱ为单管跨越式系统。

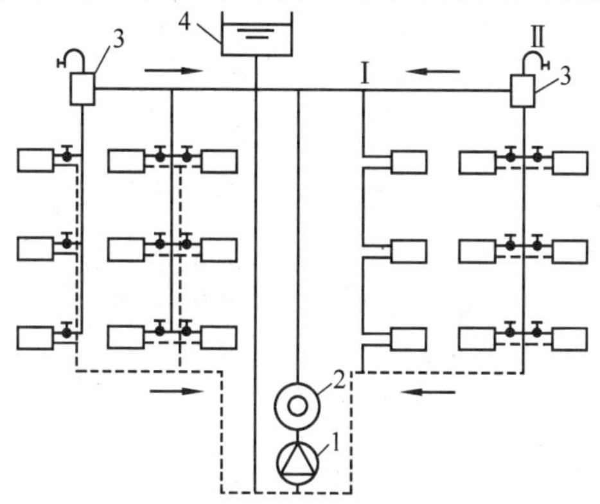

图6.2　机械循环上供下回式热水供暖系统

1—循环水泵；2—热水锅炉；3—集气装置；4—膨胀水箱

上供下回式系统管道布置较合理，是普遍使用的一种布置形式。但双管上供下回式热水供暖系统中，水在系统内循环，除依靠自然压头，更主要依靠水泵产生的压头，它使流过上层散热器的热水量多，而使流过下层散热器的热水量少。进而造成上层房间温度偏高，下层房间温度偏低的"垂直失调"现象。楼层层数越高，垂直失调现象越严重，因此，双管系统不适宜于4层以上的建筑物中，在实际工程中，仍以单管顺流式居多。

②下供下回式双管系统

这种系统如图6.3所示，该系统供水和回水干管都敷设在底层散热器的下面。一般应用于建筑顶棚下难以布置供水干管或设有地下室的建筑物等场合。

下供下回式系统的优点是干管的无效热损失小，可逐层施工逐层通暖；其缺点是系统内空气的排除较困难，因此需设专用空气管排气或在顶层散热器上设放气阀排气。

③中供式系统

这种系统如图6.4所示，该系统中水平供水管敷设在系统的中部，上部系统可用下供下回式(见图6.4(a))，也可用上供下回式(见图6.4(b))。

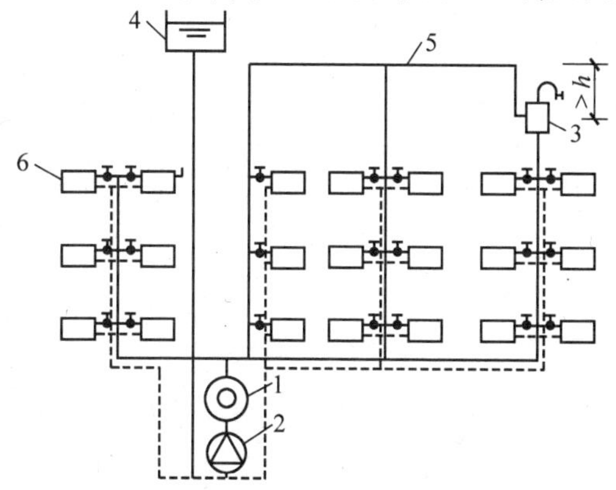

图6.3　机械循环双管下供下回式热水供暖系统

1—热水锅炉；2—循环水泵；3—集气罐；

4—膨胀水箱；5—空气管；6—冷风阀

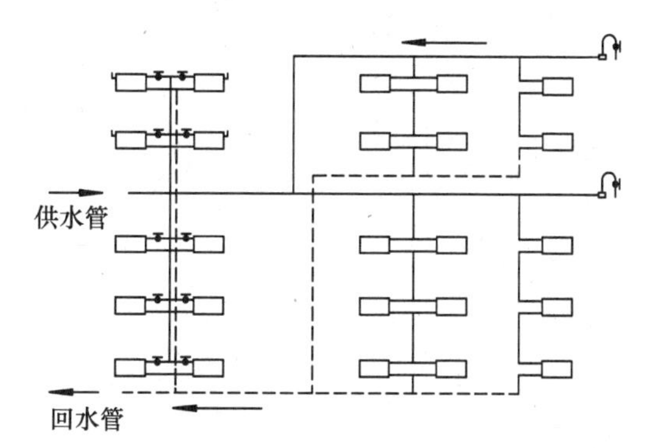

(a)上部系统—下供下回式双管系统　(b)下部系统—上供下回式单管系统

图6.4　机械循环中供式系统

中供式系统可避免由于顶层梁底标高过低,致使供水干管遮挡窗户的不合理设置,并减轻了上供下回式系统中因楼层过多,易出现竖向失调的现象,但上部系统要增加排气装置。

2)水平式系统

水平式供暖系统按供水管与散热器的连接方式可分为顺流式(见图6.5)和跨越式(见图6.6)两类。

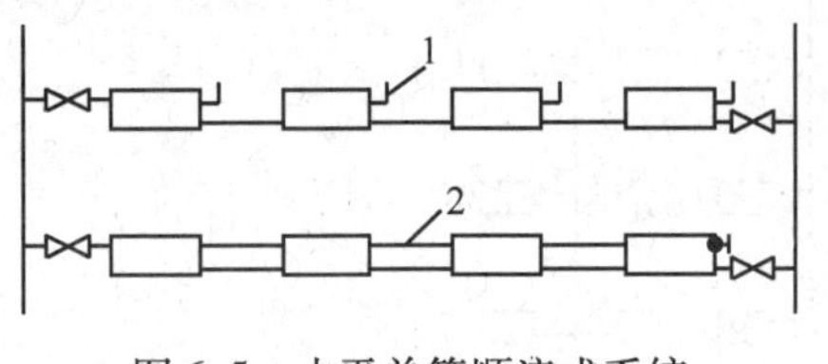

图6.5　水平单管顺流式系统

1—放气阀;2—空气管

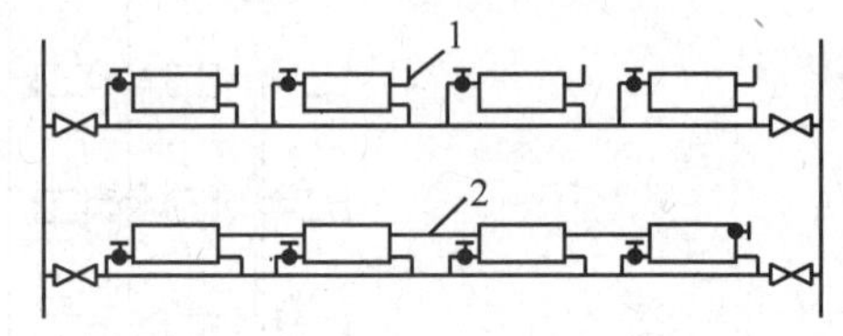

图6.6　水平单管跨越式系统

1—放气阀;2—空气管

水平式系统的排气方式要比垂直式上供下回系统复杂些。它需要在散热器上设置放气阀分散排气,或在同一层散热器上部串联一根空气管集中排气。对较小的系统,可用分散排气方式。对散热器较多的系统,宜采用集中排气方式。

水平式系统与垂直式系统相比,具有造价低,管路简单,施工方便,易于布置膨胀水箱等优点。但系统中的空气排除较麻烦。

3)同程式系统和异程式系统

以上介绍的几种系统中,供、回水干管中的水流方向相反,通过各个立管的循环环路的总长度不相等,这种系统称为异程式系统,如图6.7所示。这种系统因环路长度不同,导致远近立管流量不同而容易出现远冷近热的情况,在立管数较多的大型系统中尤为严重。为克服异程式系统存在的不足,减轻水平失调,使各并联环路的压力易于平衡,让连接立管的供回水干管中的水流方向一致,通过各个立管的循环环路长度基本相等,这样的系统就是同程式系统,如图6.8所示。这种系统因增加了回水干管的长度,耗用管材多,故一般应用于长度方向较大的建筑物供暖系统。

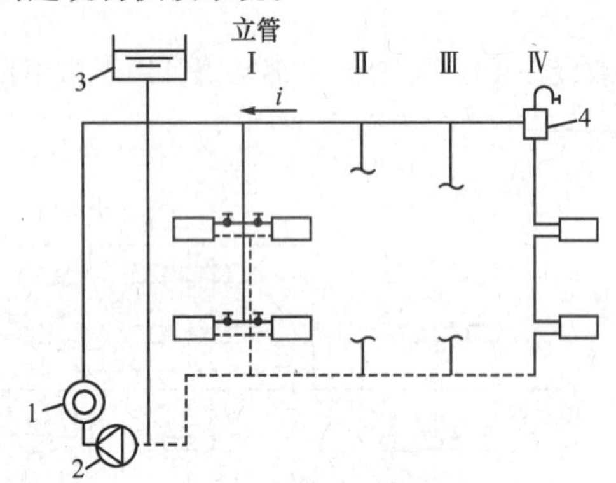

图6.7　异程式系统

1—热水锅炉;2—循环水泵;

3—膨胀水箱;4—集气罐

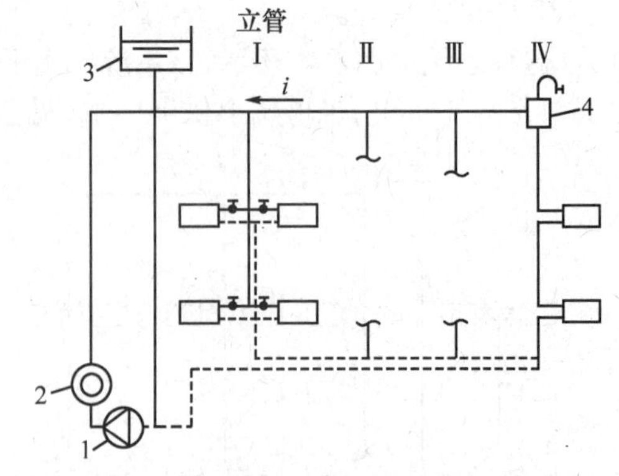

图6.8　同程式系统

1—循环水泵;2—热水锅炉;

3—膨胀水箱;4—集气罐

6.2.2　蒸汽供暖系统

蒸汽供暖系统以水蒸气为热介质,利用水蒸气在散热器内凝结放出汽化潜热来供暖。按其压力可分为低压蒸汽供暖系统($P\leqslant0.07$ MPa)和高压蒸汽供暖系统($P>0.07$ MPa)。由于系统的加热和冷却过程都很快,热惰性小,适用于人群短时间迅速集散的场所,如大礼堂、剧院等。

(1)低压蒸汽供暖系统形式分类

低压蒸汽供暖系统形式按其系统特征可分为以下两类:

1)双管上供下回式系统

这种系统如图6.9所示。其特点是蒸汽干管和凝结水干管完全分开,蒸汽干管敷设在顶层的顶棚下或吊顶内。在每根凝结水立管的末端安装疏水阀,这样可以使凝结水干管中无蒸汽进入,又可减少疏水阀的使用数量和维修量。散热器中下部安装放气阀,用于排除空气。

2)双管下供下回式系统

这种系统如图6.10所示。特点是蒸汽干管和凝结水干管均敷设在底层地面上、地下室或地沟内。蒸汽在立管中自下而上供气,与沿途凝结水逆向流动,水击现象严重,噪声较大。这种供暖系统在极特殊情况下才使用,且用时蒸汽管应加大一号。

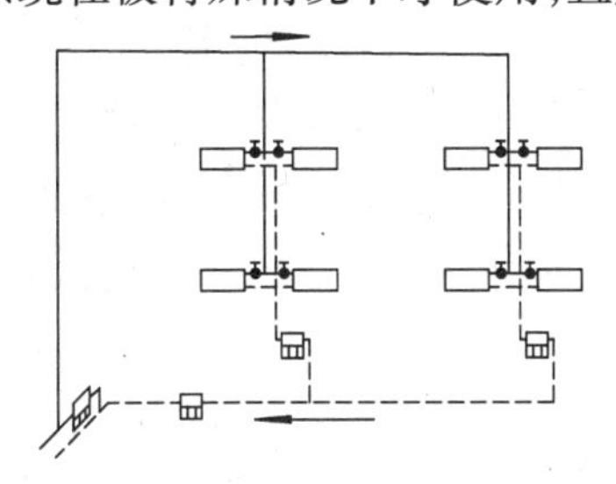

图6.9　双管上供下回式系统

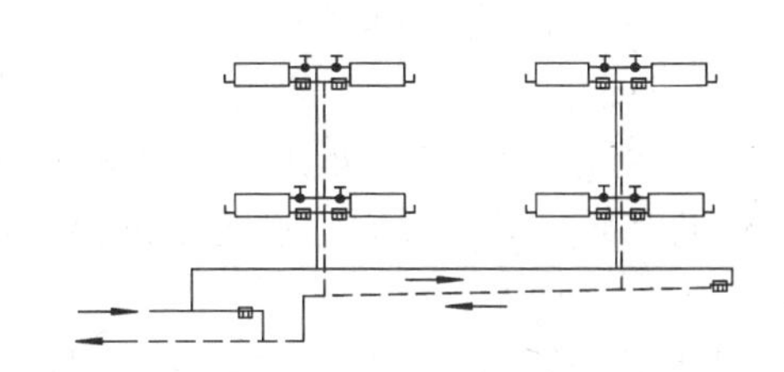

图6.10　双管下供下回式系统

(2)高压蒸汽供暖系统

压力在$0.7\times10^5\sim3.0\times10^5$Pa的蒸汽供暖系统称为高压蒸汽供暖系统。高压蒸汽供暖系统通常和生产工艺用气系统合用同一热源,但因生产用气压力往往高于供暖系统蒸汽压力,所以从锅炉房(或蒸汽厂)来的蒸汽须经减压阀减压才能使用。

与低压蒸汽供暖系统一样,高压蒸汽供暖系统也有上供下回、下供上回、双管、单管等形式。但系统的供气压力高,流速大,作用半径也大,对同样热负荷所需管径较小。

为了避免高压蒸汽和凝结水在立管中反向流动时因水击而产生噪声,一般高压蒸汽供暖系统均采用双管上供下回式系统。

散热器内蒸汽压力高,散热器表面温度高,对同样热负荷所需散热面积较小。因为高压蒸汽系统的凝水管路有蒸汽存在(散热器漏气及二次蒸发气),所以每个散热器的蒸汽和冷凝水支管上都应安装阀门,以调节供气量并保证启闭。另外,考虑单个疏水器的排水能力远远超过每组散热器的凝水量,仅在每一支凝水干管的末端安装疏水器。高压蒸汽供暖系统常用的疏水器有机械型(浮筒式、吊桶式)、热动力型和热静力型等。

高压蒸汽供暖系统的凝水干管宜敷设在所有散热器的下面,并按流向设置一定坡度,凝水依靠疏水器出口的余压以及凝水管路坡度形成的重力差流动至凝水箱。凝水箱可布置在采暖房间,也可布置在锅炉房或专门的凝水回收泵站内。凝水箱可以是开式(和大气相通)的,也可以是密闭的。

高压蒸汽供暖系统在启停过程中,管路系统温度的变化要比热水供暖系统和低压蒸汽供暖系统大,因此,应该考虑采用自然补偿、设置补偿器等措施来解决管道热胀冷缩的问题。

6.2.3 热风供暖系统

热风供暖系统以热空气作为热介质,用热空气把热量直接送至供暖房间。系统所用热介质可以是室外的新鲜空气,也可以是室内再循环空气,或者是两者的混合体。

热风供暖具有热惰性小、升温快、设备简单等特点,适用于耗热量大的建筑物、间歇使用的房间和有防火防爆要求以及卫生要求必须采用全新风的热风供暖车间等。

6.3 分户热计量及地板辐射供暖系统

6.3.1 分户热计量供暖的系统

我国传统的供暖体制普遍存在一些问题,比如,供暖品质差、效率低、能源消耗大,用户不能自行调节室温,供暖单位和用户都缺乏节能的积极性,特别是供暖费用收缴困难,供暖企业难以为继,节能建筑不能有效节能,制约了建筑技术的发展。因此,近年来国家对传统的供暖体制进行了改革,其核心内容是供暖的市场化、商品化。而进行供暖计量收费是实现供暖市场化、商品化的基础。只有按实际供暖量进行计量收费,才能调动热用户和供热企业的节能积极性。

计量供暖系统可对用户所耗热量进行可靠计量,并能按用户需要调节室温,在用户外出期间可随时关闭室内供暖管路。计量供暖系统还应便于供暖部门进行分户计量收费和运行管理等。

为此,在当前民用住宅中采用的分户热计量供暖系统形式有以下特征。

(1)系统户外形式

分户热计量采暖系统的共同特点是采用双管系统,并在每一个用户管路的起止点处安装启闭阀、流量计或热表等装置。流量计或热表应安装在用户出口的管道上,因水温相对低,有利于延长其使用寿命,但失水率有所增加。为方便管理,每户的关断阀及向各楼层、各住户供给热媒的供回水立管(总立管)及热计量装置等均应设在公共的楼梯间竖井内,竖井有检查门,便于供热管理部门在此启闭各热用户水平支路上的阀门,并可调节住户的流量、抄表和计量供热量。热计量装置由流量计、温度传感器、积分仪组成,积分仪能够显示供水、回水温度以及瞬时流量和热量,用户可以根据室内温度的高低进行相应的调节,实现对供水量和热量的控制,单元立管及分户热计量装置如图 6.11 所示。

分户式采暖系统原则上可采用上供式、下供式和中供式等。通常在建筑物的一个单元设一组供回水立管,多个单元的供回水干管可设在室内或室外管沟中。干管可采用同程式或异程式,单元数较多时宜采用同程式,采暖系统的形式如图 6.12 所示。为了防止铸铁散热器铸造型砂以及其他污物积聚、堵塞热表、温控阀等部件,分户式采暖系统宜选用不残留型砂的铸铁散热器或其他材质的散热器,系统投入运行前应进行冲洗,此外,用户入口还应装过滤器。

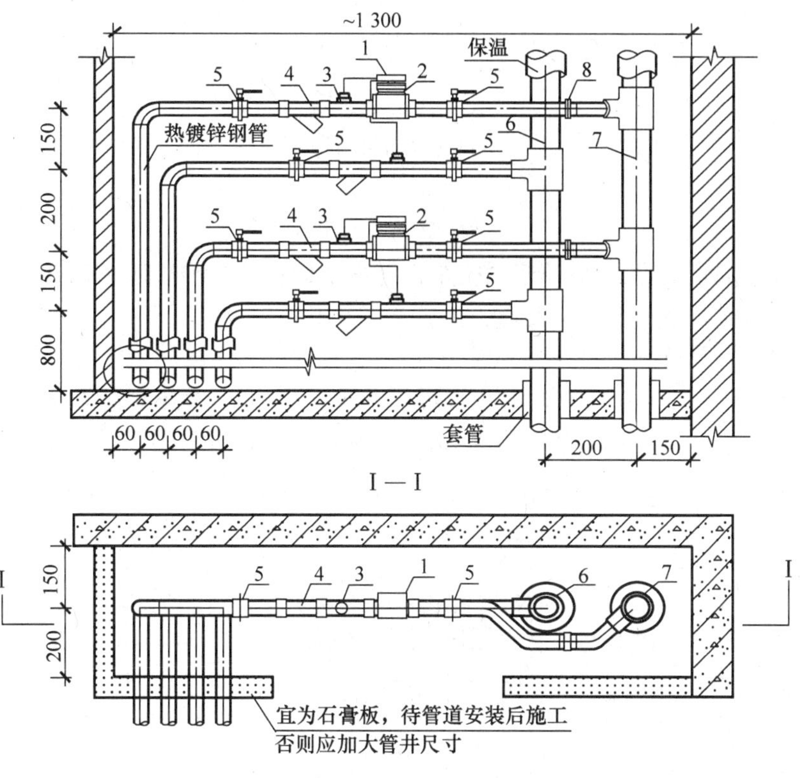

图6.11 单元立管及分户热计量装置

1—积分仪;2—流量计;3—温度传感器;4—过滤器;
5—蝶阀或球阀;6—供水立管;7—回水立管;8—活接头

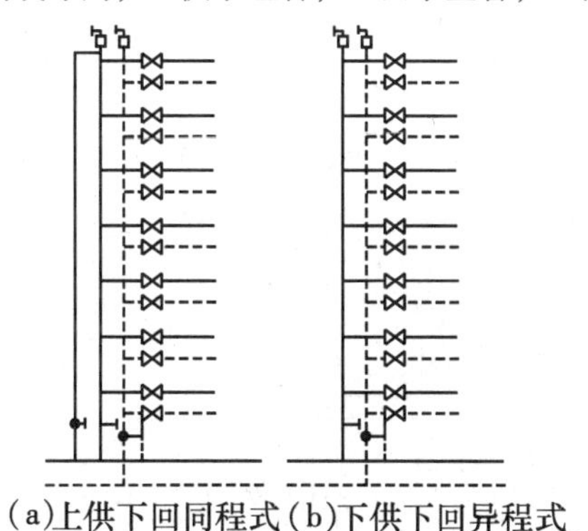

(a)上供下回同程式 (b)下供下回异程式

图6.12 分户热计量双立管系统

(2)户内系统形式

1)分户水平单管系统

分户水平单管系统如图6.13所示,与以往采用的水平系统的主要区别:水平支路长度限于一个住户之内;能够分户计量和调节供热量;可分室改变供热量,满足不同的室温要求。

其中,图6.13(a)在水平支路上设关闭阀、调节阀和热表,可实现分户调节和计量热量,但不能分室改变供热量,只能在对分户水平式系统的供热性能和质量要求不高的情况下应用。图6.13(b)和图6.13(c)除了可在水平支路上安装关闭阀、调节阀和热表之外,还可在各散热器支管上装调节阀(温控阀),实现分室控制和调节供热量。

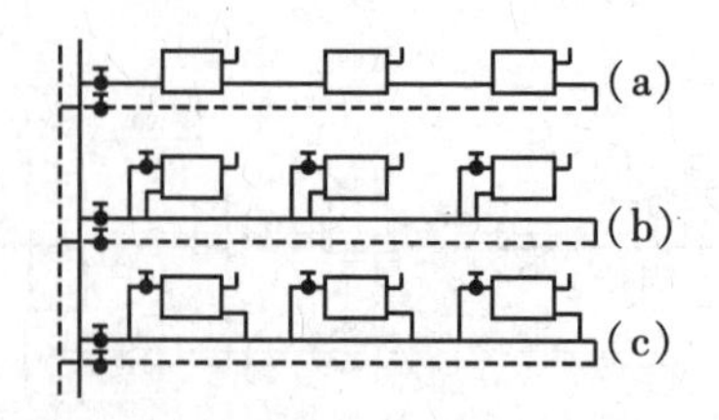

图 6.13　分户水平单管系统

相比于水平双管系统,水平单管系统布置管道方便,节省管材,水力稳定性好。但在流量调节设施不完善时容易产生竖向失调。

2)分户水平双管系统

如图 6.14 所示,该系统内户内的各散热器并联,在每组散热器上装调节阀或恒温阀,以便分室进行控制和调节。水平供水管和回水管可采用图 6.14 所示的多种方案布置。该系统的水力稳定性不如单管系统,耗费管材。

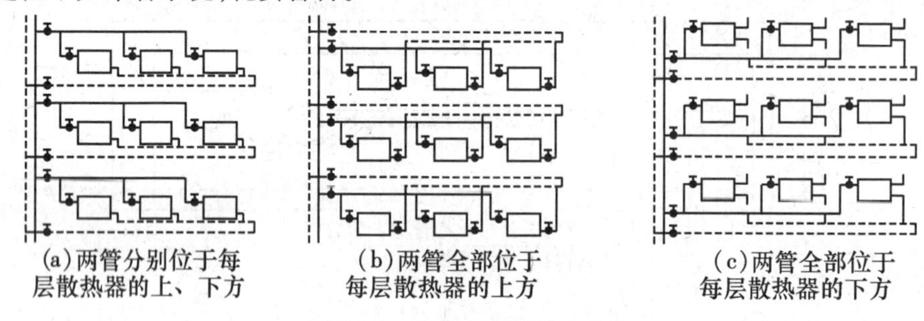

图 6.14　分户水平双管式系统

3)分户水平放射式系统

水平放射式系统在每户的供热管道入口处设小型分水器和集水器,各散热器并联,如图 6.15 所示。从分水器引出的各散热器支管呈辐射状埋地敷设至各个散热器,散热器可单独调节。支管可采用铝塑复合管等管材。为了计量各用户供热量,入户管上装有热表。为了调节各房间的用热量,通往各散热器的支管上设有调节阀。

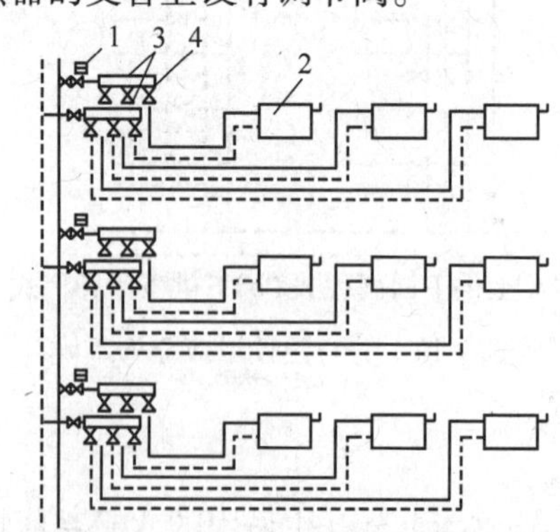

图 6.15　分户水平放射式采暖系统

1—热表;2—散热器;3—集水器;4—调节阀

6.3.2　辐射供暖系统

辐射供暖是利用建筑物内部的屋面、墙面、地面或其他表面的辐射散热向房间供应热量,其辐射散热量占总散热量的50%以上。相比于散热器供暖系统,辐射散热具有室内温度分布均匀,热舒适性好,室温波动小,便于实现分户热计量,少占用室内的有效空间,但初期投资大,施工要求高。

民用建筑中,常见的辐射供暖方式有低温热水地板辐射供暖系统和发热电缆辐射供暖系统。

(1)低温热水地板辐射供暖系统

低温热水地板辐射供暖系统是将低温热水通过埋设在地面层中的散热盘管向室内散热的供暖系统。在近几年的采暖工程中,热水地暖占有较大的比例。其供水温度不大于60 ℃,一般民用建筑供水温度多采用35~45 ℃,供回水温差不大于10 ℃,且不宜小于5 ℃。

1)辐射采暖系统的地面构造

低温热水地面辐射采暖因水温低,管路不易结垢,多采用管路一次性埋设于垫层中的做法。地面结构由基层(楼板或与土壤相邻的地面)、找平层、绝热层(上部敷设加热管)、填充层和地面层组成,如图6.16所示。

在与内外墙、柱及过门等垂直部件交接处应敷设不间断的伸缩缝,伸缩缝宽度不应小于20 mm,伸缩缝宜采用聚苯乙烯或高发泡聚乙烯泡沫塑料;当地面面积超过30 m^{2}或边长超过6 m时,应设置伸缩缝,伸缩缝宽度不宜小于8 mm,伸缩缝宜采用高发泡聚乙烯泡沫塑料或内满填弹性膨胀膏。边界保温带和伸缩缝的设置示例如图6.17所示。

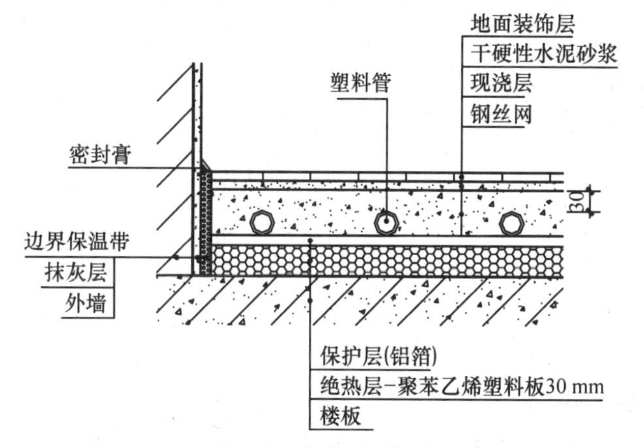

图6.16　低温热水地板敷设采暖地面构造

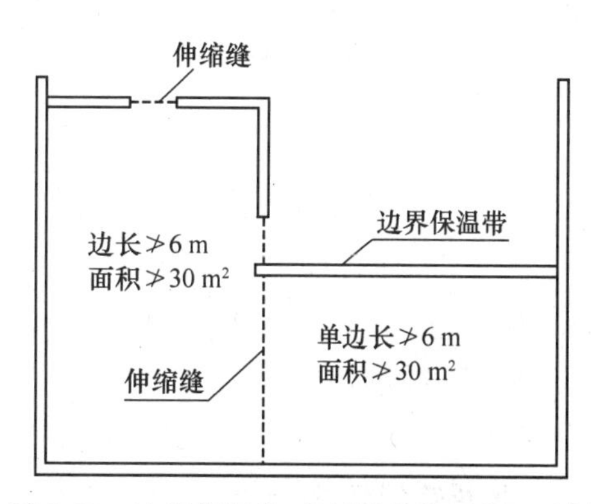

图6.17　边界保温带、伸缩缝的设置位置示例

2)分、集水器和加热管

①分、集水器

每环路加热管的进、出水口,分别与分、集水器相连接。每个分支环路供回水管上设置可关断阀门。在分水器之前的供水连接管道上,顺水流方向安装阀门、过滤器、热计量装置(有热计量要求的系统)和阀门。在集水器之后的回水连接管上,安装可关断调节阀。分、集水器的安装布置示意图如图6.18所示。

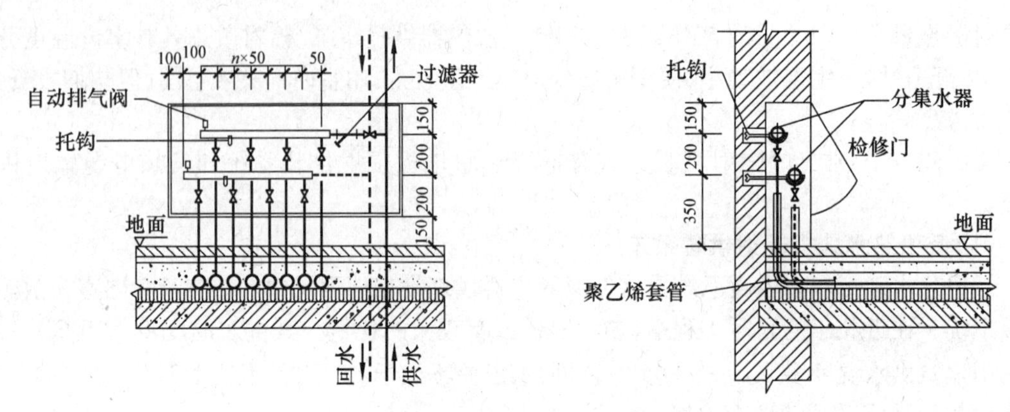

图 6.18　分、集水器安装布置示意图

②加热管系统

在住宅建筑中,低温热水地板辐射供暖系统按户划分系统,户内配置分、集水器,并向各主要房间分环路布置加热管。

常用的加热管有交联聚乙烯管(PEX)、聚丁烯管(PB)、无规共聚聚丙烯管(PPR)、共聚聚丙烯管(PPC)以及交联铝塑复合管(XPAP)等类管材。

加热管的布置,根据保证地面温度均匀的原则,地板采暖辐射的加热管有几种布置方式(见图 6.19):S 形排管(直列形)、蛇形排管(往复形)和回字形排管(回转形)。S 形排管易于布置,板面温度变化大,适合于各种结构的地面;蛇形排管平均温度较均匀,但弯头曲率较小;回形排管施工方便,大部分曲率半径较大,但温度不均匀。

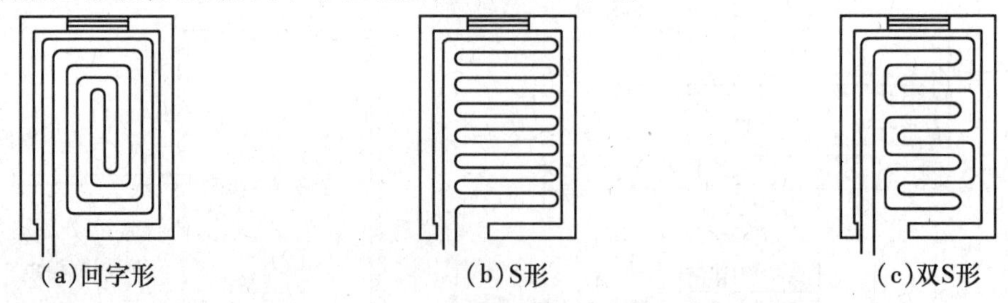

图 6.19　低温地板辐射采暖加热管的布置方式

加热管的敷设管间距应根据地面散热量、室内空气设计温度、平均水温及地面传热热阻等通过计算确定。

3)低温热水地板辐射采暖的特点

由于地板辐射采暖面积大、温度低、地表温度均匀等因素,使人体受冷辐射减少,具有很好的舒适感。同时还具有节能、热稳定性好、便于实施分户热计量等优点。但由于低温热水地板辐射采暖系统对施工要求高,增加了楼板厚度,减少了室内净空,楼面的结构荷载有所增加。

(2)发热电缆供暖系统

发热电缆供暖系统的构成如图 6.20 所示。

发热电缆远红外蓄能式地热供暖系统(也称为发热电缆低温辐射供暖系统),是以电力为能源、发热电缆为发热体,按一定的规律敷设安装在房间的地面下,由发热电缆将几乎 100% 的电能转换成热能,一部分储存于混凝土保护层内,另一部分以远红外线低温(65 ℃)热辐射的形式把热量送入室内。室内的温度由智能温度控制装置进行自动调控,温度的控制范围为

5～30 ℃。该系统不但可以分区域、分房间进行温度调整与控制，还可以根据需要对系统进行整体或各楼层的集中控制与管理。

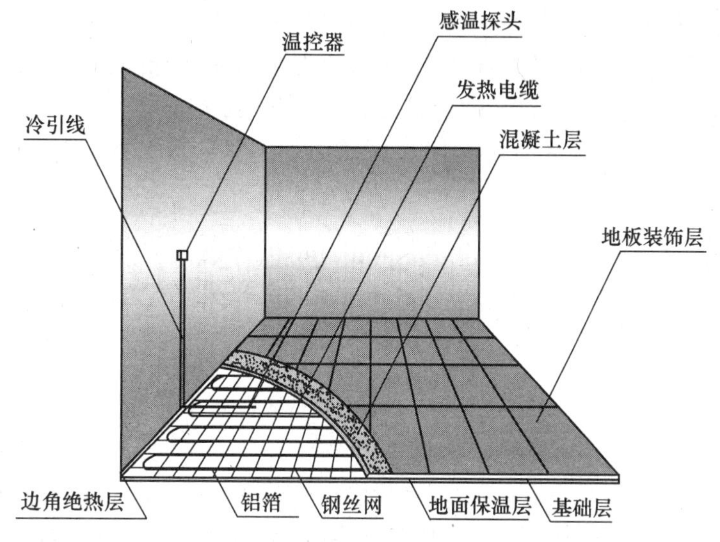

图6.20 发热电缆供暖系统结构图

发热电缆通电后，由铜、镍、铬合金构成的发热体开始发热，其工作温度为40～65 ℃。这些热量首先加热地面内的保护层，地面保护层作为蓄热体和散热面，一边蓄热，一边向室内均匀地散热。其中，少部分热量以对流换热的方式加热周围空气，大部分(60%以上)的热量向室内四周的物体、人体、围护结构及空气以远红外线辐射的方式传递，使之表面温度升高，从而达到保持室温的目的。

6.4 供暖系统的散热设备及附件

6.4.1 散热器

散热设备是安装在采暖房间里的一种放热设备，它把热媒的部分热量传给室内空气，用以补偿建筑物热能损失，从而使室内维持所需要的温度，达到采暖目的。我国大量使用的散热设备有散热器、辐射板和暖风机3大类。这里主要介绍散热器的类型和布置要求。

散热器是以对流和辐射两种方式向室内散热的设备。散热器应有较高的传热系数，足够的机械强度，能承受一定压力，金属耗材少，制造工艺简单，同时表面应光滑，易清扫，不易积灰，占地面积小，安装方便，美观，耐腐蚀。

(1)散热器的类型

散热器按材质不同可分为铸铁、钢制和其他材质散热器；按其结构形式不同可分为柱形、翼形、管形和板形散热器。

1)铸铁散热器

由于铸铁散热器具有结构简单，防腐性能好，使用寿命长，热稳定性好，价格便宜等优点，在一般的民用建筑中应用广泛。其缺点是金属耗量大、承压能力低，制造、安装和运输劳动繁重。

①翼形散热器

翼形散热器壳体外有许多肋片,这些肋片与壳体形成连为一体的铸件。在圆管外带有圆形肋片的称为圆翼形散热器(见图6.21),扁盒状带有竖向肋片的称为长翼形散热器(见图6.22)。翼形散热器制造工艺简单,造价较低;但金属耗量大,传热系数较低,外形不美观,肋片间易积灰,且难以清扫,设计时不易组成所需面积。翼形散热器已逐渐被柱形散热器所取代。

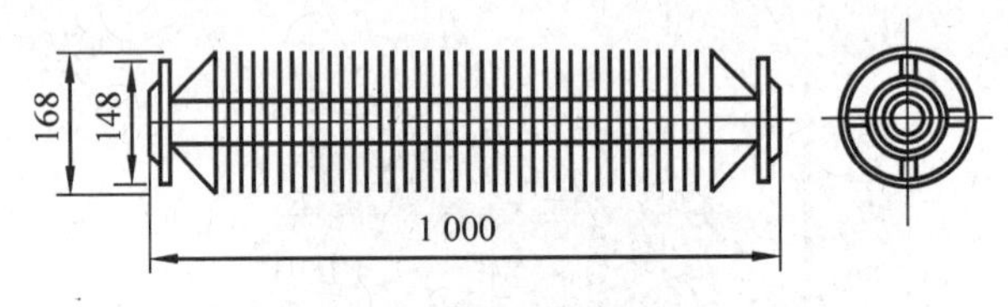

图6.21 圆翼形铸铁散热器

②柱形散热器

柱形散热器是由多个单片组合而成,每片成柱状形,表面光滑,内部有几个中空的立柱相互连通,如图6.23所示。按照所需散热量,选择一定的片数,用对丝将单片组装在一起,形成一组散热器。柱形散热器根据内部中空立柱的数目分为2柱、4柱、5柱等,每个单片有带足和不带足两种,以便于落地或挂墙安装。

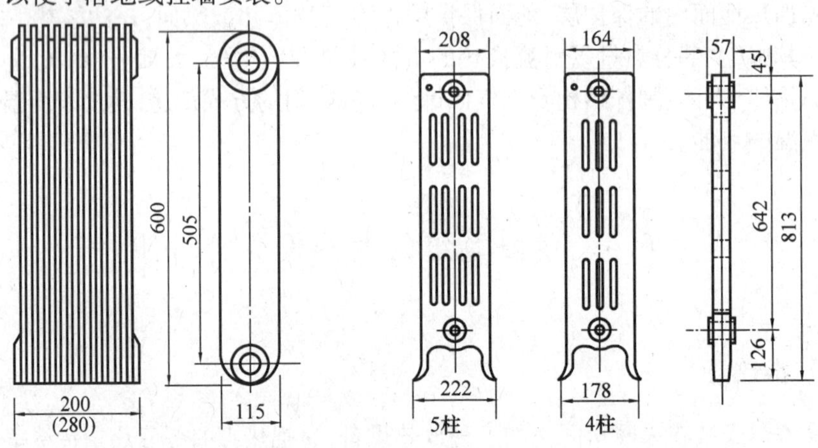

图6.22 长翼形铸铁散热器　　图6.23 柱形铸铁散热器

柱形散热器的金属热强度及传热系数高,外形美观,易清除积灰,容易组成所需的面积,因而它得到较广泛的应用。

2)钢制散热器

钢制散热器金属耗量少,耐压强度高,外形美观,占地小,质量轻,使用方便,便于布置。钢制散热器的主要缺点是容易腐蚀,使用寿命比铸铁散热器短,在蒸汽采暖系统及潮湿的地方不宜使用钢制散热器;除钢制柱式散热器外,其他钢制散热器的水容量少,持续散热能力低,热稳定性差。钢制散热器的主要类型如下:

①闭式钢串片散热器

闭式钢串片散热器由钢管外表面串套0.5 mm的薄钢片构成,钢管与联箱相连,串片两端折边90°形成封闭形,在串片折成的封闭垂直通道内,空气对流能力增强,同时也加强了串片的结构强度，如图6.24所示。另外，还有在钢管上加上翘片的形式，即为钢质翘片管式散热器。

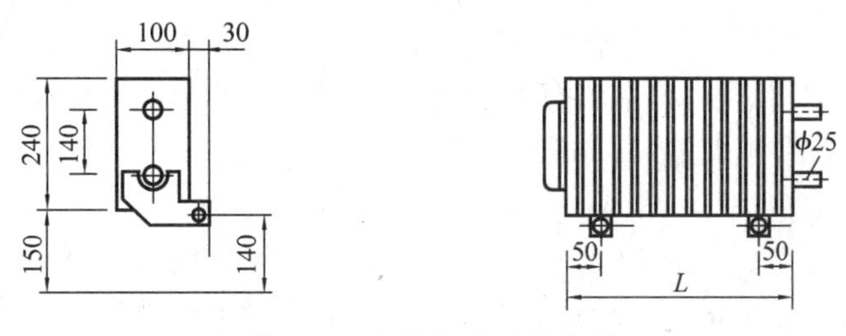

图6.24　闭式钢串片散热器

②钢制板式散热器

板式散热器由面板、背板、进出口接头等组成，如图6.25所示。背板分带对流片和不带对流片两种板型。面板和背板多用1.2～1.5 mm厚的冷轧钢板冲压成型，在面板上直接压出呈圆弧或梯形的水道，热水在水道中流动放出热量。水平联箱压制在背板上。为增大散热面积，在背板后面焊上0.5 mm的冷轧钢板对流片。

③钢制柱式散热器

钢制柱式散热器与铸铁柱式散热器的构造相类似，如图6.26所示，也是由中空的散热片串联而成。它是用1.25～1.5 mm厚的冷轧钢板加工焊制而成。

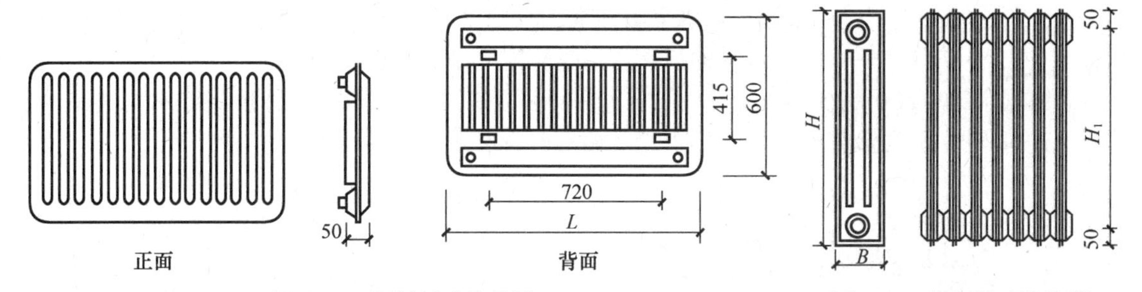

图6.25　钢制板式散热器　　　图6.26　钢制柱式散热器

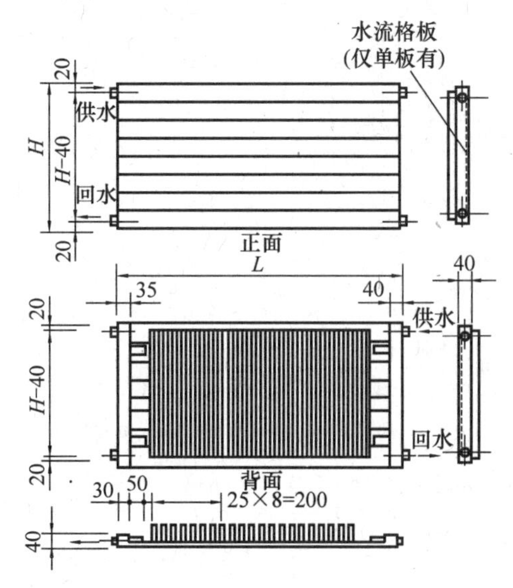

图6.27　钢制扁管单板带对流片散热器

④钢制扁管式散热器

钢制扁管式散热器是由数根矩形扁管焊接在一起,两端加上联箱制成的。扁管散热器的板型有单板、双板、单板带对流片和双板带对流片4种结构形式。

单、双板扁管散热器两面均为光板,板面温度较高,辐射热比例高;带有对流片的单、双板扁管散热器主要以对流方式传热,如图6.27所示。

3)铝制散热器

铝制散热器质量轻,热工性能好,使用寿命长,可根据用户要求任意改变宽度和长度,且外形美观大方,造型多变,可做到采暖装饰合二为一。但铝制散热器价格偏高,不宜在强碱条件下长期使用,对采暖系统水质要求较高。

(2)散热器的布置

散热器一般布置在外墙的窗台下,这样能迅速加热室外渗入的冷空气,改善外窗、外墙对人体冷辐射的影响,使室温均匀、舒适。

散热器一般明装在深度不超过130 mm的墙槽内。托儿所、幼儿园及装饰要求较高的民用建筑可考虑在散热器外加网罩、格栅、挡板等。楼梯间的散热器应尽量分配在底层或按一定比例分布在下部各层。两道外门之间、门斗及开启频繁的外门附近不宜设置散热器。

6.4.2 膨胀水箱

膨胀水箱的作用是用来储存热水采暖系统加热的膨胀水量。在自然循环上供下回式系统中,它还起着排气作用。膨胀水箱的另一作用是恒定采暖系统的压力。

膨胀水箱一般用钢板制成,通常是圆形或矩形。如图6.28所示为圆形膨胀水箱构造图。箱上连有膨胀管、溢流管、信号管、排水管及循环管等管路。

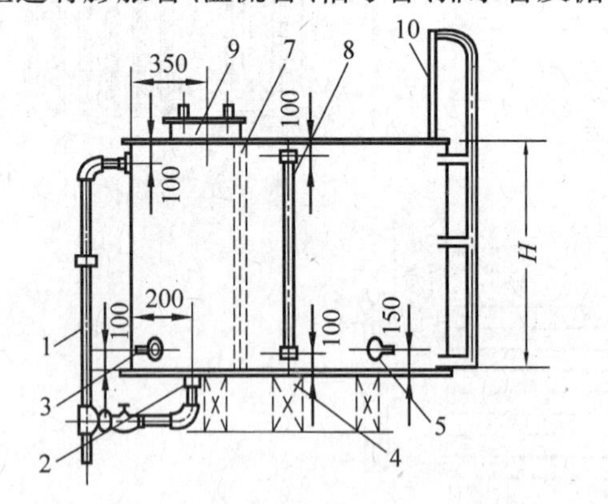

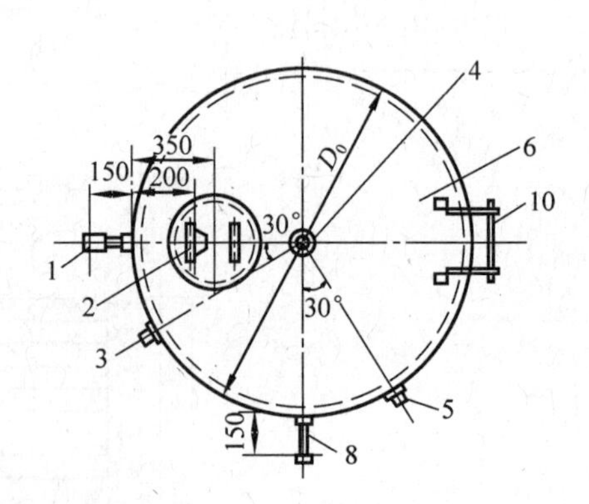

图6.28 圆形膨胀水箱

1—溢流管;2—排水管;3—循环管;
4—膨胀管;5—信号管;6—箱体;7—内人梯;
8—玻璃管水位计;9—人孔;10—外人梯

在机械循环系统中,循环管应接到系统定压点前的水平回水干管上。该点与定压点(膨胀管与系统的连接点)之间应保持1.5~3 m的距离。这样可让少量热水能缓慢地通过循环管和膨胀管流过水箱,以防水箱里的水冻结。

膨胀水箱应考虑保温。在自然循环系统中,循环管连接到供水干管上,应与膨胀管保持一定的距离。

在膨胀管、循环管和溢流管上，严禁安装阀门，以防止系统超压、水箱水冻结或水从水箱溢出。

6.4.3　排气装置

供暖系统的水被加热时，会分离出空气。在系统停止运行时，通过不严密处也会渗入空气。系统充水后，也会有少量空气残留在系统内。系统中如果积存空气，就会形成气塞，影响水的正常循环。因此，系统中必须设置排除空气的设备。目前，常见的排气设备主要有集气罐、自动排气阀及手动排气阀等。

(1)集气罐

集气罐用直径100～250 mm的短管制成，它有立式和卧式两种(见图6.29)。顶部连接直径为DN15的排气管。

如图6.29所示，在机械循环上供下回式系统中，集气罐应设在系统各分支环路供水干管末端的最高处。在系统运行时，定期手动打开阀门将热水中分离出来并聚集在集气罐内的空气排除。

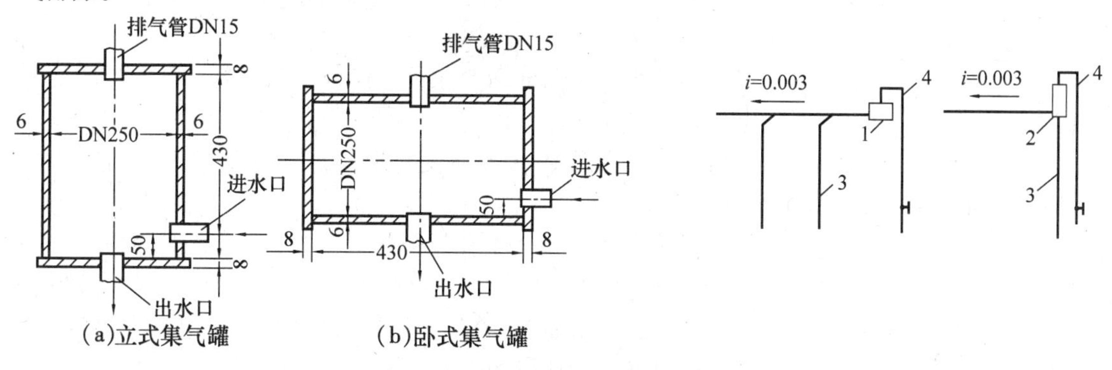

图6.29　集气罐及安装位置示意图

1—卧式集气罐；2—立式集气罐；3—末端立管；4—DN15排气管

(2)自动排气阀

自动排气阀形式较多，它的工作原理很多都是依靠水对浮体的浮力，通过杠杆机构传力，使排气孔自动启闭，实现自动阻水排气的功能。

如图6.30所示为立式自动排气阀。当阀体7内无空气时，水将浮子6浮起，通过杠杆机构1将排气孔9关闭，而当空气从管道进入，积聚在阀体内时，空气将水面压下，浮子的浮力减小，依靠自重下落，排气孔打开，使空气自动排出，空气排除后，水再将浮子浮起，排气孔重新关闭。

(3)手动排气阀

手动排气阀又称冷风阀，多用在水平式和下供下回式系统中(见图6.31)，它旋紧在散热器上部专设的丝孔上，以手动方式排除空气。

手动排气阀适用于公称压力不大于600 kPa，工作温度小于100 ℃的热水或蒸汽采暖系统的散热器上。

手动排气阀多为铜制，用于热水采暖系统时，应装在散热器上部；用于低压蒸汽采暖系统时，则应装在散热器下部1/3的位置上，分为手动和自动两种。

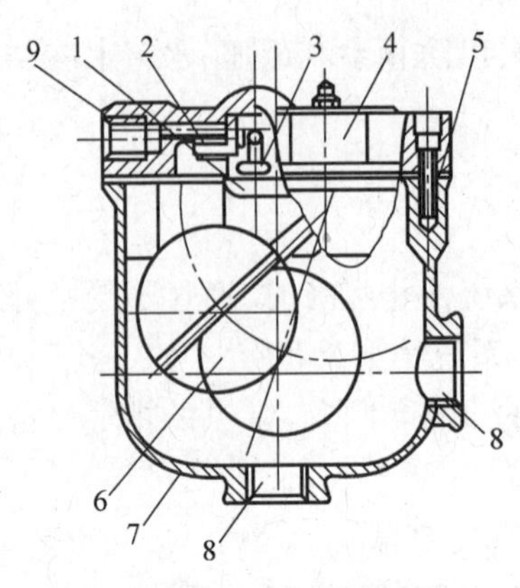

图 6.30　立式自动排气阀

1—杠杆机构;2—垫片;3—阀堵;4—阀盖;

5—垫片;6—浮子;7—阀体;8—接管;9—排气孔

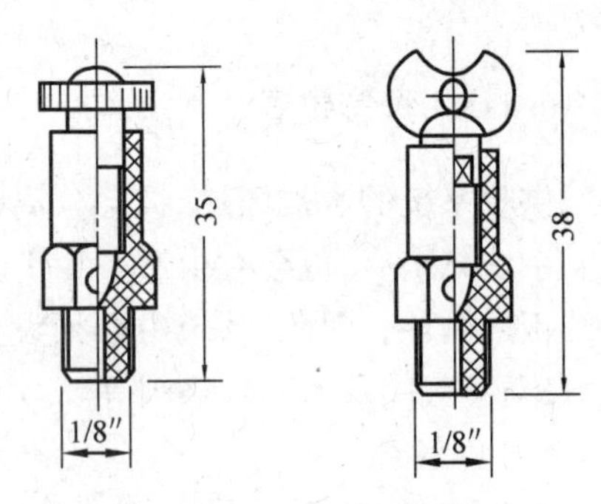

图 6.31 手动排气阀

6.4.4　其他附件

(1)热量表

进行热量测量与计算,并作为结算热量消耗依据的计量仪器称为热量表(又称为能力计、热表)。

目前,使用较多的热量表是根据管路中的供、回水温度及热水流量,确定仪表的采样时间,进而得出管道供给建筑物的热能。

热量表由一个热水流量计、一对传感器和一个积算仪 3 部分组成,如图 6.32 所示。热水流量计用来测量流经散热设备的热水流量;一对温度传感器分别测量供水温度和回水温度,进而确定供回水温差;积算仪(也称积分仪)可以通过与其相连接的流量计和温度传感器所提供的流量和温度数据,计算出用户从供热系统中获得的流量。

(2)除污器

除污器可用来截留、过滤管路中的杂质和污物,保证系统内水质洁净,减少阻力,防止堵塞调压板及管路。除污器一般应设置于采暖系统入口调压装置前、锅炉房循环水泵的吸入口前和热交换设备入口前。另外,在一些小孔口的阀前(如自动排气阀)宜设置除污器或过滤器。

图 6.32　热量表外观图

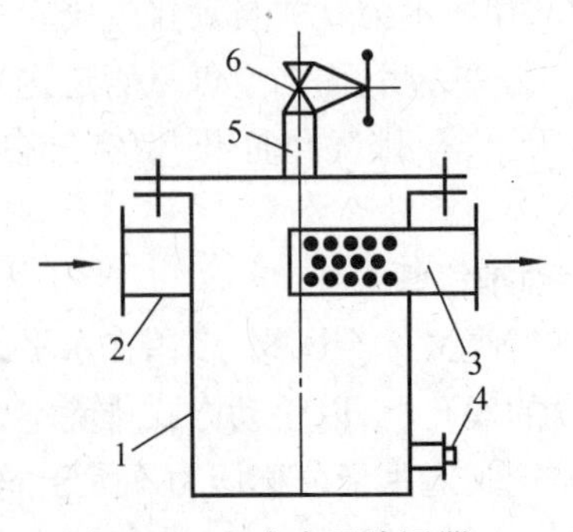

图 6.33　立式直通除污器

1—外壳;2—进水管;3—出水管;

4—排污管;5—放气管;6—截止阀

除污器的形式有立式直通、卧式直通和卧式角通 3 种。如图 6.33 所示为采暖系统常用的立式直通除污器。

除污器的型号可根据接管直径选择。除污器前后应装设阀门，并设旁通管，以供定期排污和检修使用，除污器不允许装反。

(3) 疏水器

蒸汽疏水器的作用是自动阻止蒸汽逸漏，且能迅速地排出用热设备及管道中的凝水，同时能排除系统中积留的空气和其他不凝性气体。疏水器是蒸汽供热系统中的重要设备。

根据疏水器的作用原理不同，可分为机械型疏水器、热动力型疏水器和热静力型疏水器。如图 6.34 所示为机械型浮筒式疏水器，其利用蒸汽和冷凝水的密度不同，形成凝水液位，以控制凝水排水孔的自动启闭。

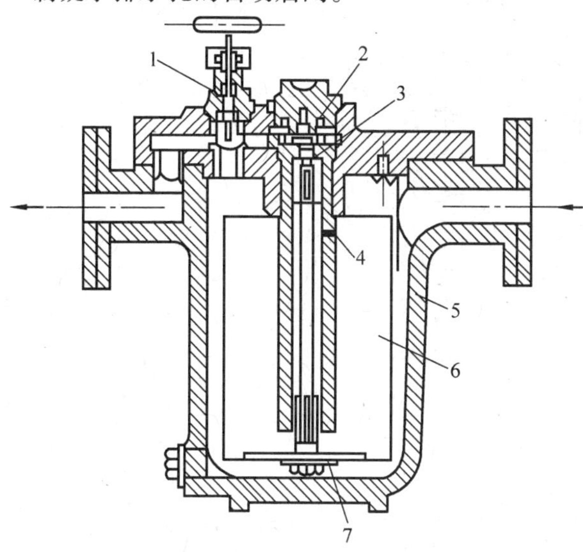

图 6.34　机械型浮筒式疏水器

1—放气阀；2—阀孔；3—顶针；4—水封套筒上的排气孔；5—外壳；6—浮筒；7—可换重块

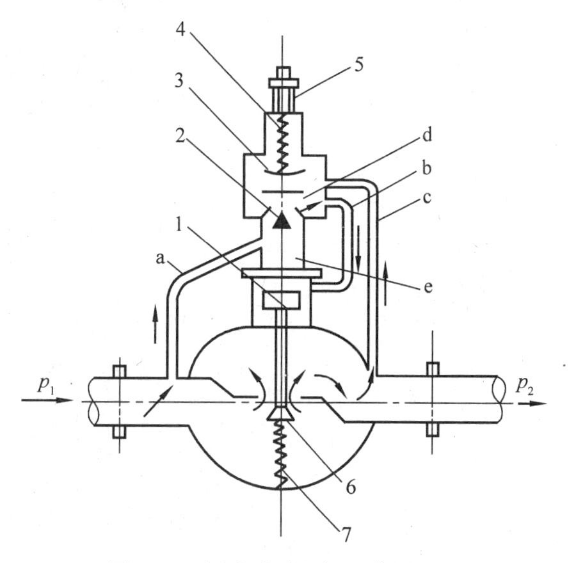

图 6.35　活塞式减压阀工作原理图

1—活塞；2—针阀；3—薄膜片；4—上弹簧；5—旋紧螺钉；6—主阀；7—下弹簧

(4) 减压阀

减压阀是将系统压力维持在一定范围内；减压阀有活塞式（见图 6.35）、波纹管式和薄膜式等几种。减压阀可通过调节阀孔大小，对蒸汽进行节流而达到减压目的，并能自动将阀后压力维持在一定范围内。

6.5　高层建筑采暖系统

高层建筑由于高度的增加，使采暖系统在垂直方向的静水压力随之提高，管路系统及散热设备承受的压力加大，特别是底层散热器的承压要求显著增加。当建筑物高度超过 50 m 时，宜采用竖向分区采暖系统，同时还应注意室内采暖系统与室外热水管网的连接方式。

其次，随着建筑物高度的增加，还会导致采暖系统垂直失调现象加剧。为此，应从设计角度考虑，有效解决上述问题。

目前,国内高层建筑热水采暖系统,常用有下面3种形式。

6.5.1 分区式采暖系统

分区式高层建筑热水采暖系统是将系统沿垂直方向分成两个或两个以上独立的系统形式,分区高度应根据外网的压力工况、建筑物总层数和所选散热器的承压能力等条件而确定,下层系统通常与室外管网直接连接,且每个竖向分区最多不宜超过12层。

(1)高区采用间接连接的系统

高区采暖系统与外网之间采用间接连接,如图6.36所示;向高区供热的换热站可设在该建筑物的底层、地下室及中间技术层内,还可设在室外的集中热力站内。该方式是目前高层建筑采暖系统常用的一种形式,适用于外网在用户处提供的资用压力较大、供水温度高的采暖系统。

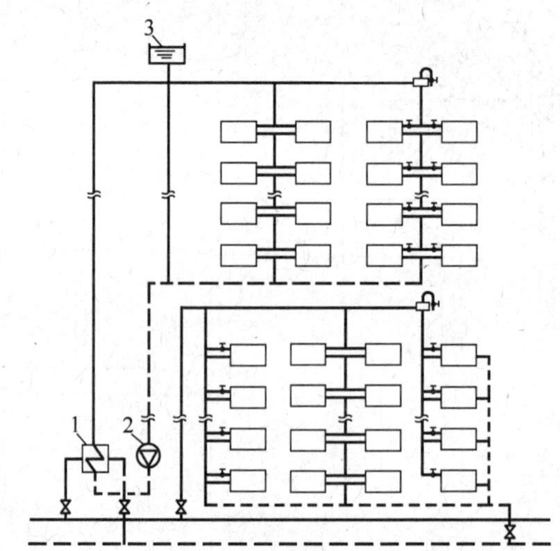

图6.36 高层建筑分区式采暖系统(高区间接连接)

1—换热器;2—循环水泵;3—膨胀水箱

(2)高区采用双水箱或单水箱系统

高区采用双水箱或单水箱的系统如图6.37所示。在高区设两个水箱(见图6.37(a)),用泵1将供水注入供水箱3,依靠供水箱3与回水箱2之间的高差(见图6.37(a))中的h)或利用系统最高点的压力(见图6.37(b)),作为高区采暖的循环动力。系统停止运行时,利用水泵出口逆止阀使高区与外网供水管不相通,高区较高的静水压力传递不到底层散热器及外网的其他用户。由于回水竖管6的水面高度取决于外网回水管的压力大小,回水箱高度超过了用户所在外网回水管的压力。竖管6上部为非满管流,起到了将系统高区与外网分离的作用。外网在用户处提供的资用压力较小、供水温度较低时可采用这种系统。该系统结构简单,省去了设置换热站的费用。但建筑物高区要有放置水箱的地方,建筑结构要承受其荷载。另外,水箱为敞开式,系统容易掺入空气,增加了系统内部的氧腐蚀。

6.5.2 双线式采暖系统

双线式采暖系统只能减轻系统失调,不能解决系统下部散热器超压的问题。按照供热管道的布置情况,可分为垂直双线系统和水平双线系统,如图6.38所示。

(1)垂直双线系统

如图6.38(a)所示为垂直双线热水采暖系统,图中虚线框表示出立管上设置于同一楼层一个房间中的散热装置(串片式散热器,蛇形管或埋入墙内的辐射板),按热媒流动方向每一个立管由上升和下降两部分构成。各层散热装置的平均温度近似相同,减轻了竖向失调。该系统适用于公用建筑一个房间设置两组散热器或两块辐射板的情形。

(2)水平双线系统

如图6.38(b)所示为水平双线热水采暖系统,图中虚线框表示水平管上设置于同一房间的散热装置(串片式散热器或辐射板),与垂直双线系统类似。各房间散热装置平均温度近似相同,减轻水平失调,在每层水平支管上设调节阀7和节流孔板6,实现分层调节和减轻竖向失调。

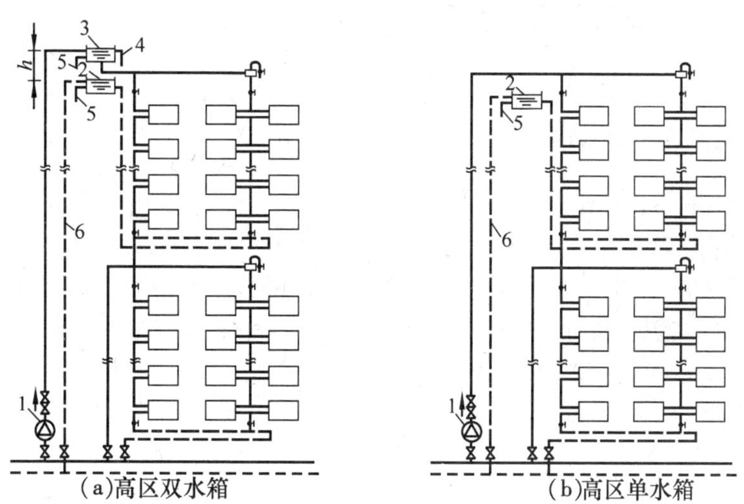

图6.37　高区双水箱或单水箱高层建筑热水采暖系统

1—加压水泵;2—回水箱;3—进水箱;4—进水箱溢流管;

5—信号管;6—回水箱溢流管

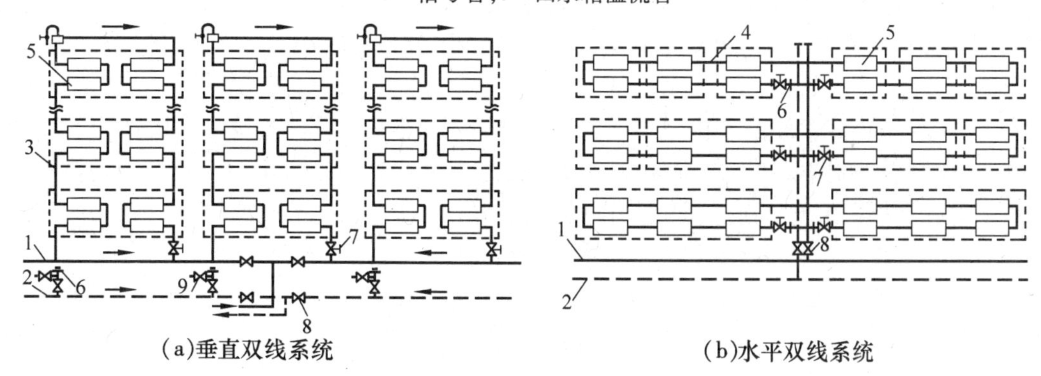

图6.38　双线式热水采暖系统

1—供水干管;2—回水干管;3—双线立管;4—双线水平管;5—散热设备;

6—节流孔板;7—调节阀;8—截止阀;9—排水阀

6.5.3　单双管混合式采暖系统

如图6.39所示为单双管混合式采暖系统。该系统中将散热器沿垂直方向分组,组内为双管系统,组与组之间采用单管连接。利用了双管系统散热器可局部调节和单管系统提高系统水力稳定性的优点,减轻了双管系统层数多时,重力作用压头引起的竖向失调严重的倾向。但不能解决系统下部散热器超压的问题。

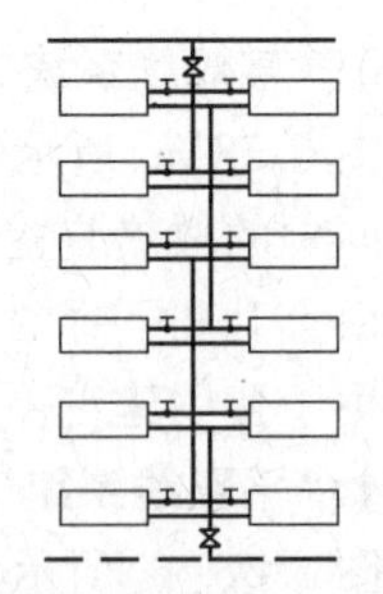

图6.39　单双管混合式采暖系统

6.6　采暖系统管道的布置、敷设与安装

6.6.1　管道的布置与敷设

(1)室内管道的布置与敷设

室内采暖管网的布置是在建筑采暖系统的种类和形式确定后,结合建筑特点进行的。在布置采暖系统管网时,一般先在建筑平面图上布置散热器,然后布置干管,再布置立管,最后确定整个系统管网的布置。布置采暖管网时,管路沿墙、梁、柱平行敷设,力求布置合理,安装、维护方便,有利于排气,水力条件良好,不影响室内美观。

采暖管道的安装方法有明装和暗装两种。明装有利于散热器的传热和管路的安装及检修。暗装时应确保施工质量,并考虑必要的检修措施。一般民用建筑、公共建筑以及工业厂房较多采用明装。装饰要求较高的建筑物如剧院、礼堂、展览馆、宾馆、综合楼、办公楼以及某些有特殊要求的建筑物常采用暗装。

1)干管的布置与敷设

对于上供下回式系统,在美观要求比较高的民用建筑中,采暖干管可布置在建筑物顶部的吊顶内,明装时可布置在顶层的顶棚以下,顶棚的过梁面标高距窗户顶部之间的距离应满足采暖干管的坡度和集气罐的设置要求。

对于下供下回式系统或上供下回式的回水干管,一般都布置在建筑物底层地面下面的管道沟内。管道沟的高度、宽度应根据管道的数量、管径、管道长度、坡度以及安装与检修所需的空间来决定。为了检修方便,在管道沟中的有些地方应设有活动盖板或检修人孔。沟底应有0.003的坡度,坡向采暖系统的引入口,用以排水。

如建筑物有不采暖的地下室,则采暖干管也可设置在地下室的顶板下面;也可沿墙明装在底层地面上,但干管必须穿越门洞时,应局部暗装在沟槽内。

2)立管的布置与敷设

采暖立管一般布置在房间的窗间墙处,可向两侧连接散热器。对于两面有外墙的房间,由于两面外墙的交接处温度最低,极易结露或结霜,因此,立管应布置在房间的外墙的转角处。楼梯间的采暖管道和散热器冻结的可能性大,所以楼梯间的立管一般单独设置。

立管应与地面垂直安装,当立管穿过楼板(或水平管穿墙)时,为了使管道可自由移动且不损坏楼板或墙面,应在穿楼板或隔墙的位置预埋套管。套管的内径应稍大于管道的外径,套管长度顶部应高出地面不少于20 mm，底部与楼板下部齐平。在管道与套管之间应用柔性材料填塞。

3）支管的布置与敷设

支管的布置与散热器的位置、进水和出水口的位置有关。支管与散热器的连接方式有上进下出、下进上出和下进下出3种形式，如图6.40所示。散热器支管进水、出水口可以布置在同侧，也可以在异侧。设计时尽量采用上进下出、同侧连接方式，这种连接方式具有传热系数大，管路最短，美观等优点。安装散热器支管时，应设置一定的坡度以利于排气，坡度一般采用1%，如图6.41所示。

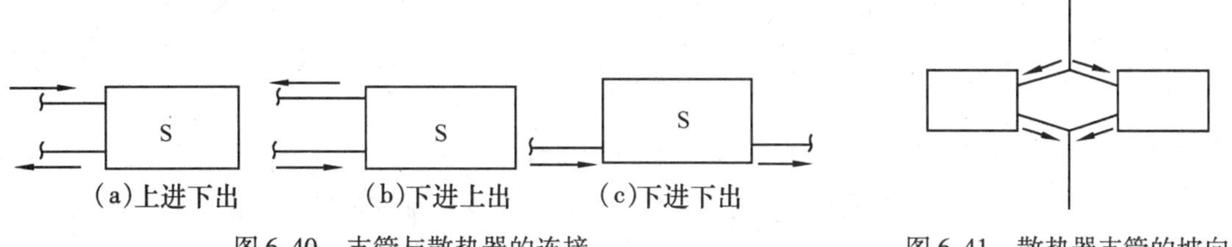

图6.40　支管与散热器的连接　　　图6.41　散热器支管的坡向

除上述内容外，采暖管道在布置和敷设时还要解决好防腐、保温和管道受热膨胀伸长等问题。

(2)室外管道布置与敷设

室外管道通常指从锅炉房或热交换站出来的接至建筑物之间的采暖管道。室外管道布置形式有枝状和环状两种，需要根据实际管网的可靠性、投资情况和运行控制便捷性来确定。布置时应在满足供热采暖要求的前提下，尽量简短。

管道的敷设应考虑当地气象、水文、地质、交通、绿化和总平面布置(包括其他各种管道的布置)、维修方便等因素，并做好经济比较。室外供热采暖管道的管材主要有焊接钢管、螺旋缝电焊钢管和无缝钢管，敷设方法有架空敷设、地下管道沟敷设、无沟直埋3种方式。如图6.42所示为预制保温管直埋敷设示意图。

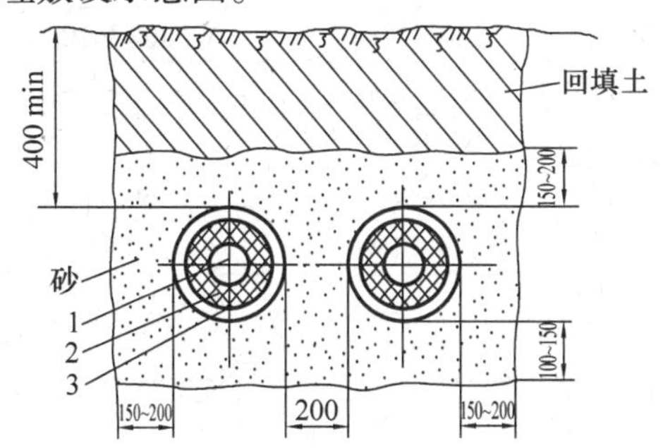

图6.42　预制保温管直埋敷设示意图

1—钢管；2—聚氨酯硬质泡沫塑料；3—高密度聚乙烯保护外壳

6.6.2　采暖系统的安装

(1)采暖系统安装的顺序及要求

室内采暖系统的安装一般按总管及其入口装置→干管→立管→散热器支管的施工顺序进行。除管道外，系统中还有散热器、集气罐、膨胀水箱、除污器、疏水器以及其他阀件和设备等。

安装工艺流程为:安装准备→管道预制加工→支架安装→干管安装→立管安装→支管安装→试压→冲洗→防腐→保温→调试

室内采暖管道安装的基本技术要求如下:

①管道安装时的坡度,如设计无明确规定时,可按下列要求执行:

a.气、水同向流动的热水管道及气、水同向流动的蒸汽和凝结水管道,坡度一般为0.003,但不得小于0.002。

b.气、水逆向流动的热水采暖管道和气、水逆向流动的蒸汽管道,坡度不得小于0.005。

c.散热器支管的坡度应为0.01,坡向应利于排气和泄水。

②管道从门窗或从其他洞口、梁、柱、墙垛等处绕过,其转角处如高于或低于管道的水平走向,在其最高点或最低点应分别安装排气和泄水装置,其目的是排除管道中的空气和最低处的脏物。

③管道穿过墙壁和楼板时,应设置铁皮或钢制套管。套管应符合下列规定:

a. 安装在楼板内的套管,顶部应高出地面20 mm,底部应与楼板底面平齐;在卫生间和厨房内应高出地面30 mm。套管内径比管子外径要大10 mm左右,其间隙内应均匀填塞石棉绳或油麻,套管外壁一定要卡牢塞紧,不允许随管道窜动。

b.安装在墙壁内的套管,其两端应与墙饰面平齐。

④采暖管道的安装,当DN≤32 mm时,宜采用螺纹连接;DN≥32 mm时,宜采用焊接或法兰连接。

⑤管道穿越基础、墙和楼板时应预留孔洞;如孔洞设计无要求,可参照表6.1进行预留。

表6.1　管道预留孔洞尺寸及距墙面净距 /mm

管道名称及规格		明管留孔尺寸 长×宽	暗管墙槽尺寸 宽×深	管外壁与墙面 最小净距
供热立管	$D≤25$	100×100	130×130	25~30
	$D=32\sim50$	150×150	150×130	35~50
	$D=70\sim100$	200×200	200×200	55
	$D=125\sim150$	300×300	—	60
两根立管	$D≤32$	150×100	200×130	—
散热器支管	$D≤25$	100×100	60×60	25~25
	$D=32\sim40$	150×130	150×100	30~40
供热主干管	$D≤80$	300×250	—	—
	$D=100\sim125$	350×300	—	—

⑥安装过程中,多种管道交叉时的避让原则是小管让大管、压力流管让重力流管,低压管让高压管,一般管道让通风管道等。

⑦立管管卡的安装,当层高不超出5 m,每层安装一个,距地面1.5~1.8 m;层高大于5 m时每层不得少于两个,应均匀安装。

(2)采暖管道的安装

1)总管安装

室内采暖管道以入口阀门或建筑物外墙皮1.5 m为界。室内采暖总管由供水(气)总管和回水(凝结水)总管组成,一般是并行穿越基础预留孔洞进入室内。按其供水方向看:右侧是供水总管,左侧是回水总管。两条管道上均应设置总控制阀或入口装置(减压、调压、疏水、测温、测压等装置),其目的是用于启闭和调节。

带有热计量装置的低温热水采暖入口安装如图6.43所示。

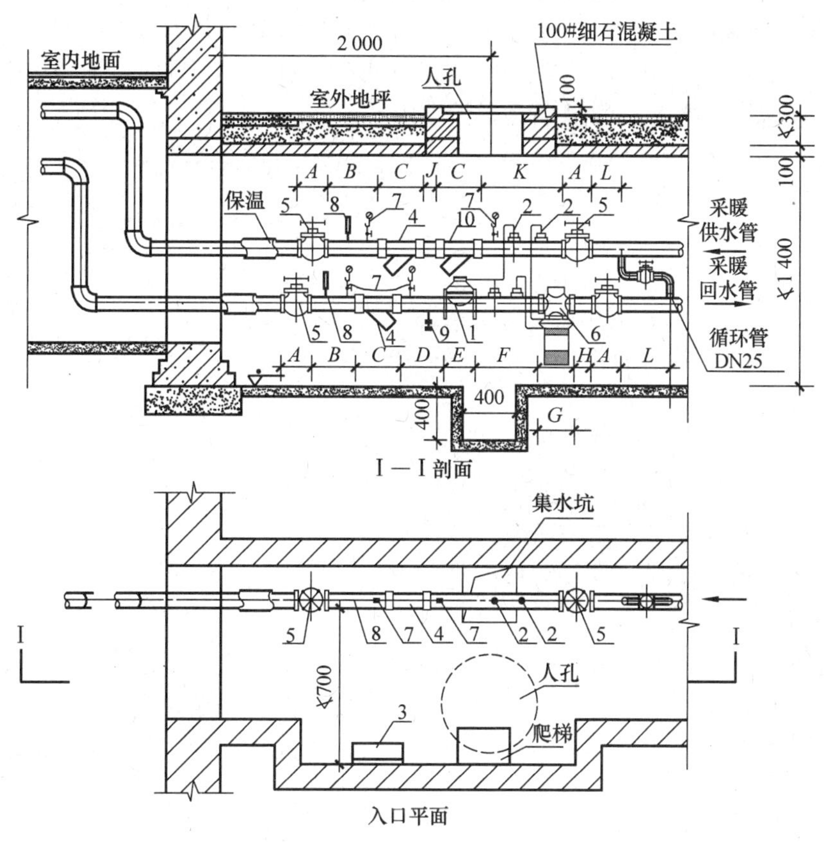

图6.43　热水采暖系统热力入口(地沟、检查井内)安装

1—流量计;2—温度、压力传感器;3—积分仪;4—水过滤器;5—截止阀;

6—自力式压差控制阀;7—压力表;8—温度计;9—泄水阀;10—水过滤器

2)总立管的安装

安装前,应检查楼板预留管洞的位置和尺寸是否符合要求。其方法是由上至下穿过孔洞挂铅垂线,弹画出总管安装的垂直中心线,作为总立管定位与安装的基准线。

总立管自下而上逐层安装,每安装一层总立管,应用角钢、U形管卡或立管卡固定,以保证管道的稳定及各层立管量尺的准确,使其保持垂直度。安装过程中应尽可能使用长管,减少接口数量。为便于焊接,接口应置于楼板上0.4~1.0 m处为宜。对于高层建筑,总立管底部应设刚性支座支承。

总立管顶部分为两个水平分支干管时,应考虑管道热膨胀的自然补偿,其安装方法如图6.44所示。

3)干管的安装

干管分为供热干管(或蒸汽干管)及回水干管(或凝结水干管)两种。按保温情况分为保温干管和不保温干管两种。当供热干管安装在地沟、管廊、设备层、屋顶内时应作保温。当明装于顶层板下和明装地面上时可不作保温。

干管的安装一般是按确定干管位置、画线定位、安装支架(如管卡、托架、吊架)、管道就位、管道连接、立管短管开孔焊接、水压试验、防腐保温等施工程序进行。

管子变径处,应采用偏心大小头连接;蒸汽管变径采用下偏心(低平),便于凝结水的排除,热水管采用上偏心(顶平)大小头,便于空气的排除,如图6.45所示。

一般水平干管采用角钢制托架支撑,再用U形管卡固定。固定时可用托架高度或管与托架接触面处垫钢板并焊接,以找正管道敷设坡度。

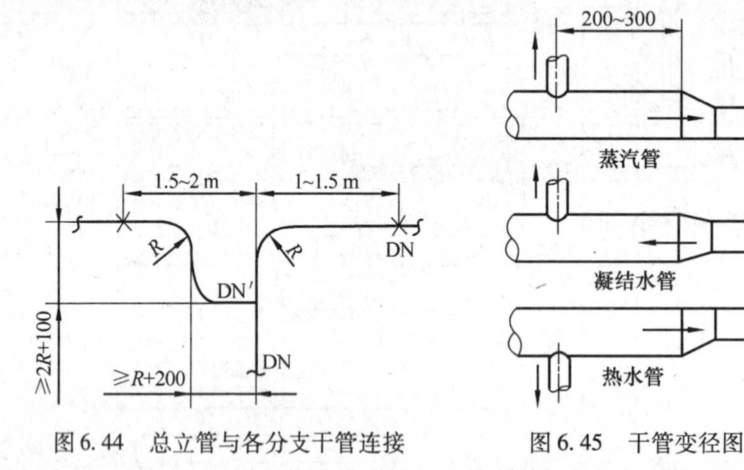

图6.44　总立管与各分支干管连接　　图6.45　干管变径图

4)立管的安装

采暖立管安装宜在各楼层地坪施工完毕或散热器挂装后进行,这样便于干管的预制和量尺下料。室内采暖立管有单管、双管两种形式;立管的安装有明装、暗装两种安装形式;立管与散热器支管的连接又分为单侧连接和双侧连接两种形式。因此,安装前均应对照图纸予以明确。

①确定立管的安装位置

立管的位置是由设计确定的,一般置于墙角处。为便于安装与维修,在确定立管的安装位置时,应保证与后墙有一定净距,同时,应与侧墙保持易于维修操作的距离,立管位置如图6.46所示。

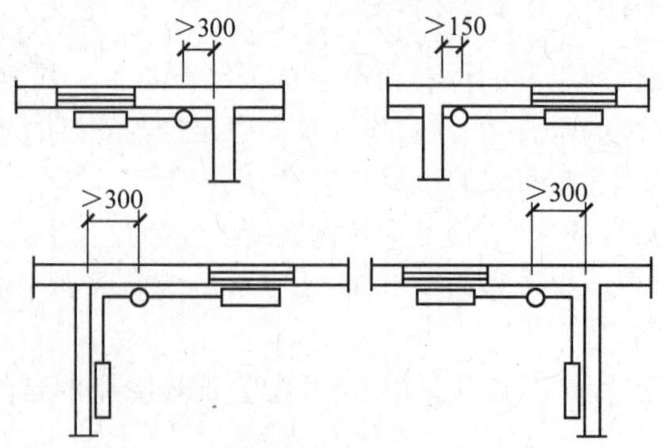

图6.46　采暖立管安装位置的确定

立管位置确定后,应打通各楼层立管上预留孔洞,自顶层向底层吊通线,用线坠控制垂直度,把立管的中心线弹画在后墙上,作为立管安装的基准线。根据立管与后墙面的净距,确定立管卡子的位置(距地面1.5~1.8 m),栽埋好管卡。

常见的立管卡和托钩如图6.47所示。

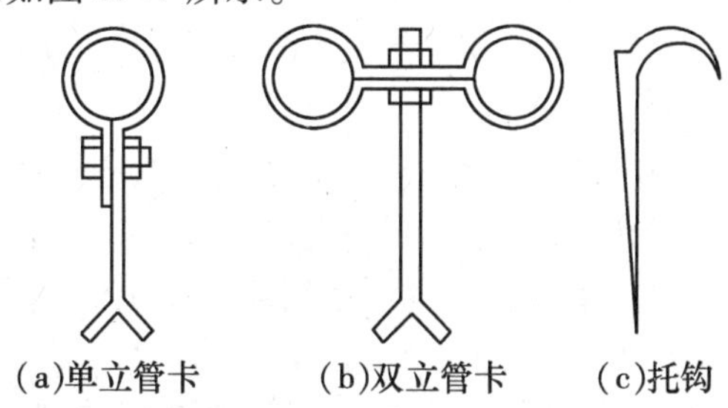

图6.47　立管卡、托钩

②立管与干管的连接

一般首先在干管上焊接短的螺纹管头,以便于立管螺纹连接,并根据立管长度采用2~3个弯头进行连接,如图6.48所示。当回水干管在地沟内接出采暖立管时,也应用2~3个弯头连接,并在立管的垂直底部安装泄水阀(或丝堵),如图6.49所示。对热水立管可以从干管底部引出;对于蒸汽立管,应从干管的侧部(或顶部)引出,如图6.50所示。

立管遇支管垂直交叉时,立管应该设半圆形让弯绕过支管,如图6.51所示。

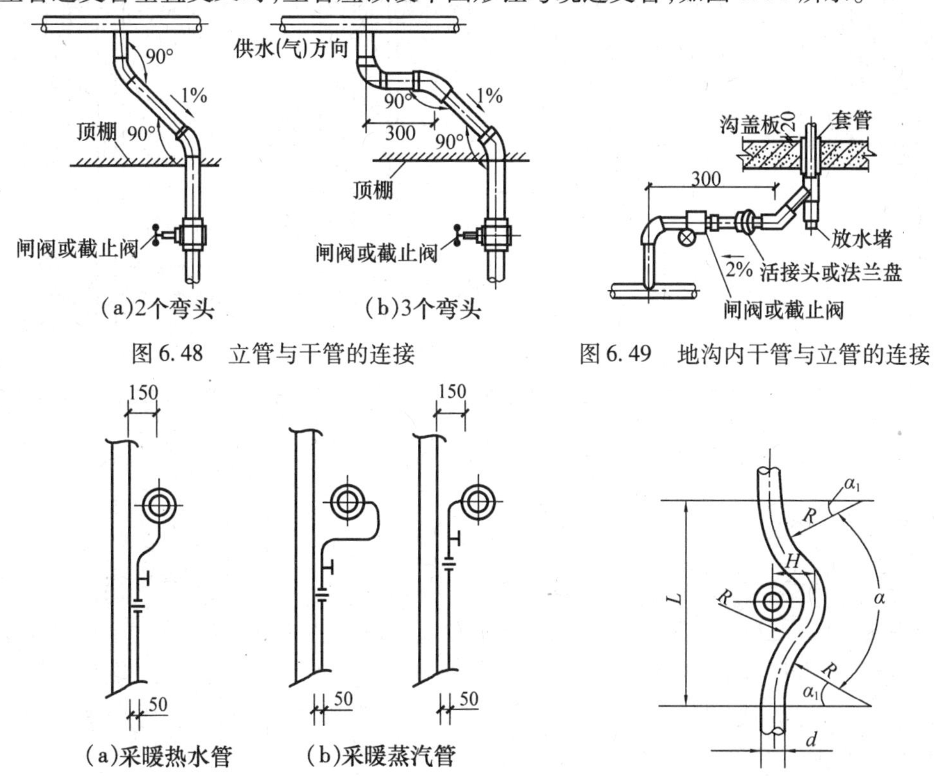

图6.48　立管与干管的连接

图6.49　地沟内干管与立管的连接

图6.50　采暖立管与顶部干管的连接

图6.51　弧形弯加工图

(3)散热器的安装

散热器支管安装一般是在立管和散热器安装完毕后进行。支管与散热器之间,不应强制进行连接,以免因受力造成渗漏或配件损坏;也不应通过调整散热器位置的办法,来满足与支管的连接,以免散热器的安装偏差过大。

1)散热器的定位

散热器的安装位置应根据设计图纸确定。有外墙的房间,一般将散热器垂直安装在房间外窗下;散热器的安装高度根据供回水管的连接方法及施工规范的规定来确定。

2)散热器的安装

待墙洞混凝土达到有效强度的75%后,就可将散热器抬挂在托钩上,并轻放。最后,当管道与各组散热器连接好以后,与管道一起再刷一道面漆。当散热器安装在钢筋混凝土墙上时,可用膨胀螺栓将托钩锚固在混凝土墙上。也可在钢筋混凝土墙上预埋钢板,安装散热器时把托钩焊在预埋钢板上。

散热器安装应着重强调其稳固性,支承件应有足够的数量和强度,支承件安装位置应保证散热器安装位置的准确。从安装的支承方式可分为直立安装、托架安装。如图6.52所示为铸铁散热器在承重墙上安装方式的示意图。

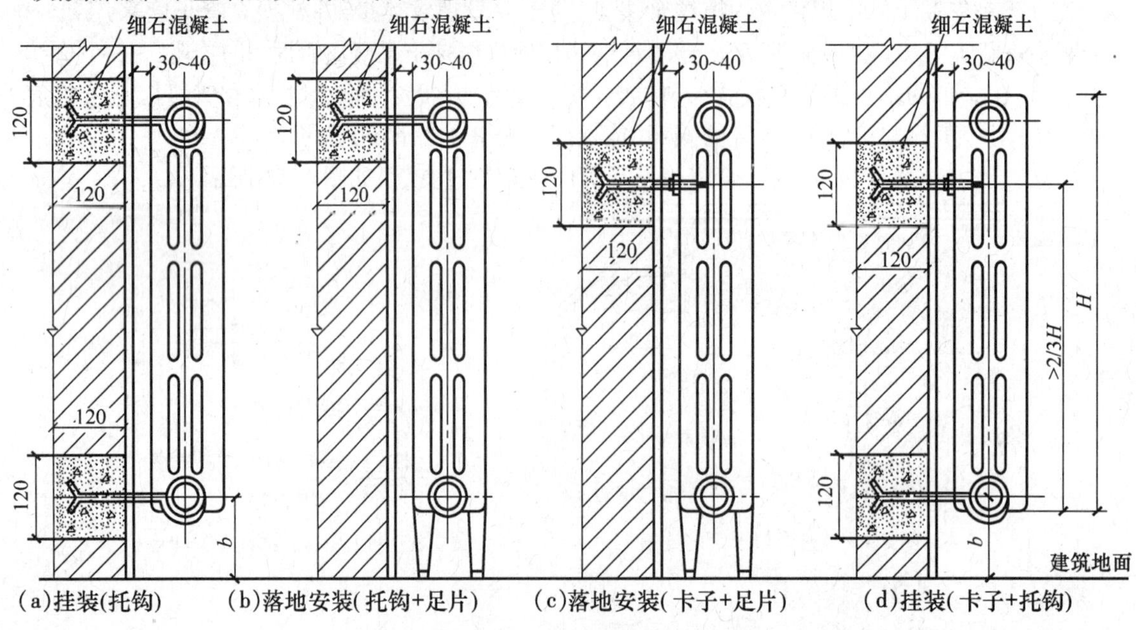

图6.52　铸铁散热器在承重墙上的安装

6.6.3　室内采暖系统的试压与清洗

室内采暖系统的试压应在管道和散热设备及附属设备全部连接安装完毕后进行。

室内采暖系统的试压包括两部分,即一切需要隐蔽的管道及其附件,在隐蔽前必须进行水压试验;系统的所有组成部分(管道及其附件、散热设备、水箱、水泵、除污器、集气装置等附属设备)安装完成后必须进行系统水压试验。前者称为隐蔽性试验,而后者称为最终试验。无论哪种试验都必须做好水压试验及隐蔽性试验记录。

(1)室内采暖系统试压

室内采暖管道的试验压力是由设计确定的,以不超过散热器能承受的压力为原则。当高层建筑底部散热器所受静水压力超过其承受能力时,水压试验应分区进行,即按楼层分区,进行两次以上的试验。系统的工作压力做严密性试验,工作压力由循环水泵扬程来确定。

水压试验时,先升压至试验压力 p_s,保持5 min,如压力降不超过0.02 MPa,则强度试验合格,降压至工作压力 p,保持此压力进行系统的全面检查,以不渗不漏为严密性试验合格。

系统试验时,应拆去压力表,打开疏水器旁通阀,关闭进口阀,不使压力表、减压器、疏水器参与试验,以防污物堵塞。

(2)室内采暖系统清洗

水压试验合格后,即可对系统进行清洗。清洗的目的是清除系统中的污泥、铁锈、沙石等杂物,以确保系统运行后介质流动通畅。

热水系统可采用水清洗,即将系统充满水,然后打开系统最低处的泄水阀门,让系统中的水连同杂物由此排出,这样反复多次,直到排出的水清澈透明为止。

蒸汽采暖系统可采用蒸汽清洗,清洗时,应打开疏水装置的旁通阀。送气时,送气阀门应缓缓开启,送气至排气口排出干净的蒸汽为止。

6.7 供暖系统施工图识读

6.7.1 室内供暖施工图的组成

室内供暖施工图一般由以下5部分组成:

(1)设计总说明

用文字对在施工图样无法表示出来而又非要施工人员知道不可的内容予以说明,如建筑物的供暖说明、热源种类、热媒参数、系统总热负荷、系统形式、进出口压力差、散热器形式和安装方式、管道敷设方式以及防腐、保温、水压试验的步骤以及要求等。

(2)平面图

平面图主要表示建筑物各层供暖管道与设备的平面布置以及管道的走向、排列和各部分的尺寸等。根据水平主管敷设位置的不同,供暖施工图应分层表示。平面图常用的比例有1:100、1:200和1:50,在图中均应注明。平面图主要反映以下内容:

①各层房间的名称、编号、散热器的类型、安装位置、规格、片数(尺寸)及安装方式等。

②供热引入口的位置、管径、坡度及采用的标准号、系统编号及立管编号。

③供回水总管、供水干管、立管和支管的位置、管径、管道坡度及走向等。

④补偿器的型号、位置及固定支架的位置。

⑤室内地沟(包括过门管沟)的位置、走向、尺寸。

⑥热水供暖系统中还要标明膨胀水箱、集气罐等设备的位置及其连接管,且注明其型号和规格。

⑦蒸汽供暖系统还应标明管线间及管线末端疏水装置的位置及型号、规格。

(3)系统图

供暖系统图是用来表明管道、设备的空间位置及连接形式的图样,其主要内容包括供暖系统中干管、立管和支管的编号、管径、标高、坡度,散热器的型号和数量,膨胀水箱、集气罐和阀件的型号、规格、安装位置及形式,节点详图的编号等。

(4)供暖详图

供暖详图是表示供暖工程局部的详细构造图样。包括标准图和非标准图。标准图的内容包括供暖系统及散热器的安装，疏水阀、减压阀和调压板的安装，膨胀水箱的制作和安装，集气罐的制作和安装等；非标准图的节点和做法要画出另外的详图。

(5)设备、材料表

设备、材料表是用表格的形式反映供暖工程所需的主要设备，各类管道、管件、阀门以及其他材料的名称规格、型号和数量。

6.7.2 供暖施工图识读方法

供暖施工图应按热媒在管内所走的路线顺序进行，即先找到系统热力入口，按水流方向识读即可。

(1)平面图的识读

室内供暖平面图主要表示供暖管道、散热器及附件在建筑平面图上的位置以及它们之间的相互关系，是施工图中的重要图样。平面图的阅读方法如下：

①首先查明热力入口在建筑平面上的位置、管道直径、热媒来源、流向、参数及其做法等，了解供热总干管和回水干管的出入口位置，供热水平干管与回水水平干管的分布位置及走向。若供暖系统为上行下给环形或双管供暖系统，则供热水平干管绘在顶层平面图上，供热立管与供热水平干管相连，回水干管绘在底层平面图上，回水立管与回水干管相连。若供气(水)干管敷设在中间层或底层，则分别说明是中供式或下供式系统。

②查看立管的编号，弄清立管的平面位置及其数量：供暖立管一般布置在外墙角，或沿两窗之间的外墙内侧布置。楼梯间或其他有冻结危险的场所一般均单独设置立管。

③查看建筑物内散热器的平面布置、种类、数量(片数)以及安装方式(即明装、暗装或半暗装)，了解散热器与立管的连接情况。

④了解管道系统上设备附件的位置与型号：对于热水供暖系统，要查明膨胀水箱、集气罐的平面位置、连接方式及型号。热水供暖系统的集气罐一般安装在供水干管的末端或供水立管的顶端，装于立管顶端的为立式集气罐，装于供水干管末端的则为卧式集气罐。

⑤查看管道的管径尺寸和敷设坡度：供热管的管径规律是入口的管径大，末端的管径小；回水管的管径规律是起点管径小，出口的管径大。管道坡度通常只标注水平干管的坡度。

⑥阅读"设计施工说明"，从中了解设备的型号和施工安装要求以及所采用的通用图等，如散热器的类型、管道连接要求、阀门设置位置及系统防腐要求等。

(2)系统图的识读

供暖系统图通常是用正面斜等轴测方法绘制的，表明从供热总管入口直至回水总管出口的整个采暖系统的管道、散热设备及主要附件的空间位置和相互连接情况。识读系统图时，应将系统图与平面图结合起来对照进行，以便弄清整个供暖系统的空间布置关系。识读系统图要掌握的主要内容和方法如下：

①查明热入口装置之间的关系，热入口处热媒的来源、流向、坡向、标高、管径以及热入口采用的标准图号或节点编号。如有节点详图，则要查明详细编号。

②弄清各管段的管径、坡度和坡向，水平管道和设备的标高以及各立管的编号：一般情况下，系统图中各管段两端均注有管径，即变径管两侧要注明管径。供水干管的坡度一般为0.003，坡向总立管。

③弄清散热器的型号、规格及片数：对于光管散热器，要查明其型号(A型或B型)、管径、

片数及长度;对于翼形或柱形散热器,要查明其规格、片数以及带脚散热器的片数;对于其他供暖方式,则要查明供暖器具的结构形式、构造以及标高等。

④弄清各种阀件、附件和设备在系统中的位置:凡系统图中已注明规格尺寸的,均须与平面图设备材料明细表进行核对。

6.7.3　供暖施工图识读训练

如图6.53—图6.56所示为某科研办公楼供暖工程施工图,它包括平面图(底层、二层和三层)和系统图。该工程由锅炉房通过室外架空管道集中供热,供回水温度95/70 ℃,管道的布置方式采用上行下给单管同程式系统。供热干管敷设在顶层顶棚下,回水干管敷设在底层地面上(跨门部分敷设在地下管沟中)。散热器采用4柱813型,均明装在窗台之下。供热干管从办公楼东南角标高3.000 m处架空进入室内,然后向北通过控制阀门沿墙布置至轴线①和轴线③墙角处抬头,穿越楼层直通顶层顶棚下标高10.20 m处,由竖直而折向水平,向西环绕外墙内侧布置,后折向南再折向东形成上行水平干管,然后通过各立管将热水供给各层房间的散热器。供暖平面图表达了底层、二层和三层散热器的布置状况及各组散热器的片数。三层平面图表示出供热干管与各立管的连接关系;二层平面图只画出立管、散热器以及它们之间的连接支管,说明并无干管通过;底层平面图表示了供热干管及回水干管的进出口位置、回水干管的布置及其与各立管的连接。从供暖系统图可清晰地看到整个供暖系统的形式和管道连接的全貌,而且表达了管道系统各管段的直径,每段立管两端均设有控制阀门,立管与散热器为双侧连接,散热器连接支管一律采用DN15(图中未注)管子。供热干管和回水干管在进出口处设有总控制阀门,供热干管末端设有集气罐,集气罐的排气管下端设一阀门,供热干管采用0.003的坡度抬头走,回水干管采用0.003的坡度低头走。

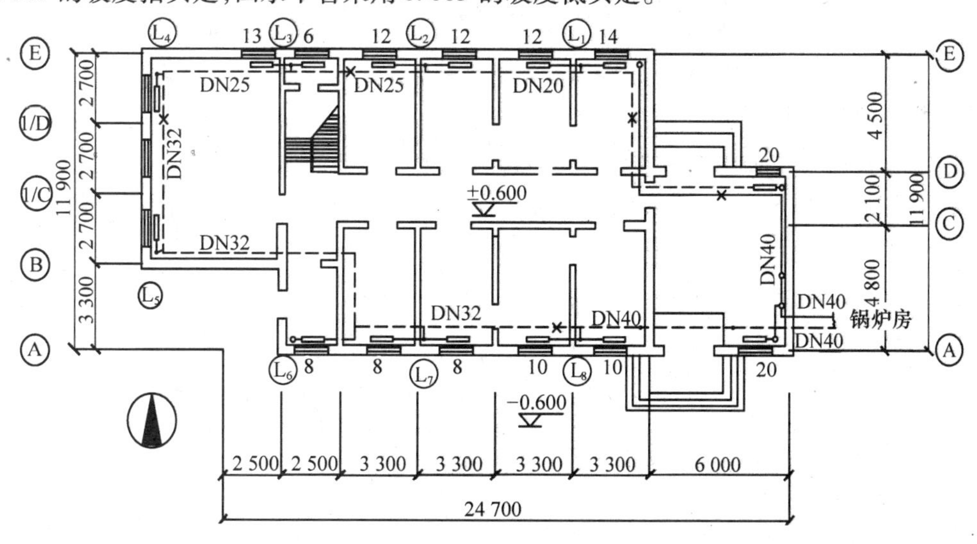

图6.53　底层供暖平面图

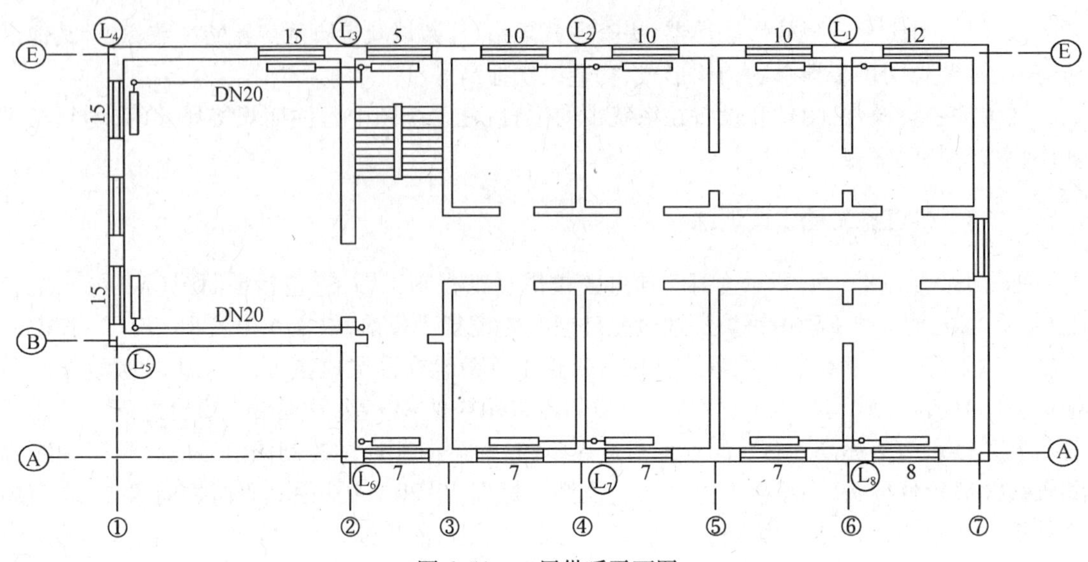

图 6.54　二层供暖平面图

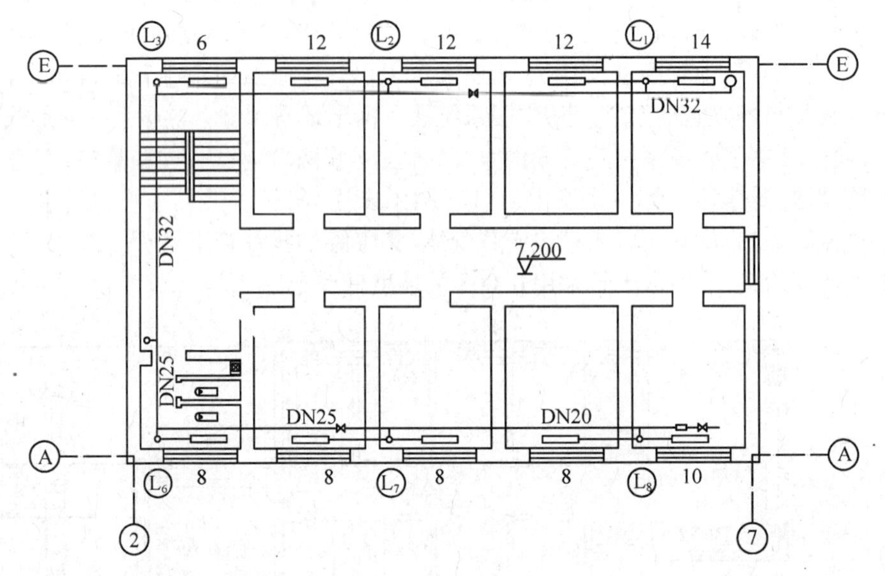

图 6.55　三层供暖平面图

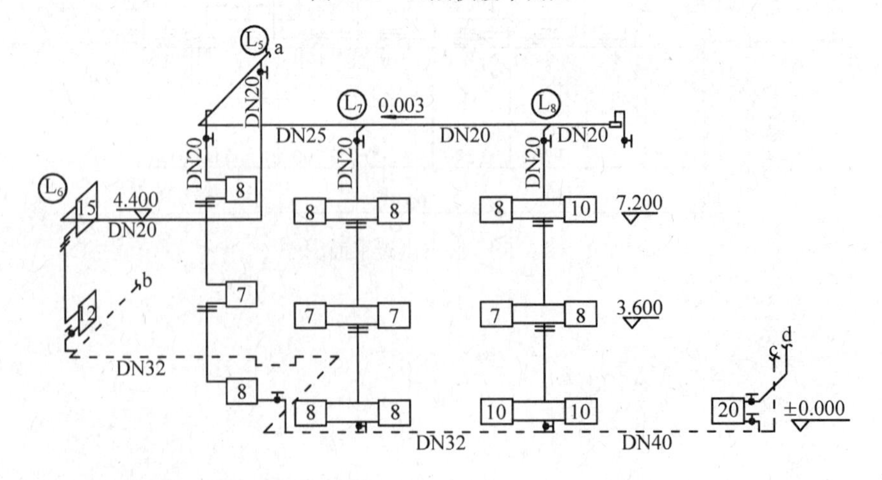

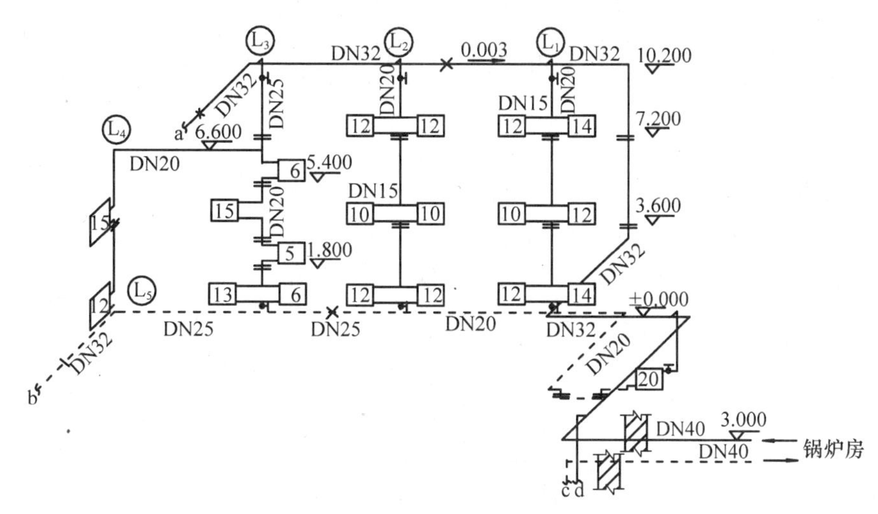

图6.56　供暖系统轴测图

6.8　室内燃气供应系统

6.8.1　燃气的特点与分类

相比于固体燃料,燃气具有热能利用率高、清洁卫生、便于输送、对环境污染小等优点。但是也应注意,当燃气和空气混合到一定比例时,遇到明火会发生燃烧和爆炸;燃气还具有强烈的毒性,容易引起窒息和中毒事故;燃气管道含有足够的水分时将生成水化物,由此会缩小过流断面甚至堵塞管线等。因此,在燃气供应技术中,应有效而经济地克服燃气供应中的消极、不利因素,安全、卫生地发挥其优点。

燃气按来源不同,分为人工煤气、液化石油气和天然气3类。

(1)人工煤气

人工煤气是将矿物燃料(如煤、重油等)通过热加工而得到的。有硫化氢、苯、奈、氨气、焦油等杂物,具有刺鼻的气味和毒性,容易腐蚀及阻塞管道。因此,需要净化后才能使用。

(2)液化石油气

液化石油气是对石油进行加工处理中(如减压、蒸馏、催化裂化、铂重整等)所获得的副产品。其主要成分是丙烷、丙烯、正(异)丁烷、正(异)丁烯等。在标准状况下呈气态,而在温度低于临界值时或压力升至某一数值时呈液态。

(3)天然气

天然气一般分为以下两类:

①从天然气田开采出来的可燃气体,称为干天然气。

②从石油产区和伴随石油一起开采出来的石油蒸汽,称为伴生天然气。

天然气中的主要成分是甲烷,含量可达80%～90%,其余为乙烷等饱和碳氢化合物,还有重碳氢化合物以及少量的硫化氢及惰性气体等。

6.8.2 室内燃气管道系统的结构组成

室内燃气供应系统由用户引入管、室内燃气管网(包括水平干管、立管、水平支管、下垂管、接灶管等)、燃气计量表、燃气用具等组成。如图6.57所示为室内燃气管道系统图。

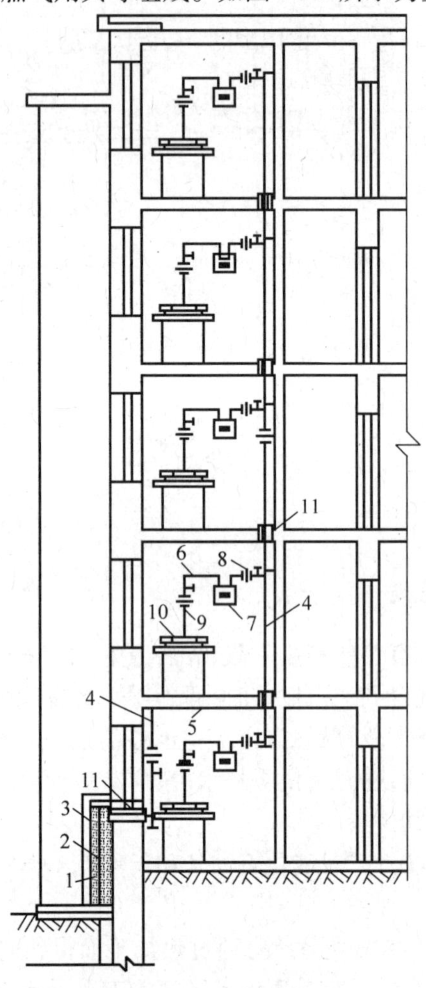

图6.57 室内燃气管路系统

1—用户引入管;2—砖台;3—保温层;4—立管;5—水平干管;6—用户支管;7—燃气计量表;8—旋塞及活接头;9—用具连接管;10—燃气用具;11—套管

从室外庭院或街道低压燃气管网接至建筑物内燃气阀门之间的管段称为用户引入管。引入管一般从建筑物底层楼梯间或厨房等靠近燃气用具处进入,引入管可穿越建筑物基础也可从地面以上穿墙引入室内,但裸露在地面以上的管段必须有保温防冻措施,如图6.58所示。引入管应有不小于3‰的坡度;在引入管室外部分距建筑物外围结构2 m以内的管段不得有接头而采用揻弯,以保证安全;引入管上的总阀门可设在总立管上或是水平干管上;引入管管径应由计算确定,但不能小于DN25 mm。

水平干管多敷设在楼梯间、走廊或辅助房间内。燃气立管一般布置在用气房间、楼梯间或走廊内,可以明装或暗装。超过100 m的高层建筑中的燃气立管应设置伸缩器。立管上引出的水平支管一般距室内地平1.8~2.0 m,低于屋顶0.15 m;至各燃气用具的分支立管上应设启闭阀门,安装高度为距地面1.5 m左右;所有的水平立管应有不小于2‰~5‰的坡度,坡向立管或引入管。

所有室内燃气管道不得穿过易燃易爆仓库、变电室、卧室、浴池、厕所、空调机房、防烟楼梯间、电梯间及其前室等房间,也不得穿越烟道、风道、垃圾道等处,否则必须设套管保护。燃气管在穿越建筑物基础、楼板、隔墙时也应设套管。所有套管内的燃气管内不能有接头。

室内燃气管道可采用水煤气管或镀锌钢管,可用丝扣连接,只有当管径大于65 mm时或特殊情况下用焊接。安装完成后要按规定进行强度和气密性实验。

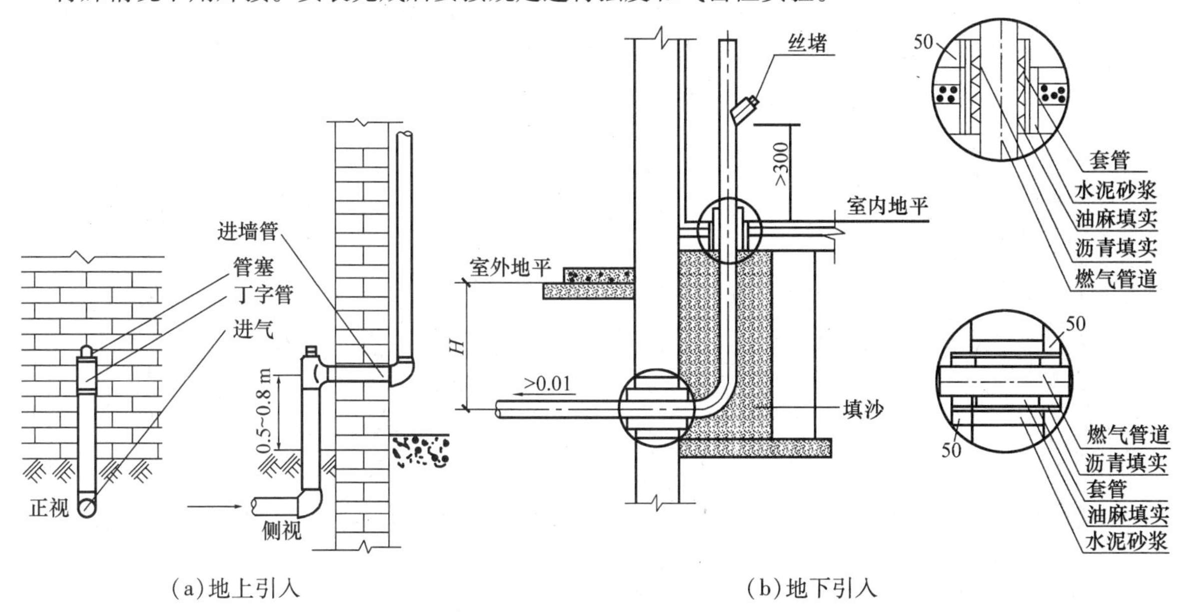

图6.58 引入管敷设法

6.8.3 燃气用具

生活用燃气用具包括燃气计量表、灶具、液化石油气供应瓶、角阀等。

(1)燃气计量表

燃气计量表俗称煤气表,按燃料种类可分为煤气表、液化石油气燃气表和两用燃气表;按工作原理分为容积式、流速式两种;按形式分为湿式和干式。几类常用的燃气计量表如图6.59所示。其中,低压燃气系统常采用容积式干式皮囊或湿式罗茨流量计;中压输气系统多采用罗茨流量表或流速式孔板流量计;家用燃气计量常采用皮囊式燃气表。

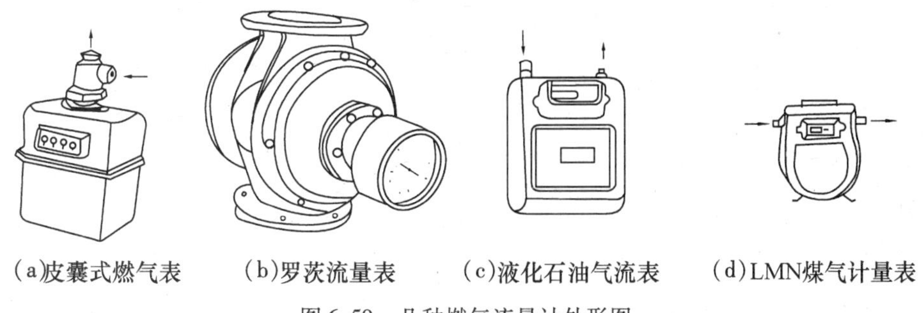

图6.59 几种燃气流量计外形图

(2)灶具

民用生活用灶具样式繁多,表 6.2 为几种国产家用灶具的主要技术性能参数和尺寸。

表 6.2 几种家用灶具的主要技术性能参数

名 称	适用燃气种类	喷嘴直径/mm	热负荷/W	进口连接胶管内径/mm	灶孔中心距/mm	外形尺寸 长×宽×高/mm	生产厂家
YZ-1 型搪瓷单眼灶	液化石油气	ϕ0.9	9 200	ϕ9.0	—	345×252×97	北京市煤气用具厂
上海单眼灶	液化石油气	ϕ1.0	11 700	ϕ10.0	—	360×250×95	上海煤气公司表具厂
YZ-1 型双眼灶	焦炉煤气	ϕ0.9	2×11 700	ϕ9.0	400	660×330×125	北京市煤气用具厂
双眼灶	液化石油气	ϕ0.9	2×9 200	ϕ9.0	420	680×365×660	北京市煤气用具厂
YZ-2A 型双眼灶	液化石油气	ϕ0.9	2×9 200	ϕ9.5	420	680×365×660	天津市煤气用具厂
搪瓷双眼灶	焦炉煤气	大 ϕ3.4 小 ϕ1.2	2×10 600	ϕ9.0	396	630×230×120	上海煤气公司表具厂

注:灶前燃气额定压力除上海单眼灶为(250±50)mmH_2O,搪瓷双眼灶为(100±50)mmH_2O 外均为(280±50)mmH_2O。

(3)液化石油气供应瓶

液化石油天然气供应瓶简称钢瓶,是储装液化石油气的专用压力容器。钢瓶储装液化气具有运输方便、简单经济等优点。按其容量大小,钢瓶的充气量有 10 kg、15 kg、50 kg 这 3 种。表 6.3 为几种钢瓶的规格和主要技术特性参数。目前,居民用户钢瓶供应多为单瓶供应。单瓶供应设备由钢瓶、调压器、燃具以及耐油连接胶管和金属管组成。钢瓶应置于厨房或用气房间。钢瓶与燃具、散热器等的水平净距不小于 1 m,耐油胶管不得穿越门、窗或墙壁。双瓶供应时可将钢瓶一备一用。两钢瓶之间也可安装自动切换调压器。对于用气量很大的住宅楼、高层民用住宅或生活小区的燃气供应,可采用储罐供应设备,用管网集中供气。

表 6.3 钢瓶型号及主要特性参数

技术参数	型 号		
	YSP-10	YSP-15	YSP-50
筒体内径/mm	314	314	400
几何容积/L	23.5	35.5	118
钢瓶高度/mm	534	680	1 215
底座外径/mm	240	240	400
护罩外径/mm	190	190	—
设计压力/MPa	16	16	16
允许充装量/kg	10	15	50
使用温度/℃	-40~60	-40~60	-40~60

复习与思考题

1. 按热媒和散热方式不同,采暖系统可以分为哪几类?

2. 机械循环热水采暖系统的基本组成有哪些?对比说明上供下回系统与下供下回系统、同程式系统与异程式系统的优缺点。

3. 供暖系统中的排气装置和除污器各有什么作用?一般安装在哪些位置?

4. 铸铁散热器与钢制散热器相比有何优缺点?

5. 室外供热管道有几种敷设方式?它们各用于什么场合?

6. 供热管道的补偿器有几种?它们各有哪些安装特点?

7. 简述室内采暖管道安装的基本技术要求。

8. 供暖施工图由哪几部分组成?怎样识读供暖工程施工图?

第7章 通风与空调工程

7.1 概　述

7.1.1 通风与空调系统的作用、意义

通风与空气调节是空气换气技术，它采用某些设备对空气进行适当处理（热、湿处理和过滤净化等）后，通过对建筑物进行送风和排风，来保证人们正常生活或生产提供所需的空气环境，同时保护大气环境。其包括通风和空气调节（简称空调）两部分。

所谓通风，就是把室外的新鲜空气经过一定的处理（如过滤、加热）后送到室内，把室内产生的污染气体经过处理达到排放标准后排入大气，从而保证室内空气环境的卫生标准和大气环境。

通风的主要功能如下：

①提供人呼吸所需要的氧气。

②稀释室内污染物或气味。

③排除室内工艺过程产生的污染物。

④除去室内多余的热量（称余热）或湿量（称余湿）。

⑤提供室内燃烧设备燃烧所需的空气。

对于一般的民用建筑和一些发热量小而且污染轻微的小型工业厂房，通常只要求保持室内的空气清洁，并在一定程度上改善室内空气的温度、相对湿度和流动速度等基本气象参数。为此一般只需要采取一些简单的措施，如通过门窗孔口换气、利用穿堂风降温、使用电风扇提高空气的流动速度等。在这些情况下，不论是进风还是排风，均不作处理。

在工业厂房里，伴随着生产过程散发出大量的热、湿、各种工业粉尘以及有害气体和蒸汽等。对这种情况，如不采取防护措施，势必恶化车间的工作环境，危害工人的身体健康，影响生产的正常进行；损坏机具设备和建筑结构；使大量的工业粉尘和有害气体排入大气中，必然导致大气污染。这时的通风任务就是要对工业有害物采取有效的防护措施，以消除其对工人健康和生产的危害，创造良好的劳动条件，这类通风通常称为“工业通风”。

空气调节是由通风发展而来的，通风与空调既有区别又有联系。空气调节是指在建筑物封闭状态下，按室内人员或生产过程、产品质量的要求，用人工的方法通过空气的过滤净化、加热、冷却、加湿、去湿等工艺过程，对空气的温度、湿度、洁净度、气流速度、噪声、气味等进行控制，达到一定要求，并提供足够的新鲜空气而进行的通风。换言之，就是在任何自然环境下，都将室内空气维持在所要求的参数范围内，故又称空调为室内环境控制系统。

空气调节房间大多主要控制空气的温度和相对湿度。在不同的场合，对上述各项参数的要求有不同的侧重。对温度和相对湿度的要求，常用空调基数和空调精度表示。前者是要求保持的室内温度和相对湿度的基准值，后者是允许工作区内控制点的实际参数偏离基准参数的差值。如温度 $t_n=(20\pm0.5)$℃和相对湿度 $\phi_n=50\pm5\%$，其中，$t_n=20$ ℃和 $\phi_n=50$ 是空调基数，$\Delta t_n=0.5$ ℃和 $\Delta\phi_n=\pm5\%$ 是允许波动的范围。需要严格控制温度和相对湿度恒定在一定范围的空调工程（如机械工业的精密加工车间、精密装配车间以及计量室、刻线室等），通常称为“恒温恒湿”空调。就恒温而言，按允许波动范围的大小，一般分为 $\Delta t_n\geqslant\pm0.5$ ℃，$t_n=\pm0.5$ ℃和$\Delta t_n=\pm(0.1\sim0.2)$℃的精密级别。不要求温度、湿度恒定，而以夏季降温为主，用来满足人体舒适性要求的空调，称为一般空调或舒适性空调。

有些工艺过程，不仅要求一定的温度、湿度，而且对空气的含尘量和尘粒大小有要求，称为净化空调。

7.1.2　建筑空间空气的卫生条件

人们在室内生活和生产过程中都渴望其所在建筑物不但能挡风避雨，而且要舒适、卫生。影响环境条件的因素很多，其中空气卫生条件中有下列几种空气参数与人体生理有密切关系：

(1)供氧量

人们从清洁、新鲜、富氧的空气中吸入氧气，然后由呼吸道输送到肺部，肺表面上微小的气泡通过薄膜被血液吸收，交换出 CO_2，并被分配到身体各组织，身体各组织用氧气来分解养料形成热能和机械能。因此，氧气是人生存的基本要素，必须向建筑物内提供人们所需要的新鲜空气，对于有污染的工业厂房和民用、公共建筑均须提供足够的新风。

(2)温度

人体与周围环境之间存在着热量传递，这是一个复杂的过程，与人体的表面温度、环境温度、空气流动速度、人的衣着厚度和劳动强度及姿势等因素有关，在正常情况下，人体依靠自身的调节机能使自身的得热、失热维持平衡，具有稳定的体温。舒适温度的标准往往因人而异，在较暖和的环境中，人体内部血管扩张使较多的血液流至人体表面，热量易于散发。因此，在建筑通风设计计算中应根据当地气候条件、建筑物的类型、服务对象等条件选取适宜的室内计算温度。

(3)相对湿度

人体在气温较高时需要更多的蒸发，以保持体温和生理平衡，这时相对湿度便十分重要。据国外有关调查研究表明，当气温高于22 ℃时，相对湿度不宜超过50%。相对湿度的设计极限应该从人体生理需求和承受能力来确定。在某些生产车间设计中，相对湿度除了考虑人体舒适的需求外，还应兼顾生产工艺的特殊要求。

(4)空气流动速度

人体周围空气的流动速度是影响人体对流散热和水分蒸发的主要因素之一，因此，舒适条件对室内空气流动速度也有所要求。气流流速过大会引起吹风感,尤其是冷空气流速偏大时,若冷刺激超过一定限度将引起血管收缩,使人体表面温度失调,产生不舒适感;而气流流速过小时会产生闷气、呼吸不畅的感觉。气流流速的大小还直接影响到人体皮肤与外界环境的对流换热效果,流速增大时对流换热速度加快,气流流速减慢时对流换热速度减小。

(5)空气中有害物浓度、卫生标准和排放标准

空气中有害物对人体的危害取决于这些有害物的物理化学性质和在空气中的含量。衡量有害物在空气中含量的多少一般是以浓度来表示。有害物的浓度是指单位容积空气中所含有害物质的质量或体积,前者称为质量浓度,以 $kg/m^3_{空气}$ 计量;后者称为体积浓度,以 $mL/m^3_{空气}$ 计量。含尘空气的粉尘含量也用同样的方法表示。

我国颁布的卫生标准,对室内空气中有害物质的最高允许浓度及居民区大气中有害物质的最高允许浓度作了规定。其中有害物质的最高允许浓度的取值,是基于工人在此浓度下长期从事生产劳动而不致引起职业病的原则而制订的。

为了防止工业废水、废气、废渣(以下简称"三废")对大气、水源和土壤的污染,保护生态环境,我国还颁发了《工业"三废"排放试行标准》,对13类有害物质的排放量和排风系统排入大气的有害物质排放浓度都作了具体规定。

7.2 通风系统的分类与组成

7.2.1 通风系统的组成

通风主要就是更换室内空气,根据空气传输方向分为排风和送风,由排风和送风设置的管道及设备等组成的装置分别称为排风系统和送风系统,统称为通风系统。如图7.1所示,通风系统主要由空气处理设备(包括空气的过滤、除尘设备等)、送风机或排风机、风道及风口、排气罩、风帽等组成。

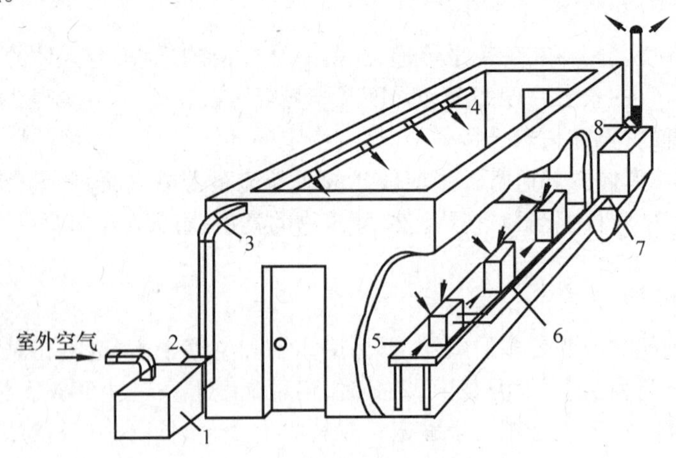

图7.1 工业通风系统示意图

1—空气处理室;2—送风机;3—风道;4—送风口;
5—吸尘罩;6—风道;7—除尘器;8—排风机

7.2.2　通风系统的分类

通风系统主要有以下两种分类方法：

(1)按通风系统作用范围分类

1)全面通风

全面通风是对整个房间进行通风换气，用送入室内的新鲜空气把房间内的有害物浓度稀释到卫生标准的允许浓度以下，同时把室内被污染的空气直接或经过净化处理后排放到室外大气中去。

2)局部通风

局部通风是采用局部气流，使局部工作地点不受有害物的污染，从而造成良好的局部工作环境。与全面通风相比，局部通风除了能有效地防止有害物质污染环境和危害人们的身体健康外，还可以大大减少有害物所需的通风量，是一种较为经济的通风方式。

(2)按照通风系统的作用动力分类

1)自然通风

自然通风是利用室外风力造成的风压以及由室内外温度差和高度差产生的热压使空气流动的通风方式，特点是结构简单、不用复杂的装置和消耗能量。因此，它是一种较为经济的通风方式，但该通风方式的可靠性较差，如图7.2(a)所示。

2)机械通风

机械通风是依靠风机提供的动力使空气流动从而进行送风或排风，是一种比较常用的通风方式，性能可靠，但运行过程的耗能较自然通风大，如图7.2(b)所示。

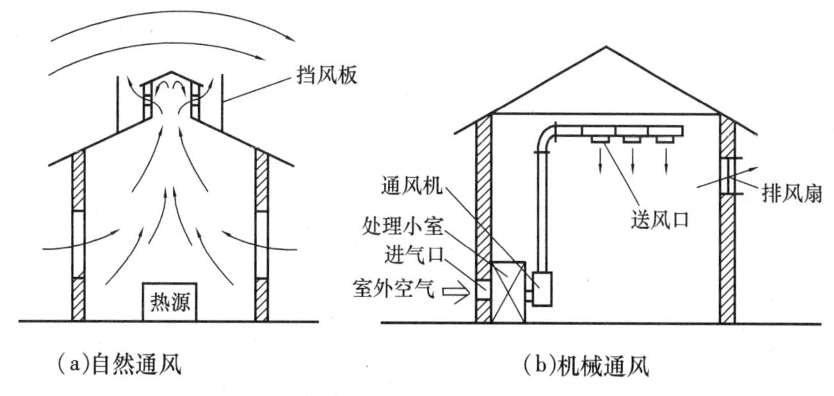

(a)自然通风　　(b)机械通风

图7.2　自然通风和机械通风示意图

7.3　通风系统常用设备与构件

7.3.1　室内送、排风口

室内送、排风口的位置决定了通风房间的气流组织形式。室内送风口的形式有多种，如图7.3所示。最简单的形式就是在风道上开设孔口，孔口可开在侧部或底部，用于侧向和下向送风。如图7.3(a)所示的送风口没有任何调节装置，不能调节送风流量和方向；如图7.3(b)所示为插板式风口,插板可用于调节孔口面积的大小,这种风口虽可调节送风量,但不能控制气流的方向。常用的送风口还有百叶式送风口,如图7.4所示。对于布置在墙内或暗装的风道可采用这种送风口,将其安装在风道末端或墙壁上,百叶式送风口有单、双层和活动式、固定式之分,双层式不但可以调节风向也可以调节送风速度。

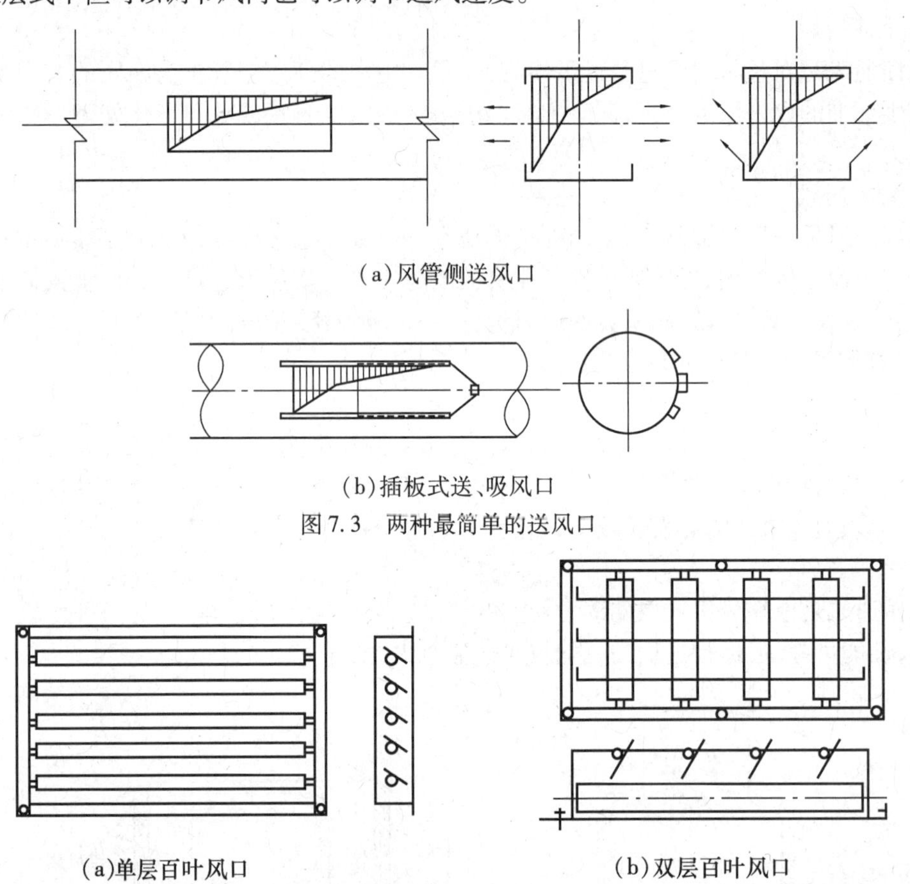

(a)风管侧送风口

(b)插板式送、吸风口

图7.3　两种最简单的送风口

(a)单层百叶风口

(b)双层百叶风口

图7.4　百叶式送风口

在工业车间中往往需要大量的空气从较高的上部风道向工作区送风,而且为了避免工作地点有"吹风"的感觉,要求送风口附近的风速迅速降低,在这种情况下常用的室内送风口形式是空气分布器,常见的几类空气分布器如图7.5所示。

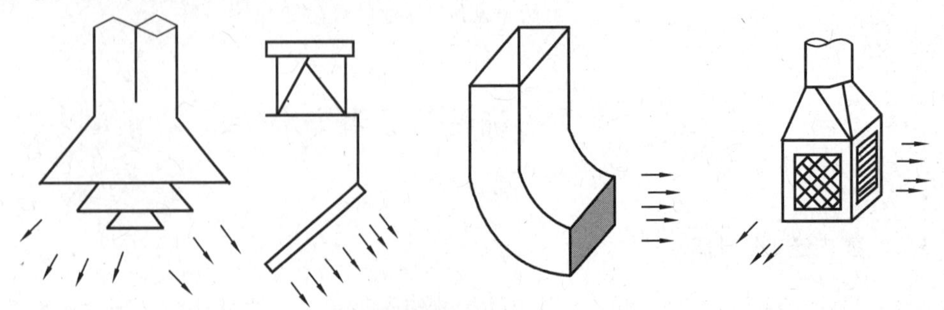

图7.5　空气分布器

室内排风口一般没有特殊要求,其形式种类也很多,通常采用单层百叶式送风口,有时也采用水平排风道上开孔的孔口排风形式。

7.3.2　室外送、排风装置

(1)室外送风装置

室外送风口是通风和空调系统采集新鲜空气的入口。根据送风室的位置不同,室外送风口可采用竖直风道塔式送风口,如图 7.6 所示,图 7.6(a)是贴附于建筑物的外墙上,图 7.6(b)是制成离开建筑物而独立的构筑物。

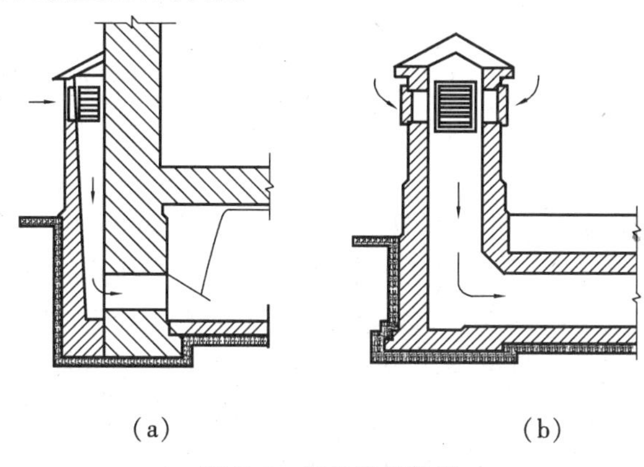

(a)　　(b)

图 7.6　室外送风装置

室外送风口的位置应满足以下要求:

①设置在室外空气较为洁净的地点,在水平和垂直方向上都应远离污染源。

②室外送风口下缘距室外地坪的高度不宜小于 2 m,并应装设百叶窗,以免吸入地面上的粉尘和污物,同时可避免雨、雪的侵入。

③用于降温的通风系统,其室外送风口宜设在背阴的外墙侧。

④室外进风口的标高应低于周围的排风口,宜设在排风口的上风侧,以防吸入排风口排出的污浊空气。当进、排风口的水平间距小于 20 m 时,进风口应比排风口至少低 6 m。

⑤屋顶式进风口应高出屋面 0.5 ~ 1.0 m,以防吸进屋面上的积灰和被积雪埋没。

室外新鲜空气由送风装置采集后直接送入室内通风房间或送入进风室,根据用户对送风的要求进行预处理。机械送风系统的进风室多设在建筑物的地下室或底层,也可以设在室外进风口内侧的平台上。

(2)室外排风装置

室外排风装置的任务是将室内被污染的空气直接排到大气中去。管道式自然排风系统和机械排风系统的室外排风口通常是由屋面排出,也有由侧墙排出的,但排风口应高出屋面。一般情况下,室外排风口应设在屋面以上 1 m 的位置,出口处应设置风帽或百叶风口。

7.3.3　风道

(1)风道的材料及保温

在通风空调工程中,管道及部件主要用普通薄钢板、镀锌钢板制成,有时也用铝板、不锈钢板、硬聚氯乙烯塑料板及砖、混凝土、玻璃、矿渣石膏板等制成。

风道的断面形状有圆形和矩形。圆形风道的强度大、阻力小、耗材少,但占用空间大,不易与建筑配合。对于流速高、管径小的除尘和高速空调系统，或需要暗装时可选用圆形风道。矩形风道易于与建筑结构配合，便于加工。对于低流速、大断面的风道多采用矩形风道。

风道在输送空气过程中，如果要求管道内空气温度维持恒定，应考虑对风道进行保温处理。保温材料主要有软木、泡沫塑料、玻璃纤维板等，保温层厚度应根据保温要求进行计算，或采用带保温的通风管道。

(2)风道的水力计算

风道水力计算的目的是确定风道的断面面积，并计算风道的阻力损失，从而确定通风机的型号。风道水力计算是在通风系统设备、构件、管道均已选定、布置完成且风量已计算确定之后，按照系统轴测图进行计算的。其计算多采用假定流速法，下面介绍计算步骤和方法：

①根据通风系统平面布置图绘制系统轴测图，并对计算管路进行分段、编号，注明各管段的长度和风量。

②选择风道的各管段的流速值。风道中空气流速选取偏大可以减小风道截面，从而降低风道造价和减少占用空间，但却增大了空气流动阻力损失，增加风机消耗的电能，产生的噪声也较大；反之，如果流速选取得偏低，则会增加系统的造价和降低运行费用。因此，对流速的选定应该进行全面的技术经济比较综合考虑，其原则是使通风系统的初期投资和运行费用最经济，同时也要兼顾噪声和布置方面的因素，一般可参考表7.1中的数值。

表7.1　风道中的空气流速/($m \cdot s^{-1}$)

类　别	管道材料	干　管	支　管
工业建筑机械通风	薄钢板	6~14	2~8
工业辅助及民用建筑	砖、混凝土等	4~12	2~6
自然通风		0.5~1.0	0.5~0.7
机械通风		2~5	2~5

注：除尘系统中的空气流速，应根据避免粉尘沉积，以及尽可能减少流动阻力和对系统磨损的原则来确定。根据粉尘的不同，一般在12~23 m/s范围内。

③计算各管段的断面积F。风道断面积F可确定为

$$F=\frac{L}{3\ 600v} \tag{7.1}$$

式中　L——风道内的通风量，m^3/h；

v——风道内的空气流动速度，m/s。

确定风道断面尺寸时应采用统一规格。顺便指出，无论在工业通风或空气调节系统中，风道的截面积一般都比较大，这和供暖以及室内给排水工程的情况大不相同。用钢板或塑料板制作的风道，截面积的范围如下：圆形风道为100~2 000 mm；矩形风道为$A \times B$=120 mm×120 mm~2 000 mm×1 250 mm；其他非金属管道的最小截面积为$A \times B$=100 mm×100 mm(砖砌风道为1/2砖×1/2砖)。

④按风道的实际流速值求出计算管路的阻力损失。阻力损失包括沿程阻力损失和局部阻力损失两种，计算公式分别为

$$\Delta P_y = \lambda \frac{L}{4R}\frac{v^2}{2}\rho \tag{7.2}$$

$$\Delta P_j = \zeta \frac{v^2}{2}\rho \tag{7.3}$$

式中　ΔP_y、ΔP_j——风道的沿程阻力损失、局部阻力损失，Pa；

λ、ζ——风道的沿程、局部阻力系数；

R——风道的水力半径，m；

L——风道的长度，m；

v——风道内的风速，m/s；

ρ——空气密度，kg/m³。

为简化计算，水力计算时可直接查用通风管道计算表或计算图，详见《采暖通风设计手册》。

⑤对并联管路进行阻力平衡。各并联管路的阻力损失之差值，一般不宜超过15%，否则应适当调整局部风道管段的断面尺寸，将各管路阻力损失之差限定在规定范围内。

⑥求出最不利计算管路的总阻力损失，并以此值来选择风机的型号和规格。

7.3.4　风机

(1)离心风机和轴流风机的结构原理

1)离心式风机

离心式风机主要由叶轮、机壳、风机轴、进风口、电动机等部分组成，叶轮上有一定数量的叶片，机轴由电动机带动旋转，由进风口吸入空气，在离心力的作用下空气被抛出叶轮甩向机壳，获得了动能与压能，由出风口排出。当叶轮中的空气被压出后，叶轮中心处形成负压，此时室外空气在大气压力作用下由吸风口吸入叶轮，再次获得能量后被压出，形成连续的空气流动，如图7.7所示。

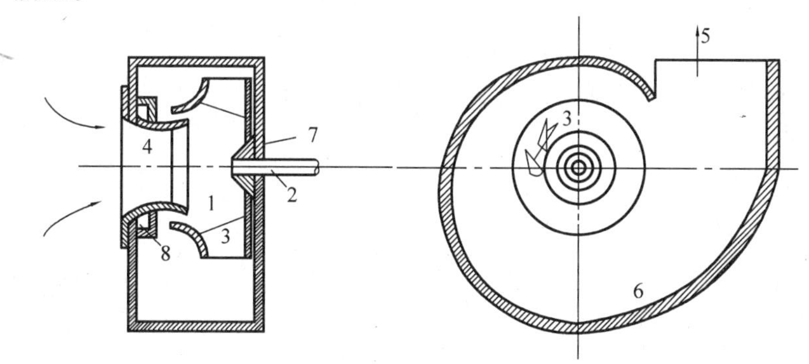

图7.7　离心风机构造示意图

1—叶轮；2—机轴；3—叶轮；4—吸气口；5—出口；6—机壳；7—轮毂；8—扩压环

2)轴流式风机

轴流式风机主要由叶轮、机壳、风机轴、进风口、电动机等部分组成，它的叶片安装于旋转的轮毂上，叶片旋转时将气流吸入并向前方送出。风机的叶轮在电动机的带动下转动时，空气由机壳一侧吸入，从另一侧送出。把空气流动与叶轮旋转轴相互平行的风机称为轴流式风机，如图7.8所示。

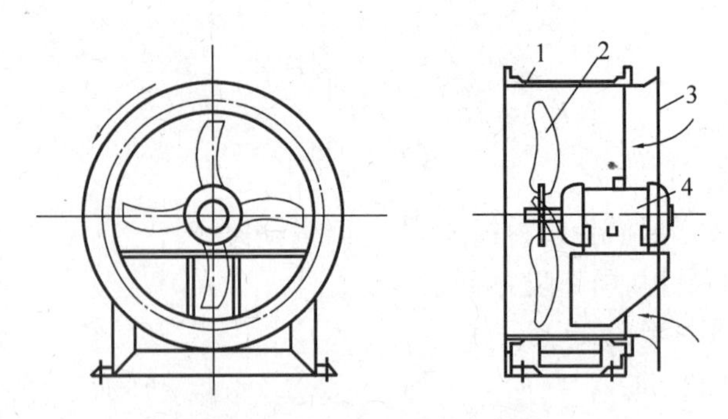

图 7.8 轴流风机的构造简图

1—圆筒形机壳;2—叶轮;3—进口;4—电动机

(2) 风机基本的性能参数

①风量 L。风机在标准状况下工作时,在单位时间内所输送的气体体积,称为风机风量,以符号 L 表示,单位为 m^3/h。

②全压(或风压)P。每 m^3 空气通过风机应获得的动压和静压之和,Pa。

③轴功率 N。电动机施加在风机轴上的功率,kW。

④有效功率 Nx。空气通过风机后实际获得的功率,kW。

⑤效率 η。风机的有效功率与轴功率的比值。

⑥转数 n。风机叶轮每分钟的旋转数,r/min。

(3)通风机的选择

①根据被输送气体(空气)的成分和性质以及阻力损失大小,选择不同类型的风机。

②根据通风系统的通风量和风道系统的阻力损失,按照风机产品样本确定风机型号。由于风机的磨损和系统不严密处产生的渗风量,应对通风系统计算的风量和风压附加安全系数,即

$$L_{风机} = (1.05 \sim 1.1)L$$

$$P_{风机} = (1.10 \sim 1.15)P$$

按照 $L_{风机}$ 和 $P_{风机}$ 两个参数来选择风机。另外,样本中所提供的性能选择表或性能曲线,是指标准状态下的空气。因此,当实际通风系统中空气条件与标准状态相差较大时,应进行换算。

7.3.5 空气净化设备

(1)粉尘的特性及危害

在许多的生产工艺中,会产生不同性质的粉尘。粉尘一般呈细小的粉状微粒,除了原有的主要物理和化学性质外,还具有其特有的性质,即附着性、爆炸性、可湿性。粉尘不但对人身有伤害,还具有极大的破坏性,个别生产车间内粉尘的浓度过大,在达到一定条件时会发生爆炸。另外,粉尘还可降低产品质量及机器的工作精度,如感光胶片、集成电路以及精密仪表等产品被粉尘玷污时会降低质量,甚至报废。粉尘还会影响车间的能见度,所有含粉尘的空气需通过除尘净化设备进行处理后,才能保证其生产的安全性及产品质量。

(2)除尘器的种类及工作原理

在通风工程中,除尘器依据除尘原理的不同,常用的有重力沉降室、旋风除尘器、湿式除尘

器等类型。

1)重力沉降室

重力沉降室除尘的机理是当含尘气流通过沉降室时,由于气体在管道内具有较高的流速,突然进入沉降室的大空间内,使空气流速迅速降低,此时气流中的尘粒在重力的作用下慢慢地落入接灰池内,如图7.9所示。沉降室的尺寸由设计计算选定,须使尘粒沉降充分,以达到净化的目的。重力沉降室具有设备简单、制作容易、阻力损失小等优点,但是占用体积大,除尘效率低,仅能用于粗大尘粒的去除,使用范围有局限性。

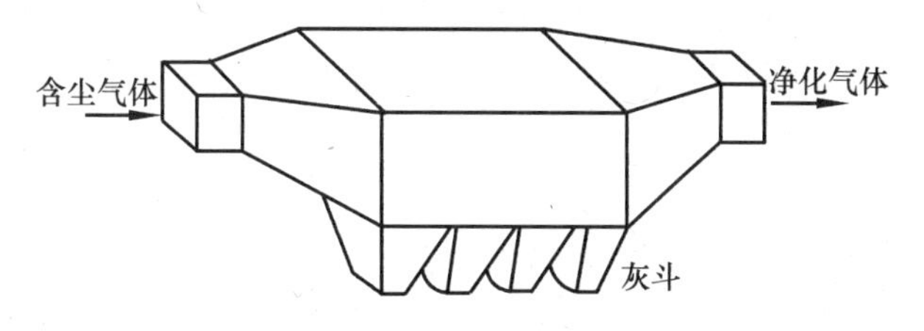

图7.9　重力沉降室除尘器

2)旋风除尘器

旋风除尘器是利用含尘空气在作圆周旋转运动中获得的离心力使尘粒从气流中分离出来的一种除尘设备。旋风除尘器主要由筒体、锥体、接灰斗等组成(见图7.10)。当含有尘粒的空气从除尘器的筒体切线进入时,由于有风机作为动力,含尘空气在筒体内从上至下作螺旋形旋转运动,当到达锥体底部时,转向向上继续作旋转运动,旋转方向一致,此时尘粒在惯性离心力的作用下被甩向筒壁,落入接灰斗内。

这种除尘器较多用于锅炉房内烟气的除尘,其结构简单、体积小、维修方便、除尘效率较高。旋风除尘器根据结构形式不同有多管除尘器、锥体弯曲呈水平牛角形的旋风除尘器等。

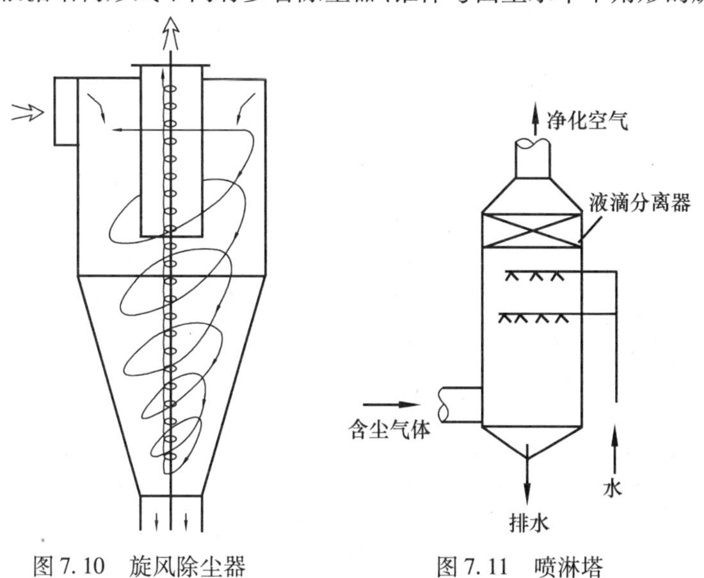

图7.10　旋风除尘器　　　图7.11　喷淋塔

3)湿式除尘器

湿式除尘器是利用尘粒的可湿性,使含尘气体通过与液滴和液膜的接触,使尘粒加湿、凝聚而增重,使其从气体中分离的一种除尘设备。含尘气体在运动中遇到液滴时,与液滴发生碰撞,尘粒在与液滴或液膜接触中,其惯性运动速度不断降低,从而分离出来。尘粒与液滴发生碰撞越剧烈,除尘效果越好。

湿式除尘器优点是结构简单、造价低、占地面积小和除尘效率高,同时对有害气体可以达到净化作用,但对沉降下的污水处理较难,须设置水处理设备。

湿式除尘器按照气液接触方式可分为以下两类:

①用各种方式向气流中喷入水雾,使尘粒与液滴、液膜发生碰撞,如喷淋塔(见图 7.11)。

②迫使含尘气体冲入液体内部,利用气流与液面的高速接触激起大量水滴,使粉尘与水滴充分接触,粗大尘粒加湿后直接沉降在池底,与水滴碰撞后的细小尘粒由于凝聚、增重而被液体捕集,如冲激式除尘器(见图 7.12)、卧式旋风水膜除尘器属此类。

4)过滤式除尘器

过滤式除尘器使带有灰尘的空气通过滤料时使气尘分离,以达到清洁空气的目的。滤料多采用纤维物、织物、滤纸、碎石、焦炭等。因为尘粒在滤料内被吸收,黏附在滤料内部很难清除,所以捕集到一定尘量时需更换滤料,采用滤纸或织物作滤料时不能过滤高温烟气。

5)电除尘器

电除尘器又称静电除尘器,它是利用电场产生的静电力使尘粒从气流中分离。电除尘器是一种干式高效过滤器,其特点是可用于去除微小尘粒,去除效率高,处理能力大,但是由于它的设备庞大、投资高、结构复杂、耗电量大等缺点,目前主要用于某些大型工程或净化空调系统进风的除尘净化处理中。

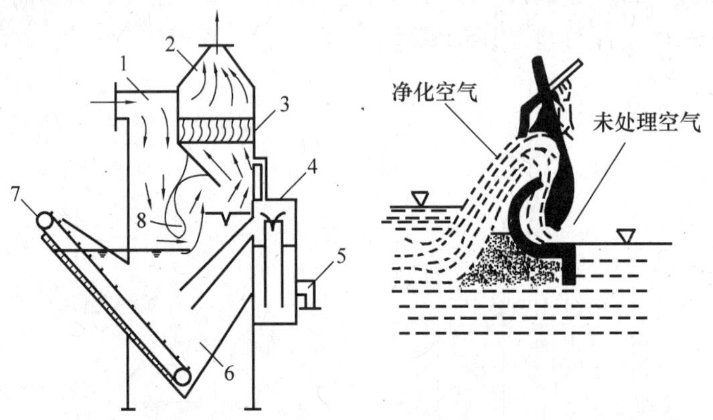

图 7.12　冲激式除尘器

1—含尘气体进口;2—净化气体出口;3—挡水板;4—溢流箱;
5—溢流口; 6—泥浆斗;7—刮板运输机;8—S 形通道

7.4　空调系统的分类与组成

7.4.1　空调系统的组成

如图 7.13 所示,完整的空调系统通常由以下 4 个部分组成:

(1)空调房间

空调房间可以是封闭式的,也可以是敞开式的;可以由一个房间或多个房间组成,也可以是一个房间的一部分。

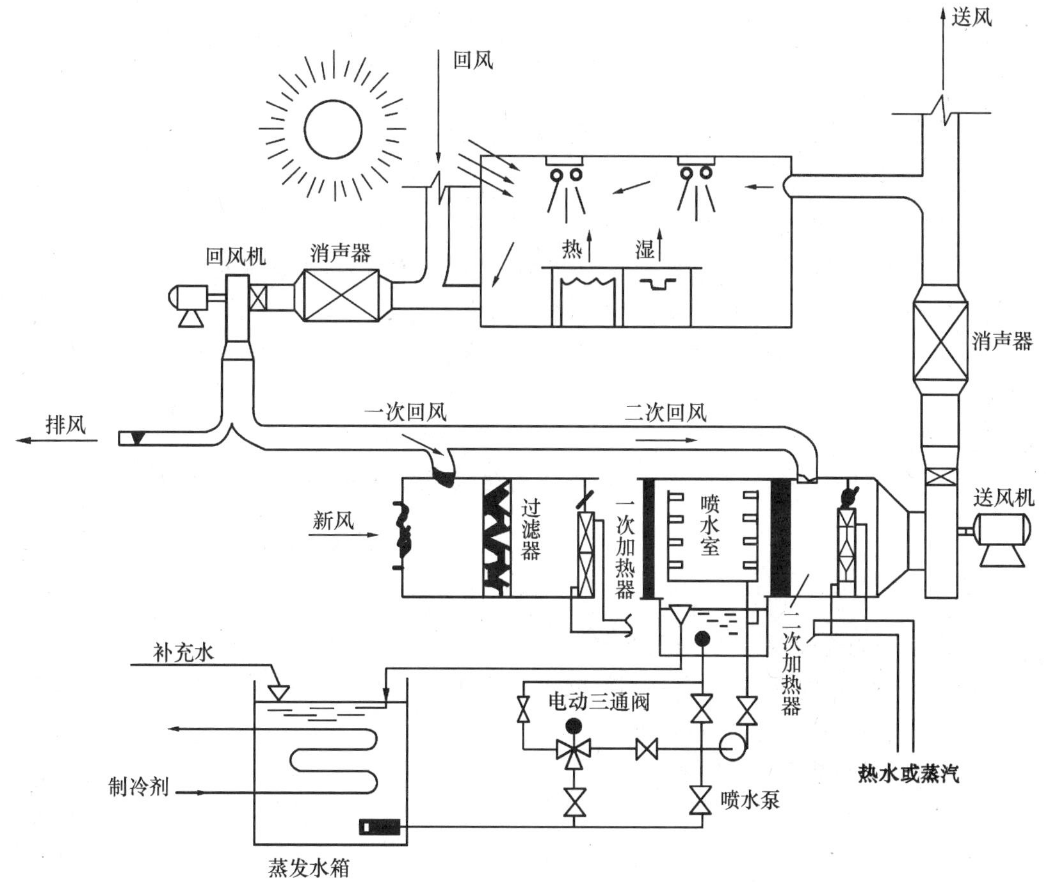

图7.13　空调系统原理图

(2)空气处理设备

空气处理设备是由过滤器、表面式空气冷却器、空气加热器、空气加湿器等空气热湿处理和净化设备组合在一起的，是空调系统的核心，室内空气与室外新鲜空气被送到这里进行热湿处理与净化，达到要求的温度、湿度后，再被送回室内。

(3)空气输配系统

空气输配系统是由送风机、送风管道、送风口、回风口、回风管道等组成。它把经过处理的空气送至空调房间，将室内的空气送至空气处理设备进行处理或排出室外。

(4)冷热源

冷热源是空气处理设备的冷源和热源。夏季降温用冷源一般用制冷机组，在有条件的地方也可以用深井水作为自然冷源。空调加热或冬季加热用热源可以是蒸汽锅炉、热水锅炉、热泵等。

7.4.2　空调系统的分类

空调系统有很多类型，可以采用不同的方法对空调系统进行分类。

(1)按空气处理设备的集中程度分类

1)集中式空调系统

集中式空调系统是指空气处理设备集中放置在空调机房内，空气经过处理后，经风道输送和分配到各个空调房间。对于大空间公共建筑物的空调设计，如商场，可以采用这种空调系统。

集中式空调系统可严格地控制室内温度和相对湿度，进行理想的气流分布；可对室外空气进行过滤处理，满足室内空气洁净度的不同要求，但空调风道系统复杂，布置困难，而且空调各房间被风管连通，当发生火灾时会容易通过风管迅速蔓延。

2）半集中式空调系统

半集中式空调系统是指空调机房集中处理部分或全部风量，然后送往各房间，由分散在各被调房间内的二次设备（又称末端装置）再进行处理的系统。

半集中式空调系统可根据各空调房间负荷情况自行调节，只需要新风机房，机房面积较小；当末端装置和新风机组联合使用时，新风风量较少，所需风管较小，利于空间布置；但对室内温、湿度要求严格时，难于满足要求；另外，该系统的水路复杂，易漏水。

对于层高较低，且主要由小面积房间构成的建筑物的空调设计，如办公楼、旅馆饭店，可采用这种空调系统。

3）分散式空调系统（局部空调系统）

分散式空调系统是指把空气处理所需的冷热源、空气处理设备和风机整体组装起来，直接放置在被调房间内或被调房间附近，控制一个或几个房间的空调系统。

分散式空调系统布置灵活，各空调房间可根据需要随时启停；各空调房间之间不会相互影响；但室内空气品质较差，气流组织困难。

（2）按负担室内负荷所用介质分类

1）全空气系统

全空气系统是指室内的空调负荷全部由经过处理的空气来负担的空调系统。集中式空调系统就属于全空气系统，如图7.14(a)所示。

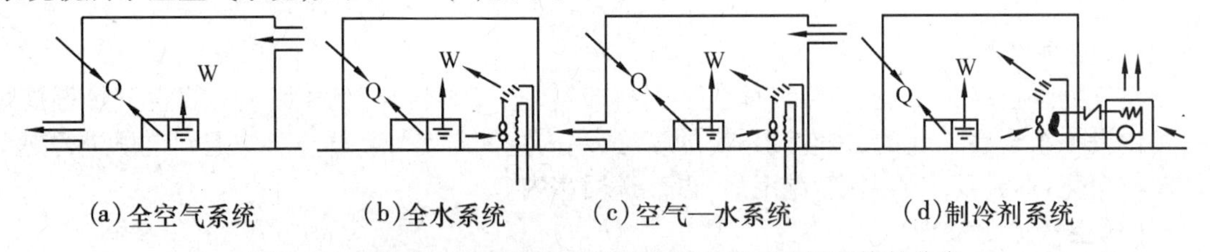

图7.14　按负担室内空调负荷所用介质种类对空调系统的分类

由于空气的比热较小，需要用较多的空气才能消除室内的余热余湿，因此，这种空调系统需要有较大断面的风道，占用建筑空间较多。

2）全水系统

全水系统是指室内的空调负荷全部由经过处理的水来负担的空调系统，如图7.14(b)所示。

由于水的比热比空气大得多，因此在相同的空调负荷情况下，所需的水量较小，可解决全空气系统占用建筑空间较多的问题，但不能解决房间通风换气的问题，因此不单独采用这种系统。

3）空气-水系统

空气-水系统是指室内的空调负荷全由空气和水共同来负担的空调系统，如图7.14(c)所示。风机盘管加新风的半集中式空调系统就属于空气-水系统。这种系统实际上是前两种空调系统的组合，既可减少风道占用的建筑空间，又能保证室内的新风换气要求。

4）制冷剂系统（机组式系统）

制冷剂系统是指由制冷剂直接作为负担室内空调负荷介质的空调系统，如图7.14（d）所示。如窗式空调器、分体式空调器就属于制冷剂系统。

这种系统是把制冷系统的蒸发器直接放在室内来吸收室内的余热余湿，通常用于分散式安装的局部空调。由于制冷剂不宜长距离输送，因此不宜作为集中式空调系统来使用。

(3)按集中处理的空气来源分类

1）全回风式系统（又称封闭式系统）

全部采用再循环空气的系统，即室内空气经处理后，再送回室内消除室内的热、湿负荷，如图7.15（a）所示。

2）全新风系统（又称直流式系统）

全部采用室外新鲜空气（新风）的系统，新风经处理后送入室内，消除室内的热、湿负荷后，再排到室外，如图7.15（b） 所示。其中，N表示室内空气，W表示室外空气，C表示混合空气，O表示冷却达到送风状态的空气。

3）新、回风混合式系统（又称混合式系统）

采用一部分新鲜空气和室内空气（回风）混合的全空气系统，介于上述两种系统之间，是将新风与回风混合并经处理后，送入室内消除室内的热、湿负荷，如图7.15（c）所示。

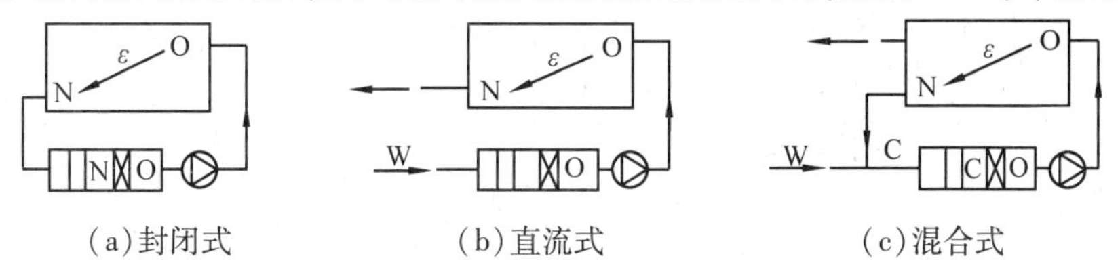

（a）封闭式　（b）直流式　（c）混合式

图7.15　普通集中式空调系统的3种形式

7.5　空调用空气处理设备

7.5.1　空气净化

(1)室内空气的净化标准

空气的净化处理是指除去空气中的污染物质，确保空调房间或空间空气洁净度要求的空气处理方法，空气中的悬浮污染物包括粉尘、烟雾、微生物和花粉等，它们对人体和工业生产产生危害。空气的净化处理常见于电子、医药工业以及某些散发对人体非常有害的微粒或有高度放射性的场所，根据生产要求和人们工作生活的要求，通常将空气净化分为以下3类：

1）一般净化

无确定的净化控制指标要求。

2）中等净化

对空气中悬浮微粒的质量浓度有一定要求。

3）超净净化

对空气中悬浮粒的大小和数量均有严格要求。具体数据可查相关资料。

(2)空气过滤器的过滤机理

空调系统中使用的空气过滤器主要是玻璃纤维和合成纤维,以及由这些材料制成的滤布和滤纸。它的过滤机理比较复杂,其主要机理如下:

1)惯性作用(撞击作用)

尘粒在惯性力作用下,来不及随气流绕弯与滤料碰撞后而被除掉。

2)拦截作用(接触阻留作用)

当尘粒粒径大于滤料的孔隙尺寸时被阻留下来(筛滤作用);对于非常小的粒子(亚微米粒子)惯性可以忽略,它随着流线运动,当气流紧靠纤维表面时,尘粒与纤维表面接触而被截留下来。

3)扩散作用

尘粒(d_g<1 μm)随气体分子作布朗运动时,接触纤维表面而附在表面上。尘粒越小,过滤速度越低,扩散作用越明显。

4)静电作用

含尘气流经过某些纤维时,由于气流的摩擦,可能产生电荷,从而增加了吸附尘粒的能力,静电作用与纤维材料的物理性质有关。

(3)空气过滤器分类

根据国家标准,空气过滤器按其过滤效率分为粗效、中效、高中效、亚高效和高效5种类型。其中高效过滤器又细分为A、B、C、D这4类。从粗效到亚高效统称为一般空气过滤器。工程中常见的有粗效、中效和高效。

1)粗效过滤器

粗效过滤器的滤材多采用玻璃纤维、人造纤维、金属网丝及粗孔聚氨酯泡沫塑料等。粗效过滤器大多制成500 mm×500 mm×500 mm扁块(见图7.16)。其安装方式多采用人字排列或倾斜排列,以减少所占空间(见图7.17)。

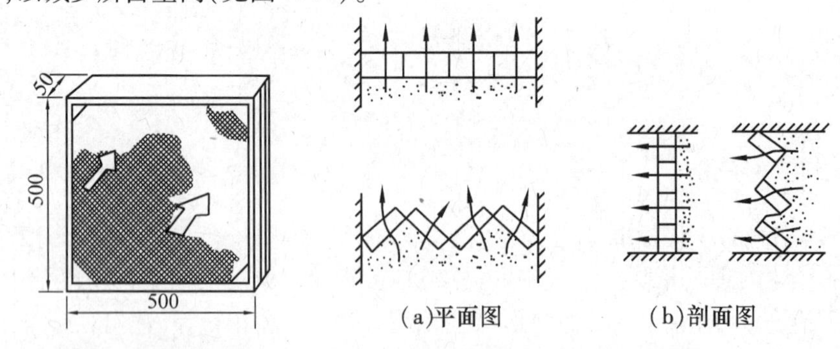

图7.16　粗效过滤器图　　图7.17　粗效过滤器安装方式

粗效过滤器适用于一般的空调系统,对尘粒较大的灰尘(大于5 μm)可以有效过滤。在空气净化系统中,一般作为高效过滤器的预滤,起到一定的保护作用。

2)中效过滤器

中效过滤器的主要滤料是玻璃纤维(比粗效过滤器的玻璃纤维直径小,约10 μm)、人造纤维(涤纶、丙纶、腈纶等)合成的无纺布及中细孔聚乙烯泡沫塑料等,这种滤料一般可制成袋式和板式。中效过滤器用无纺布和泡沫塑料作滤料时,可以清洗后再用;而玻璃纤维过滤器则只能更换。中效过滤器主要用于过滤粒径1～10 μm的中等粒子灰尘，在空气净化系统中用于高效过滤器的前级保护，也在一些要求较高的空调系统中使用。

3）高效过滤器

高效过滤器的滤料一般是用超细玻璃纤维或合成纤维加工制成的滤纸。主要过滤0.5 μm以下的微粒子灰尘，同时还能有效地滤除细菌，用于超净和无菌净化，如图7.18所示。高效过滤器在净化系统中作为三级过滤的末级过滤器。

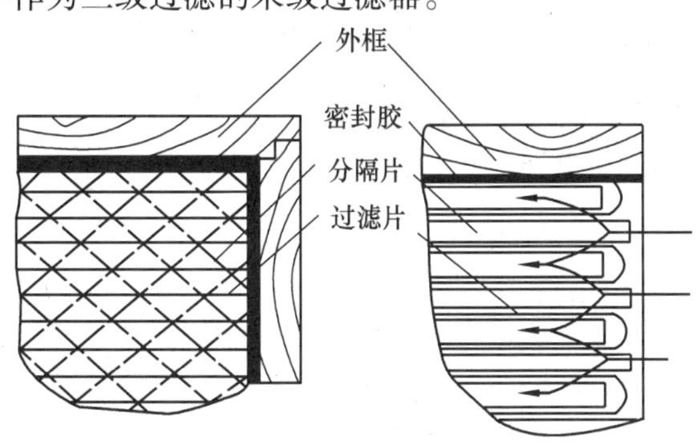

图7.18　高效过滤器的结构形式

除上述各种过滤器外，在空气净化中还有采用湿式过滤、静电过滤等其他类型的过滤装置。

（4）空气过滤器的选择与应用

对于有一般净化要求的空调系统，选用一道粗效过滤器，将大颗粒的尘粒滤掉即可。对有中等净化要求的空调系统，可设置粗、中效两道过滤器。对于有超净净化要求的空调系统，则应至少设置3道过滤器，第一、第二道为粗、中效过滤器（不宜选用浸油式，以防送风中带油），作为预过滤，可延长下一道过滤器的使用寿命，而高效过滤器则作为末级过滤器。

为了避免污染空气漏入系统，中效过滤器应设置在系统的正压段。同时，为防止管道对洁净空气的再污染，高效过滤器应设置在系统的末端（即送风口处）。此外，高效过滤器的安装要求十分严密，否则将无法保证室内的洁净度。

7.5.2　空气加热

在空调工程中经常需要对送风进行加热处理。目前广泛使用的加热设备有表面式空气加热器和电加热器两种类型，前者用于集中式空调系统的空气处理室和半集中式空调系统的末端装置中，后者主要用在各空调房间的进风支管上作为精调设备，以及空调机组中。

（1）表面式空气加热器

表面式空气加热器又称表面式换热器，是一些金属管的组合体。管中通有与空气进行热交换的热媒，通过金属的外表面与空气进行热交换。

1）表面式换热器构造

由于空气侧的表面传热系数大大小于管内的热媒的表面传热系数，为了增强空气加热器的换热效果，降低金属耗量和减小换热器的尺寸，通常采用肋片管来增大空气一侧的传热面积，达到增强传热的目的，其构造如图7.19所示。

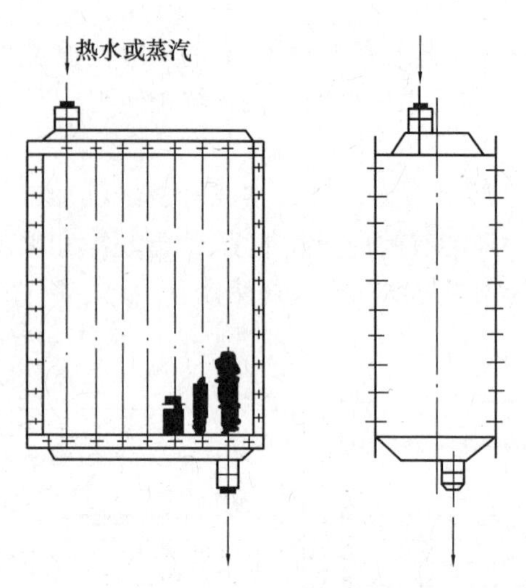

图 7.19　表面式换热器构造

不同型号的加热器,其肋管(管道及肋片)的材料和构造形式多种多样。根据加工的方法不同,肋片管可分为绕片管、串片管和轧片管等,如图 7.20 所示。

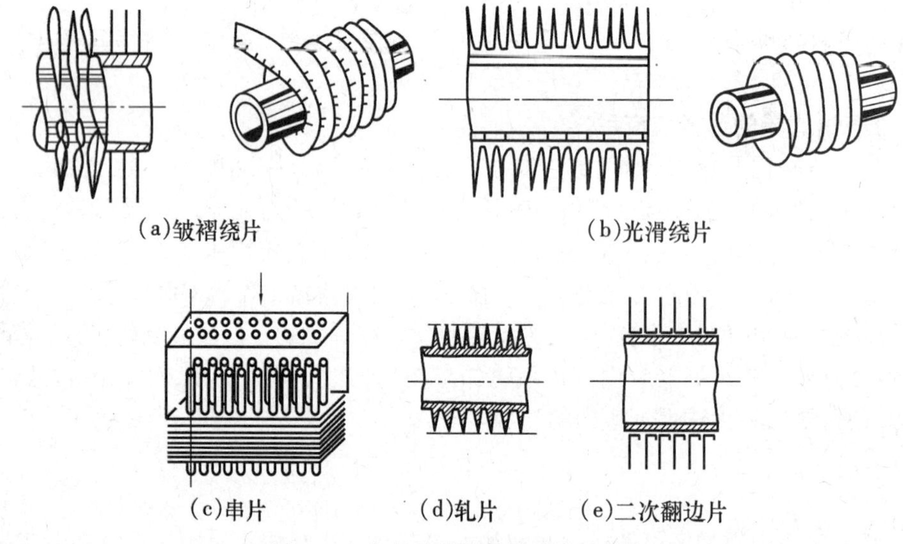

图 7.20　各种肋片管式换热器的构造

皱褶式肋片管是用绕片机把铜带或钢带紧紧地缠绕在管子上制成(见图 7.20(a))。皱褶绕片既增加了肋片与管子之间的接触面积,又可使空气流过时的扰动增加,从而提高了肋片管的传热系数。但是,皱褶会使空气流过肋片管的阻力增加,而且容易积灰,不易清理。为了消除肋片管与管子接触处的间隙,可将这种换热器浸镀锌、锡等金属材料,以增强传热,预防腐蚀。如图 7.20(b)所示的绕片是用延展性好的铝带缠绕在钢管上制成。

串片管式是把事先冲好管孔的肋片与管束串连在一起,通过胀管处理使管壁与肋片紧密地结合在一起(见图 7.20(c))。

轧片管式是用轧片机在光滑的铜管或铝管表面轧制出肋片制成(见图 7.20(d)),由于轧片和管子是一个整体,传热性能很好。但轧片管的肋不能太高,管壁也不能太薄。

如图 7.20(e)所示的二次翻边片(即在管孔处翻两次边)可进一步强化外侧的热交换系

数，并可提高胀管的质量。

2）表面式换热器的安装

表面式换热器可以垂直、水平和倾斜安装。对于用蒸汽作热媒的空气加热器，水平安装时，为了排除凝结水，应当考虑有 $i=0.01$ 的坡度。对于表冷器，在垂直安装时必须使肋片处于垂直位置，以免肋片积水增加空气的阻力和降低传热系数。为了接纳凝结水并及时将凝结水排走，表冷器的下部应当设置滴水盘和排水管，如图7.21所示。

（2）电加热器

电加热器是让电流通过电阻丝发热而加热空气的设备。具有结构紧凑、加热均匀、热量稳定、控制方便的优点。但是电加热利用的是高品位的热能，它只宜在一部分空调机组和小型空调系统中使用，在恒温精度要求较高的大型空调系统中，也常用电加热器控制局部加热或末级加热使用。

常用的电加热器有裸线式和管式两种。

裸线式电加热器由裸露在空气中的电阻丝构成，如图7.22所示。图7.22中只画出一排电阻丝，根据需要可以多排组合，通常制成抽屉式以便于维修。裸线式电加热器的优点在于热惰性小，加热迅速，结构简单。

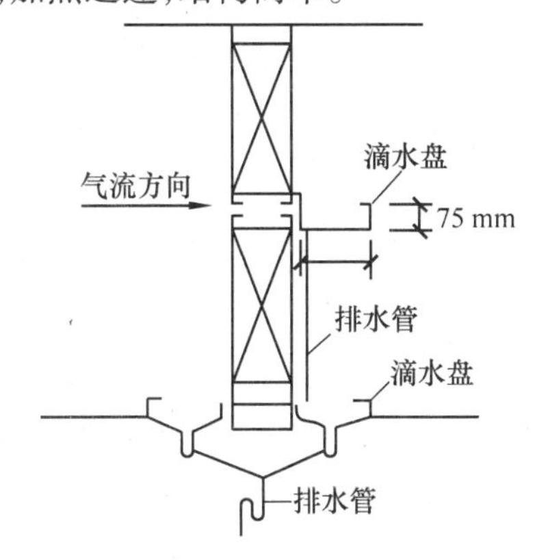

图7.21　滴水盘和排水管的安装

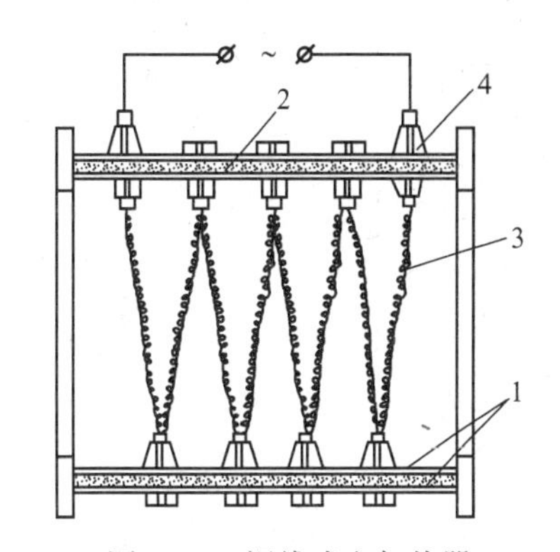

图7.22　裸线式电加热器

1—钢板；2—隔热层；3—电阻丝；4—瓷绝缘子

管式电加热器是由管状电热元件组成，如图7.23所示。它是把电阻丝装在特制的金属套管内，套管中填充有导热性好、但不导电的材料。这种电加热器的优点是加热均匀，热量稳定，使用安全；缺点是热惰性大，结构也比较复杂。

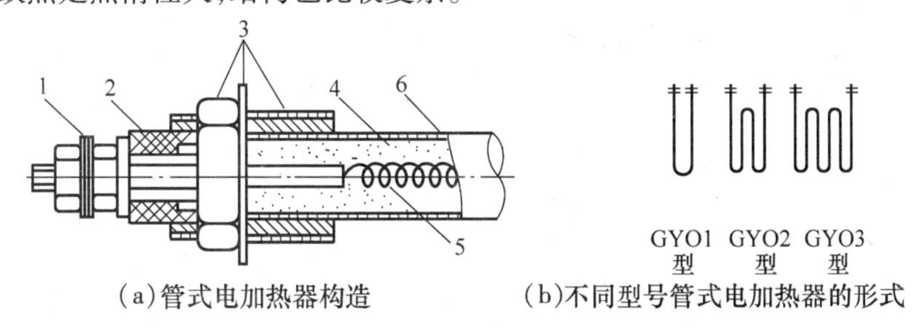

（a）管式电加热器构造　（b）不同型号管式电加热器的形式

图7.23　管式电加热器

1—接线端子；2—瓷绝缘子；3—紧固装置；4—绝缘材料；5—电阻丝；6—金属套管

7.5.3 空气冷却器

使空气冷却特别是减湿冷却，是对夏季空调送风的基本处理过程。常用以下两种方法：

(1)用喷水室冷却空气

1)喷水室的类型

喷水室是中央空调系统中的主要组成设备之一，夏季可对空气冷却除湿，冬季可对空气加湿，它是通过水与被处理的空气直接接触来进行热、湿交换，在喷水室中喷入不同温度的水，可以实现空气的加热、冷却、加湿和减湿等过程。喷水室的主要优点在于能够实现多种空气处理过程，具有一定的空气净化能力，消耗金属少且容易加工制作；缺点是对水质要求高，占地面积大，水泵耗能多。在温湿度要求较高的场合，如纺织厂等工艺性空调中仍大量使用。

喷水室有卧式和立式、单级和双级、低速和高速之分，其供水方式有天然冷源和冷冻水等不同形式。

2)喷水室的构造

喷水室的构造如图7.24所示，主要构件有喷嘴、挡水板、外壳和排管、底池及附属设施。

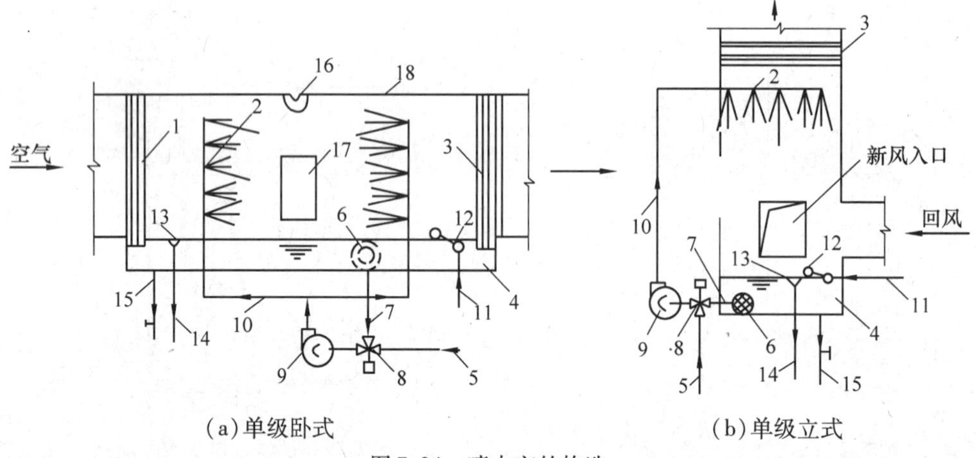

(a)单级卧式　　(b)单级立式

图7.24 喷水室的构造

1—前挡水板；2—喷嘴与捧管；3—后挡水板；4—底池；5—冷水管；6—滤水器；7—循环水管；8—三通混合阀；9—水泵；10—供水管；11—补水管；12—浮球阀；13—溢水器；14—溢水管；15—泄水管；16—防水灯；17—检查门；18—外壳

(2)用表面式冷却器处理空气

表面式冷却器简称表冷器，是由铜管外表面缠绕金属翼片所组成排管状或盘管状的冷却设备，分为水冷式和直接蒸发式两种类型。水冷式表面冷却器与空气加热器的原理相同，只是将热媒换成冷媒——冷水而已。直接蒸发式表面冷却器就是制冷系统中的蒸发器，这种冷却方式，是靠制冷剂在其中蒸发吸热而使空气冷却的。

表冷器的管内通入冷冻水，空气从管表面侧通过进行热交换冷却空气，因为冷冻水的温度一般为7～9 ℃，夏季有时管表面温度低于被处理空气的露点温度，这样就会在管子表面产生凝结水滴，使其完成一个空气降温去湿的过程。

表冷器在空调系统被广泛使用，其结构简单、运行安全可靠、操作方便，但必须提供冷冻水源，不能对空气进行加湿处理。

7.5.4　空气加湿与减湿

(1)空气的加湿处理设备

在空调系统中，常将空气的加湿设备布置在空气处理室(空调箱)或送风管道内，通过送风的集中加湿来实现对所服务房间的湿度调控。另一种情况是将加湿器装入系统末端机组或直接布置到房间内，以实现对房间空气的局部补充加湿。空气加湿的方法很多，常见的有以下几种加湿设备：

1)蒸汽喷管加湿器

蒸汽喷管加湿是把低压蒸汽通过管子上的小孔，直接喷到空气中加湿空气的方法。蒸汽喷管可以放在空气处理室内部，也可以放在需要加湿的地方。

蒸汽喷管上开有2～3 mm的小孔，蒸汽在管网压力作用下，从这些小孔中喷出，混合到从蒸汽喷管周围流过的空气中去。为了使蒸汽能均匀地从管中喷出，喷管的长度宜小于1 m，孔间距大于或等于50 mm。

蒸汽喷管虽然构造简单，容易加工，但喷出的蒸汽中带有凝结水滴，影响加湿效果的控制。为了防止蒸汽的冷凝水滴进入空气，通常采用称为“干蒸汽加湿器”的设备来加湿空气。

2)电加湿器

电热式加湿器是将管状电热元件置于水槽内产生蒸汽来加湿空气。元件通电后加热水槽中的水，使之汽化。补水靠浮球阀自动调节，以免发生缺水烧毁现象。

电加湿器的加湿量易于控制。但是由于使用电能，运行费用高，通常仅用于加湿量小和房间相对湿度需要精确控制的场合。

3)红外线和PTC蒸汽加湿器

红外线加湿器主要由红外灯管、反射器、水箱、水盘及水位自动控制阀等部件组成。它使用红外线灯作热源，其温度高达2 200 ℃左右，箱内水表面在这种红外辐射热作用下产生过热蒸汽并用以加湿空气。单台加湿量为2.2～21.5 kg/h，额定功率为2～20 kW，根据系统所需加湿量大小可单台安装也可多台组装。这种加湿器运行控制简单，动作灵敏，加湿迅速，产生的蒸汽无污染微粒，但耗电量大，价格较高。它适用于对温湿度控制要求严格、加湿量不大的中、小型空调或洁净空调系统。

此外，还有高压喷雾加湿器、超声波加湿器、透湿膜加湿器、离心式加湿器和压缩空气喷雾器等。

(2)空气的减湿处理设备

1)冷冻除湿机

冷冻除湿机实际上是一个小型的制冷系统，其工作原理如图7.25所示。

当需处理的潮湿空气流过蒸发器时，由于蒸发器表面的温度低于空气的露点温度，于是使空气温度降低，将空气在蒸发器外表面温度下所能容纳的饱和含湿量以上的那部分水分凝结出来，达到除湿目的。已经减湿降温后的空气随后再流过冷凝器，又被加热升温，吸收高温气态制冷剂凝结放出的热量，使空气的温度升高、相对湿度减小，从而降低了空气的相对湿度，然后进入室内。

从除湿机的工作原理可知，除湿机的送风温度较高，适用于既需要减湿又需要加热的场所。否则，也可能满足不了房间的温、湿度要求。当相对湿度低于50%或空气的露点温度低于4 ℃时不可使用。冷冻减湿机的优点是除湿效果显著，使用方便；缺点是投资和运行费用较大。

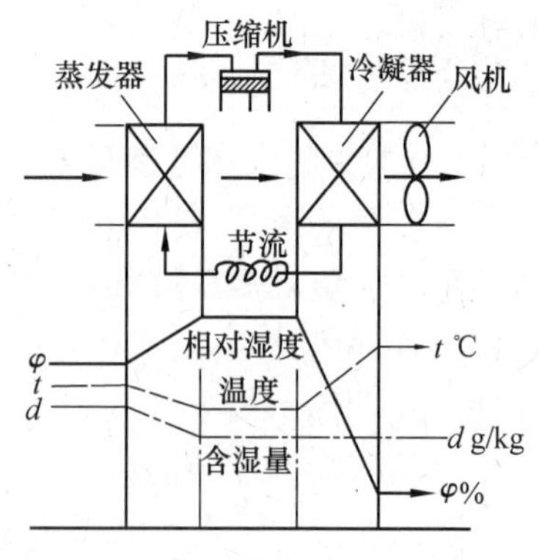

图 7.25 冷冻除湿机工作原理图

2）固体吸湿剂减湿

某些固体材料具有较强的吸水性，这类固体吸湿材料称为固体吸湿剂。

固体吸湿剂按其吸湿原理可分为以下两类：

①固体吸湿材料。如硅胶、活性炭等，它们本身具有大量的微小孔隙，形成大量的吸附表面；而且这些吸附表面上的水蒸气分压力比周围空气中的水蒸气分压力低，因此可以从空气中吸收水分，这类固体材料的吸湿过程是个纯物理过程。

②固体吸湿材料。如氯化钙、生石灰等，它们表面上的水蒸气分压力也比周围空气中的水蒸气分压力低，因而也可以吸收空气中的水分，但这类固体材料在吸收了水分之后，本身也变成了含有多个结晶水的水化物，如果继续吸收水分，还会从固态变成液态，这类材料的吸湿过程是物理化学过程。

此外，还有加热通风降湿和液体吸湿剂减湿等方法。

7.5.5 空调机的构造与分类

空调机也称中央空气处理机或空调箱，机组的功能段是对空气进行一种或几种处理功能的单元体。本章前述对空气进行冷、热、湿和净化等处理均可在组合式空调机组内作为功能段出现。功能段可包括空气混合、均流、粗效过滤、中效过滤、高中效过滤或亚高效过滤、冷却、一次和二次加热、加湿、送风机、回风机、中间、喷水、消声、热回收等。选用时应根据工程的需要和业主的要求，有选择地选用其中若干功能段并可现场制作安装。如图 7.26 所示为几个功能段组合成的空调机组示意图。

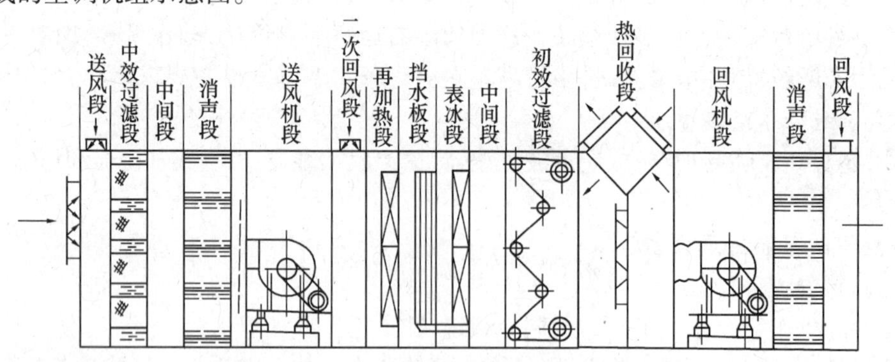

图 7.26 若干功能段组合成的空调机组示意图

按照结构形式，组合式空调机组可分为立式、卧式、吊挂式、混合式等；按照箱体材料可分为金属箱体、玻璃钢箱体和复合材料箱体等；按用途可分为通用机组、新风机组、变风量机组、净化机组等。

7.6 空调系统的安装及与建筑的配合

7.6.1 空调管道的安装及与建筑的配合

(1)空调系统中制冷管路的安装原则

①制冷剂和润滑油系统的管子、管件和阀门，安装前应进行清洗并符合以下要求：管子内外壁的氧化皮、污物和锈蚀已清除干净，显露金属光泽，且保持干燥；阀门应进行清洗，凡具有产品合格证，阀进出口封闭良好，并在技术文件规定期限内，可不作解体清洗。

②制冷管路阀门单体试压应符合：已清洗、无损伤、锈蚀等现象的单体管，可不作强度和严密性试验，否则应作强度和严密性试验。强度试验压力为气密性试验压力的1.5倍，合格后应保持阀体内的干燥。

③阀门和附件安装应符合：阀门的安装位置、方向与高度符合设计和方便操作的要求，且不得反装，对有手柄的截止阀，手柄在上。热力膨胀阀、电磁阀及升降式止回阀等应垂直安装；膨胀阀的感温元件应能准确反映制冷工质的回气温度；自控阀门按设计要求安装，在连接口封口前应作启、闭动作试验。

(2)空调风管的安装

1)空调风管安装的一般规定

①风管穿墙、过楼板、屋面时，应预留孔洞，尺寸和位置应符合设计要求。

②风管内不得敷设电线、电缆及输送有毒、易燃、易爆气体或液体管道。

③风管与配件可拆卸的接口或调节机构，不得装设在墙体或楼板内。

④风管安装前，应清除内外杂物及污物，并保持清洁。

⑤风管安装完毕后，应按系统压力等级进行严密性检查，漏风量符合规范要求。低压系统的严密性采用电漏光法抽检，抽检率为5%，且不得少于一个系统；中压系统抽检率为20%，抽检不少于一个系统；并可采用漏光法抽检高压系统应全数进行漏风测试。

⑥现场风管接口的配置，不应缩小其有效截面。

⑦风管支架、吊架施工，应符合以下规定：

a. 风管支架、吊架的预埋件、射钉或膨胀螺栓位置应正确、牢固，埋入部分应去除油污，并不得涂漆。

b. 在砖墙或混凝土上预埋支架时，洞口内外应一致，水泥砂浆捣固应密实、表面平整、预埋牢固。

c. 用膨胀螺栓固定支架、吊架时，应符合膨胀螺栓使用技术条件。

d. 所有支架、吊架的形式，均应符合设计规定。

e. 吊架的吊杆应平直，螺纹应完整、光洁。吊杆拼接应牢固。

f. 支架、吊架上的螺孔应采用机械加工。

g. 风管抱箍应紧贴风管，并箍紧风管。

h. 风管安装时，应及时进行支架、吊架的固定和调整，位置正确，受力均匀。可调隔振支架、吊架的伸缩量应按设计要求调整。

i. 风管支架、吊架不得设置在风口、阀门、检查门及自控机构处。吊杆不宜直接固定在法兰上。

j. 风管支架、吊架的间距:水平风管一般为 3 ~4 m;垂直风管不大于 4 m,且每根立管的固定件不少于两个;室外保温风管支架、吊架间距,应符合设计要求。

k. 悬吊的风管与部件,应设防摆动的固定点。

l. 法兰垫片应采用耐热(70 ℃),3 ~5 mm 厚的橡胶板、闭孔海绵橡胶板。垫片应与法兰齐平。

m. 连接法兰螺栓应均匀拧紧,其螺母应在同一侧。

2)空调风管的安装

①螺旋风管的安装采用无法兰联接,并以支架固定。

②风管采用无法兰联接时,接口应严密、牢固,并不得错位或扭曲。

③安装在支架上的圆形风管应设托座。

④风管穿出屋面外应设防雨罩。穿出屋面超过 1.5 mm 时,立管应设拉索固定。

⑤明装水平风管水平度偏差每 1 m 不应大于 3 mm,总偏差不大于 20 mm。明装垂直风管安装垂直度偏差每 1 m 不应大于 2 mm,总偏差不大于 20 mm。

⑥输送易产生凝水的风管,应按设计要求的坡度安装。

⑦柔性短管的安装应松紧适度,不得扭曲。可伸缩的金属管或非金属软管的长度应超过 2 m,无死弯或塌凹。

⑧保温风管的支架、吊架应设在保温层外。当送风支管与总风管采用垂直插接时其接口应设导风调节装置。

(3)空调管道与建筑的配合

空调管道布置应尽可能和建筑协调一致,保证使用美观。管道走向及管道交叉处,要考虑房屋的高度,对于大型建筑,井字梁用得比较多,而且有时井字梁的高度达 700 ~800 mm,给管道布置带来很大的不方便。同理,当管道在走廊布置时,走廊的高度和宽度都限制管道的布置和安装,设计和施工时都要加以考虑。特别是当使用吊顶作回风静压箱时,各房间的吊顶不能互相串通,否则各房间的回风量得不到保证,很难达到设计的参数要求。

管道打架问题在空调工程中也很重要,冷热水管、空调通风管道、给水排水管道在设计时各专业应配合好。而且管道与装修、结构之间的矛盾也应处理好。往往是先安装的管道施工很方便,后来施工时很困难。为解决这个矛盾,设计和施工时应遵循下列原则:小管道让大管道,有压管道让无压管道。

7.6.2 空调设备的安装及与建筑的配合

(1)风机的安装

1)安装前的准备工作

①风机开箱检查时应有出厂合格证,检查皮带轮、皮带、电机滑轨及地脚螺栓是否齐全,是否符合设计要求,有无缺损等情况。

②基础验收。风机安装前应对设备基础进行全面检查,尺寸是否符合安装要求,标高是否正确;预埋地脚螺栓或预留地脚螺栓孔的位置及数量应与通风机及电动机上地脚螺栓孔相符。浇灌地脚螺栓应使用和基础相同标号的水泥。

2)轴流式通风机的安装

轴流风机多安装在墙上,或安装在柱子上及混凝土楼板下,也可安装在砖墙内。

①轴流式风机安装在墙洞内(见图7.27),应注意以下要求:

a. 检查土建施工预留墙洞的位置、标高及尺寸是否符合要求。

b. 检查固定风机的挡板框和支座的预埋质量。

c. 通风机安装后,地脚螺栓应拧紧,并与挡板框连接牢固;在风机出口处安设45°的防雨雪弯头。

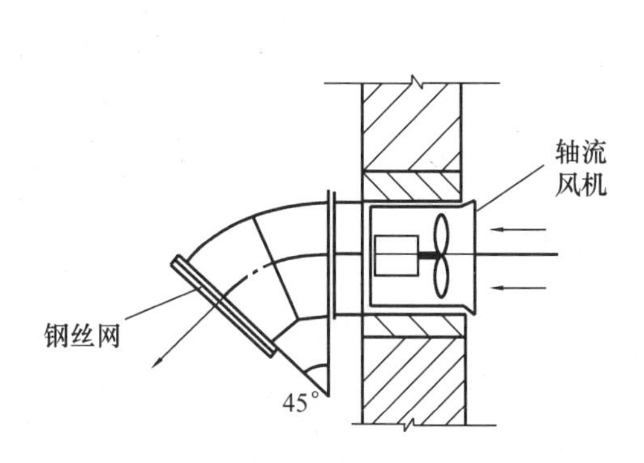

图7.27　轴流式通风机墙洞安装

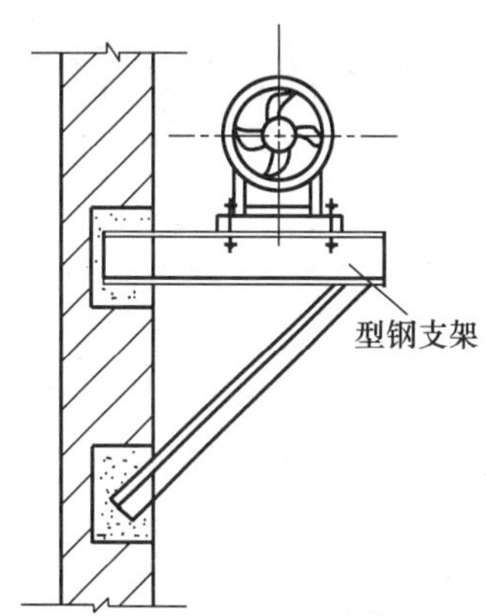

图7.28　轴流式通风机安装在支架上

②轴流式通风机安装在支架上时(见图7.28),应注意以下几点:

a. 检查通风机与支架是否符合要求,并核对支架上地脚螺栓孔与通风机地脚螺栓孔的位置、尺寸是否相符。

b. 通风机放在支架上时,应垫以厚度为4~5 mm的橡胶垫板。

c. 留出检查和接线用的孔。

3)离心式通风机的安装

安装小型直连式通风机,只要把风机吊放在基础上,使底座螺栓孔对准基础上的预留螺栓孔,经找平后,再插入地脚螺栓,用1:2的水泥砂浆浇注,待凝固后再上紧螺帽,应保证壳壁面垂直底座水平面、叶轮和机壳及进气短管不相撞。如图7.29所示为离心式风机在混凝土基础上安装图,风机的传动方式为直联传动。

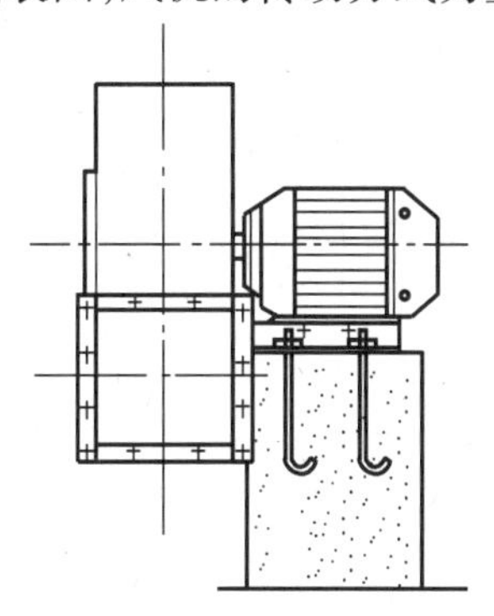

图7.29　离心式风机在混凝土基础上安装图

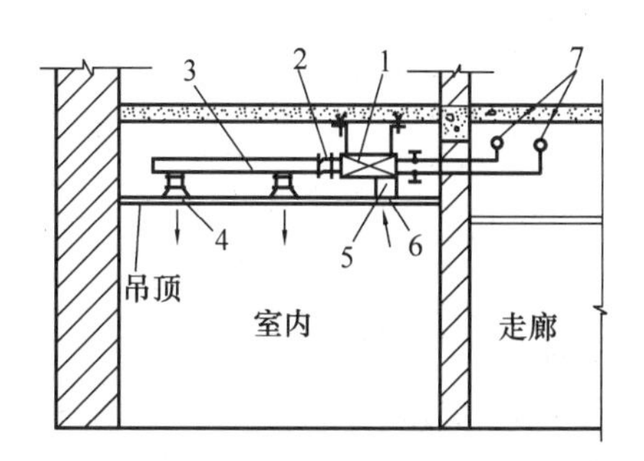

图7.30　风机盘管安装在吊项内向下送风方式

1—卧式暗装风机盘管;2—软管接头;3—风机盘管连接管;4—送风口;5—回风静压箱;6—回风口;7—冷冻水供回水管

(2)风机盘管的安装

风机盘管有立式、卧式、吊顶式等多种形式,可明装也可暗装。如图7.30所示为风机盘管安装在吊项内向下送风方式示意图;如图7.31所示为卧式暗装风机盘管水平送风方式;如图7.32所示为立式风机盘管安装图。

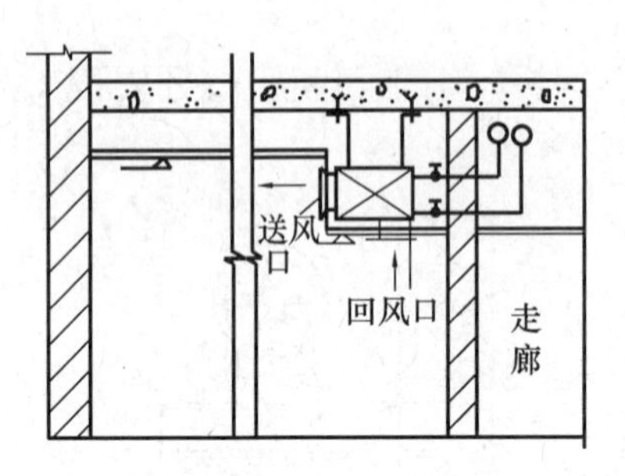

图7.31　卧式暗装风机盘管水平送风方式

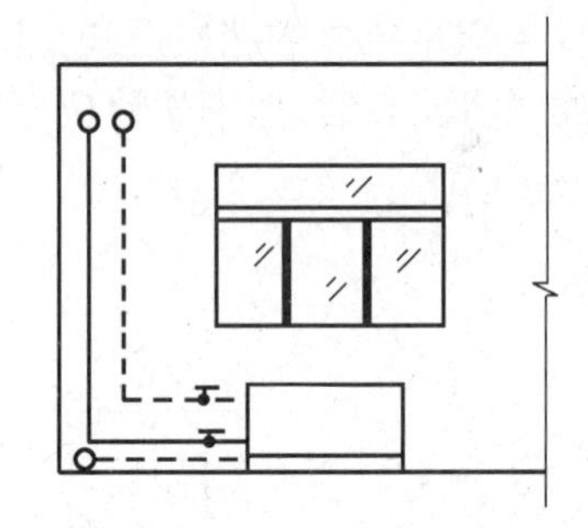

图7.32　立式风机盘管安装示意图

机组供、回水配管必须采用弹性连接,多用金属软管和非金属软管。橡胶软管只可用于水压较低并且是只供热的场合。暗装卧式风机盘管的下部吊顶应留有活动检查口,便于机组整体拆卸和维修。

7.6.3　空调设备与建筑的配合

空调机在空调机房内布置有以下8个要求:

①中央机房应尽量靠近冷负荷的中心布置,高层建筑有地下室时宜设在地下室。

②中央机房应采用二级耐火材料或不燃材料建造,并有良好的隔声性能。

③空调用制冷机多采用氟利昂压缩式冷水机组,机房净高不应低于3.6 m。若采用溴化锂吸收式制冷机,设备顶部距屋顶或楼板的距离不小于1.2 m。

④中央机房内压缩机间宜与水泵间、控制室隔开,并根据具体情况,设置维修间及厕所等。尽量设置电话,并应考虑事故照明。

⑤机组应做防振基础,机组出水方向应符合工艺的要求。

⑥对于溴化锂机组还要考虑排烟的方向并预留孔洞。

⑦对于大型的空调机房还应做隔声处理,包括门、天棚等。

⑧空调机房应设控制室和休息间,控制室和机房之间应用玻璃隔断。

7.7　通风、空调系统管路布置与施工图识读

7.7.1　风管的布置

通风、空调系统的风管,包括送风管、回风管、新风管及排风管等。主风管内的风速一般8~10 m/s,支风管内的风速5~8 m/s。风速太大,将发生很大的噪声。送风口的风速一般2~5 m/s,回风口的风速4~5 m/s。

为了便于和建筑配合,风管的形状一般选取矩形的较多,矩形管容易和建筑配合而且占用

空间也较小，钢制风管最大边长≤200 mm 时，壁厚取 0.5 mm；最大边长为 250 ~500 mm 时，壁厚取 0.75 mm；最大边长为 630 ~1 000 mm 时，壁厚取 1.0 mm；最大边长≥1 250 mm 时，壁厚取 1.2 mm。

通风、空调管道的材质常用的有玻璃钢管道、镀锌铁皮管道，有时也用砖风管道和混凝土管道。玻璃钢管的优点是防腐，防火，安装方便，但造价比镀锌铁皮管道要高一些。而砖和混凝土管道占用建筑空间较大，但振动和噪声小。

风管在布置时应尽量缩短管线，减小分支管线，避免复杂的局部构件，如三通、弯头、四通、变径等。根据建造面积和室内设计参数的要求，合理布置风口的个数和风口的形式。风管的弯头应尽量采用较大的弯曲半径，通常取曲率半径 R 为风管宽度的 1.5 ~2.0 倍。对于较大的弯头在管内应设导流叶片。三通的夹角应不小于 30°。渐扩风管的扩张角应小于 20°，渐缩管的角度应小于 45°。每个风口上应装调节阀。为防止火灾，在各房间的分支管上应装防火阀和防火调节阀。风管和各构件的连接应采用法兰联接，法兰之间用 3 ~4 mm 厚的橡胶做垫片。

风机的出风口与管道之间要用帆布连接，这样可减小振动和噪声。风机出口要有不小于管道直径 5 倍的直管段，以减小涡流和阻力。

7.7.2　通风空调工程图的内容

通风空调工程图主要包括图纸目录、设计施工说明、设备及主要材料表、平面图、系统图、剖面图、原理图、详图等。

(1)设计施工说明

设计施工说明一般包括以下主要内容：

①建筑概貌。

②通风空调系统采用的设计气象参数。

③空调房间的设计条件。包括夏季、冬季空调房间内的空气温度、相对湿度、平均风速、新风量、含尘量、噪声等级、人员密度等。

④冷热源设备、内管系统、水管系统。

⑤管道的防腐及除锈。

⑥有关施工及验收规范等。

(2)设备及主要材料表

设备及主要材料表是看图的辅助材料，设备与主要材料的型号及规格、数量等都列于表中。

(3)平面图

平面图是最重要的图样。包括风管系统、水管系统、空气处理设备以及各种管道、设备、部件的尺寸标注。

(4)剖面图

剖面图也是重要的图纸，与平面图总是对应的，用来说明平面图上无法表明的内容。

(5)轴测图

轴测图的作用主要是说明系统的组成及各种尺寸、型号、数量等。

(6)详图

详图用来说明在其他图纸中无法表达但又必须表达清楚的内容，有安装详图、结构详图、标准图等。看懂详图有助于管道的安装与施工。

7.7.3 空调设备施工图识读

要进行通风空调识图,首先应了解常用的一些图例,见表7.2。

一般来说,空调设备图分进风段、空气处理段和排风段,应按空气流动路线识读,还应结合建筑施工图一起看。

读图识图的步骤:先看设计施工说明,设备及材料表;再看系统图、平面图和剖面图。

如图7.33—图3.35所示为某多功能厅空调平面图、剖面图和系统图。

从平面图图7.33上看,新鲜空气由设在机房C轴外墙上的进风口进入,经空调箱微穿孔板消声器进入新风管,再经由铝合金方形散流器进入多功能厅。新风管共有4条分支,管径从800 mm×500 mm变到800 mm×250 mm,再变到630 mm×250 mm、500 mm×250 mm,最后变到250 mm×250 mm。在机房②轴内墙上有一阻抗复合式消声器,此即为回风口。

从图7.34*A—A*剖面上看,新风管设在吊顶内,送风口开在吊顶面上。风管底标高为4.25 m和4.0 m。气流组织为上送下回。

从图7.34*B—B*剖面可见,送风管从空调箱上部接出,管径逐渐变小。

从系统图图7.35可知,该空调系统的构成、管道的空间走向及设备的布置情况。

表7.2 通风空调常见图例

序号	名称	图例	附注
	系统编号		
1	送风系统	——S——	两个系统以上时,应进行系统编号
2	排风系统	——P——	
3	空调系统	——K——	
4	新风系统	——X——	
5	回风系统	——H——	
6	排烟系统	——PY——	
	各类水、气管		
1	凝结水管	——N——	
2	空调供水管	——L_1——	
3	空调回水管	——L_2——	
4	冷凝水管	——N——	
5	冷却供水管	——LG_1——	
6	冷却回水管	——LG_2——	
	风管		
1	送风管、新(进)风管		

续表

序　号	名　称	图　例	附　注
2	回风管、排风管	 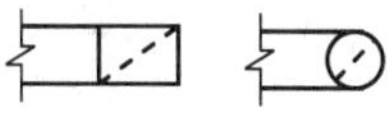	
3	混凝土或砖砌风管		
4	异径风管	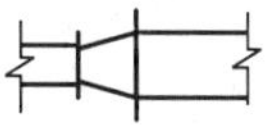	
5	天圆地方	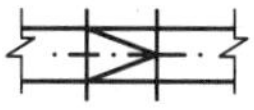	
6	柔性风管	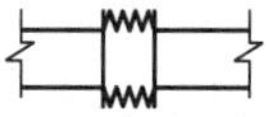	
7	矩形三通	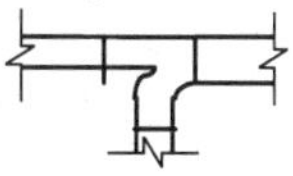	
8	圆形三通	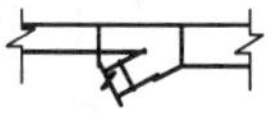	
9	弯头	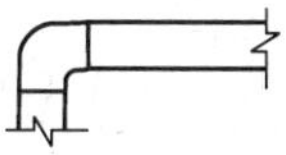	
10	带导流片弯头	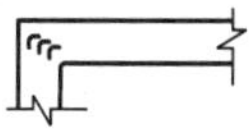	
	风阀及附件		
1	插板阀	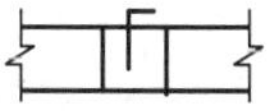	
2	蝶阀	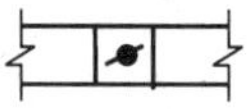	
3	手动对开式多叶调节阀	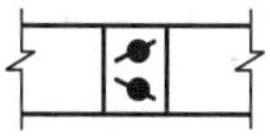	
4	电动对开式多叶调节阀	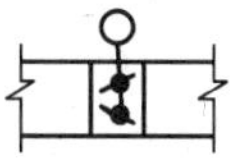	
5	三通调节阀	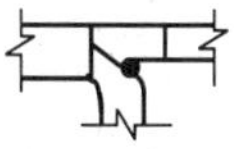	
6	防火(调节阀)	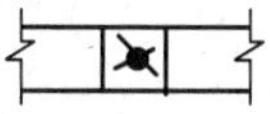	
7	送风口		
8	回风口		

续表

序　号	名　称	图　例	附　注
9	方形散流器		
10	圆形散流器		
11	伞形风帽		
12	锥形风帽		
13	筒形风帽		
	通风、空调、制冷设备		
1	离心式通风机		
2	轴流式通风机		
3	离心式水泵	M	
4	制冷压缩机		
5	水冷机组		
6	空气过滤器		
7	空气加热器		
8	空气冷却器		
9	空气加湿器		
10	窗式空调器		
11	风机盘管		
12	消声器		
13	减振器		
14	消声弯头		

续表

序　号	名　称	图　例	附　注
15	喷雾排管	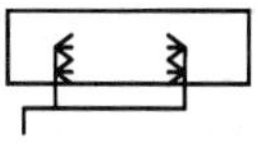	
16	挡水板	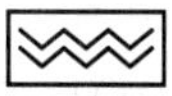	
17	水过滤器	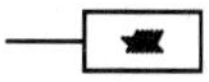	
18	通风空调设备		

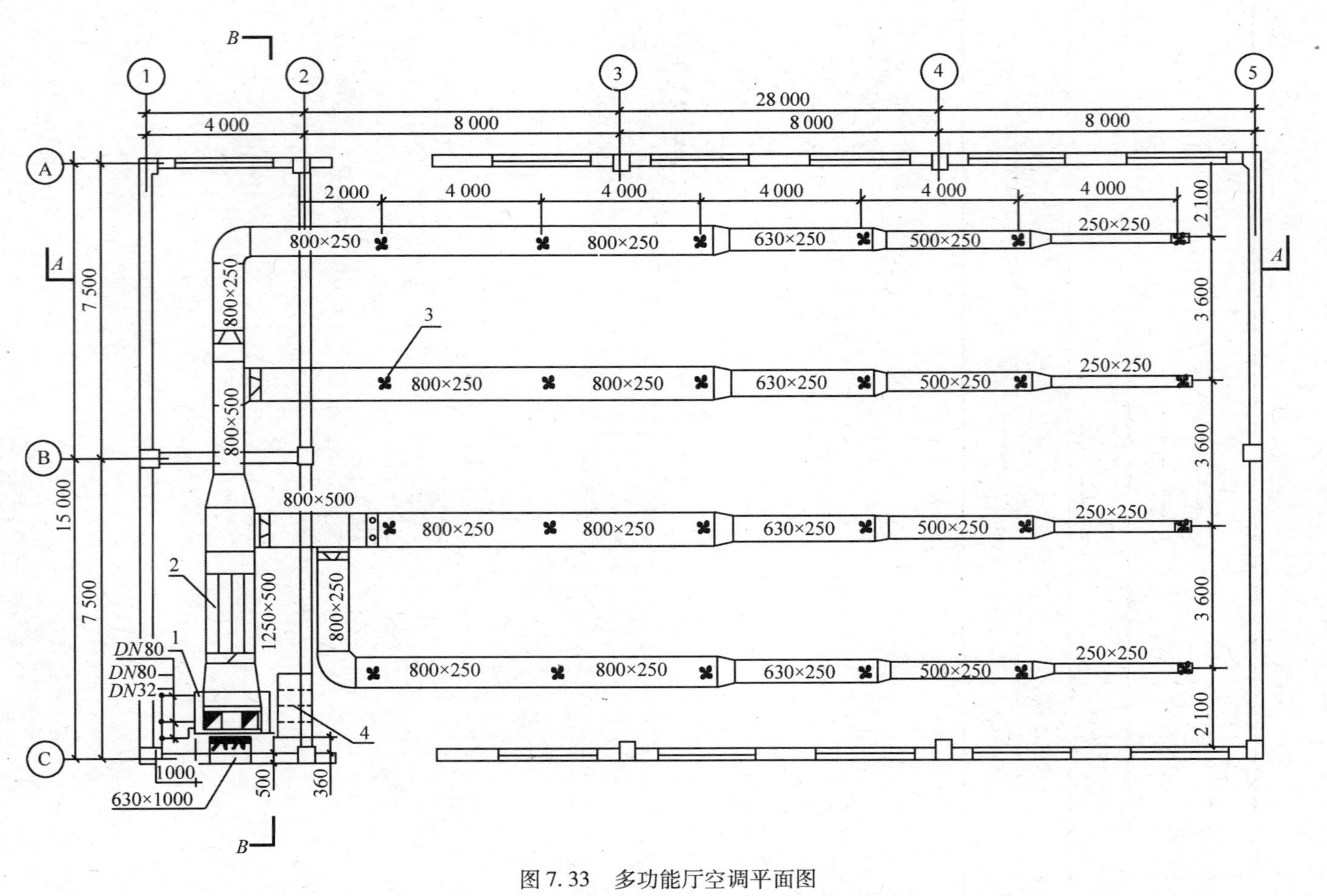

图 7.33 多功能厅空调平面图

1—变风量空调箱 RFP×18，风量 18 000 m^3/h，冷量 150 kW，余压 400 Pa，电机功率4.4 kW；2—微穿孔板消声器 1 250 mm×500 mm；3—铝合金方形散流器 240 mm×240 mm，共 24 只；4—阻抗复合式消声器 1 600 mm×800 mm

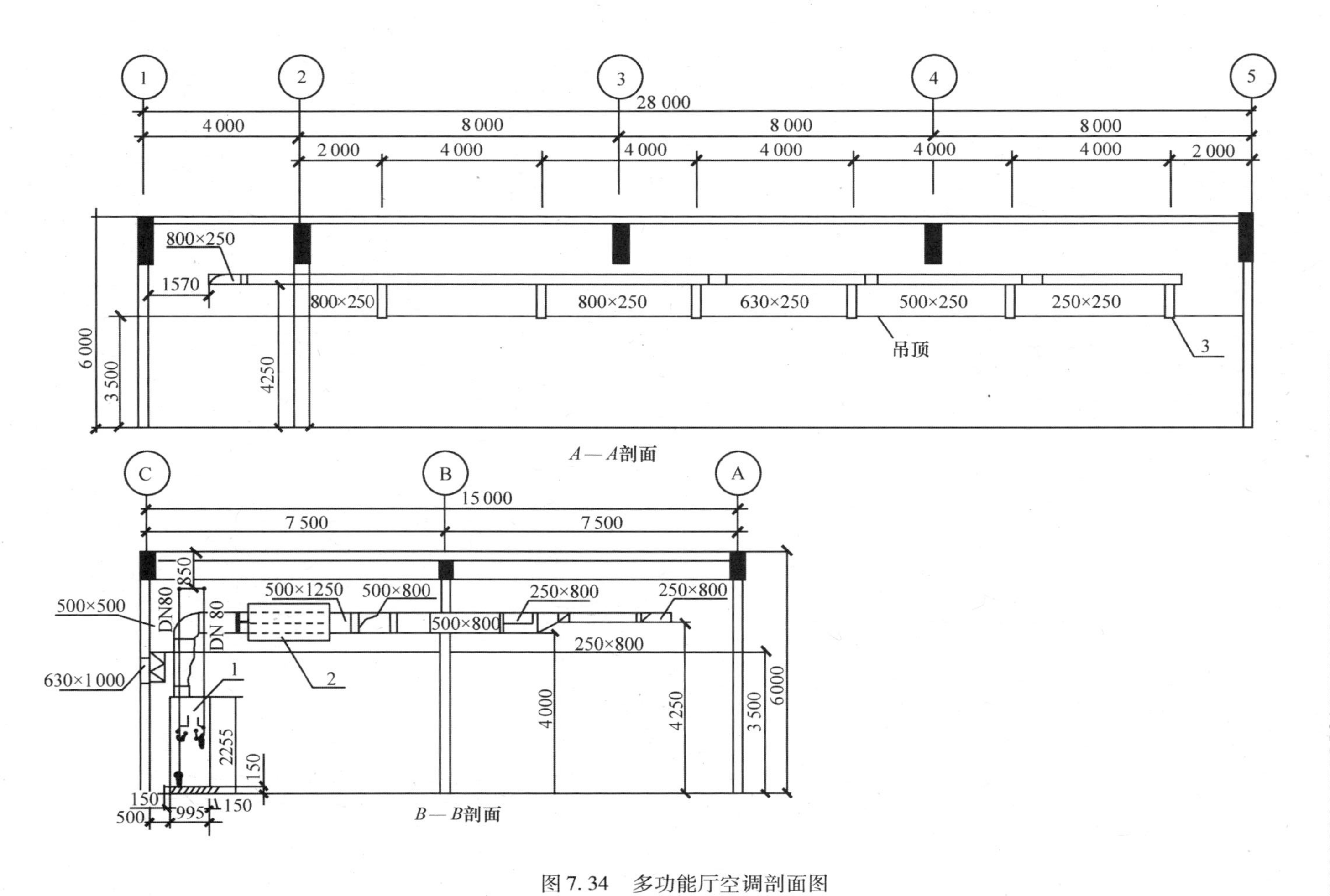

图 7.34　多功能厅空调剖面图

1—变风量空调箱 RFP×18,风量 18 000 m^3/h,冷量 150 kW,余压 400 Pa,电机功率 4.4 kW;2—微穿孔板消声器 1 250 mm×500 mm;3—铝合金方形散流器 240 mm×240 mm,共 24 只

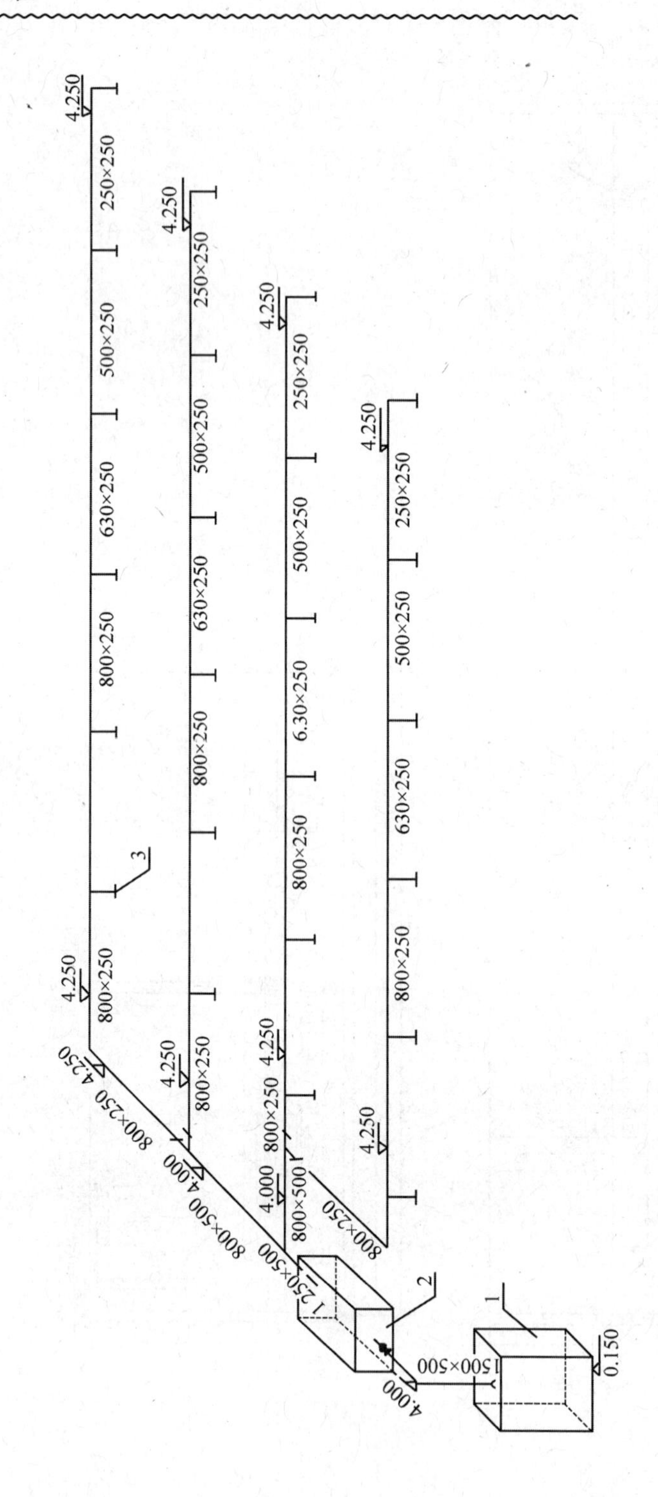

图 7.35　多功能厅风管轴测图

1—变风量空调箱 RFP×18，风量 18 000 m^3/h，冷量 150 kW，余压 400 Pa，电机功率 4.4 kW；2—微穿孔板消声器 1 250 mm×500 mm；3—铝合金方形散流器 240 mm×240 mm，共 24 只

复习与思考题

1. 什么是室内通风与空气调节？其任务是什么？
2. 通风系统是如何分类的？可分为哪几类？
3. 送风系统和排风系统一般各由哪几部分组成？各部分的作用是什么？
4. 什么是集中式、局部式和半集中式空气调节系统？
5. 集中式空气调节系统是由哪几部分组成的？各部分的作用是什么？
6. 风道的横断面有哪些形状？风道上一般有哪些管件？它们各起什么作用？
7. 表面式空气冷却器和喷水室各有什么优缺点？

第 8 章 冷热源

空调的冷源有天然冷源和人工冷源两种。

天然冷源主要是地道风和深井水。地道风主要是利用地下洞穴、人防地道内的冷空气，送入使用场所达到通风降温的目的。深井水可作为舒适性空调的冷源来处理空气，但因水量不足，往往不能普遍采用。

深井水及地道风的利用特点是节能、造价低。但由于受到各种条件的限制，不是任何地方都能应用。

人工冷源主要是采用各种形式的制冷机制备低温冷水来处理空气。

人工制冷的优点是不受条件的限制，可满足所需要的任何空气环境，因而被用户普遍采用。其缺点是初期投资较大，运行费较高。

空调热源主要有独立锅炉房和集中供热的热网。对于独立锅炉房提供的热媒可以是热水，也可以是蒸汽或者是同时供应热水和蒸汽的汽-水两用锅炉，锅炉燃用的燃料可以是煤（燃煤锅炉）、油（燃油锅炉）或气（燃气锅炉）。

8.1 制冷循环与压缩机

8.1.1 制冷循环

(1)蒸汽压缩式制冷

蒸汽压缩式制冷机的工作原理是利用“液体汽化时要吸收热量”这一物理特性，通过制冷剂的热力循环，以消耗一定量的机械能作为补偿条件来达到制冷的目的。

蒸汽压缩式制冷机是由制冷压缩机、冷凝器、膨胀阀及蒸发器 4 个主要部件组成，并用管道连接，构成一个封闭的循环系统。制冷剂在制冷系统中历经蒸发、压缩、冷凝和节流 4 个热力过程，如图 8.1 所示。

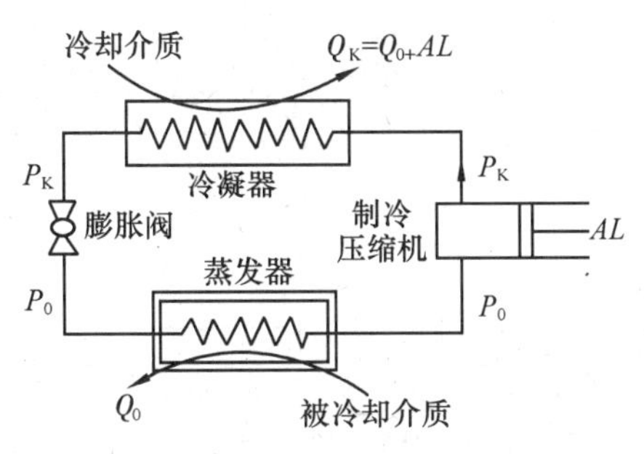

图8.1 蒸汽压缩式制冷循环原理图

在蒸发器中,低温低压的液态制冷剂吸收被冷却介质(如冷水)的热量,蒸发成低温低压的制冷蒸汽,每小时吸收的热量 Q_0 即为制冷量。

低温低压的制冷蒸汽被压缩机吸入,并被压缩成高温高压的蒸汽后排入冷凝器,在压缩过程中,制冷压缩机消耗机械功 W。

在冷凝器中,高温高压的制冷蒸汽被冷却水冷却,冷凝成高压的液体,放出热量 Q_k($Q_k = Q_0 + W$)。

从冷凝器排出的高压液体,经膨胀阀节流后变成低温低压的液体,再进入蒸发器进行蒸发制冷。

由于冷凝器中所使用的冷却介质(水或空气)的温度比被冷却介质的温度高得多,因此,上述人工制冷过程实际上就是从低温物质提取热量而传递给高温物质的过程。由于热量不可能自发地从低温物体转移到高温物体,故必须消耗一定量的机械功 W 作为补偿条件,正如要使水从低处流向高处时,需要通过水泵消耗电能才能实现一样。

目前,常用的制冷剂有氨和氟利昂。其中,氨具有良好的热力学性能,价格便宜,但有强烈的刺激作用,对人体有害,且易燃易爆。氟利昂是饱和碳氢化合物的卤族衍生物的总称,种类很多,可以满足各种制冷要求,目前国内较常用的制冷剂是 R12 和 R22。这种制冷剂的优点是无毒无臭,无燃烧、爆炸危险,但价格高,极易渗漏并不易发现。中小型空调制冷系统多采用氟利昂作制冷剂。

1979 年,科学家们发现由于氟利昂的大量使用与排放,已造成地球大气臭氧层的明显衰减,局部甚至形成臭氧空洞,是导致全球气候变暖的主要原因之一。因此,联合国环境规划署于 1992 年制定了全面禁止使用氟利昂的蒙特利尔协定书。

(2)吸收式制冷

吸收式制冷的工作原理与压缩式制冷基本相似,不同之处是用发生器、吸收器和溶液泵代替了制冷压缩机,如图 8.2 所示。吸收式制冷不是靠消耗机械功来实现热量从低温物质向高温物质的转移传递,而是靠消耗热能来实现这种非自发的过程。

在吸收式制冷机中,吸收器相当于压缩机的吸入侧,发生器相当于压缩机的压出侧。低温低压的液态制冷剂在蒸发器中吸热蒸发成为低温低压的制冷剂蒸气后,被吸收器中的液态吸收剂吸收,形成制冷剂-吸收剂溶液,经溶液泵升压后进入发生器。在发生器中,该溶液被加热、沸腾,其中沸点低的制冷剂变成高压制冷剂蒸气,与吸收剂分离,然后进入冷凝器液化,经膨胀阀节流的过程与压缩式制冷一致。

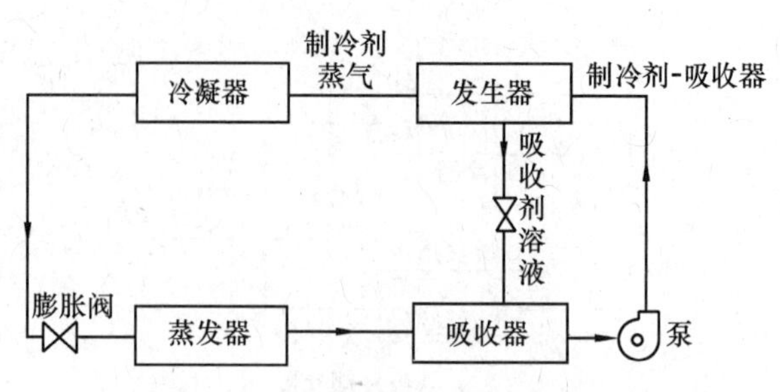

图 8.2　吸收式制冷循环原理图

吸收式制冷目前常用的有两种工质:一种是溴化锂-水溶液,其中水是制冷剂,溴化锂为吸收剂,制冷温度为 0 ℃以上;另一种是氨-水溶液,其中氨是制冷剂,水是吸收剂,制冷温度可以低于 0 ℃。

吸收式制冷可利用低位热能(如 0.05 MPa 蒸汽或 80 ℃以上热水)进行制冷,因此有利用余热或废热的优势。由于吸收式制冷机的系统耗电量仅为离心式制冷机的 20% 左右,在供电紧张的地区可选择使用。

8.1.2　制冷压缩机

制冷压缩机是压缩式制冷装置的一个重要设备。制冷压缩机的形式很多,根据工作原理的不同,可分为容积型和速度型压缩机两类。容积型压缩机是靠改变工作腔的容积,周期性地吸入气体并压缩。常用的容积型压缩机有活塞式压缩机、螺杆式压缩机、滚动转子压缩机及涡旋式压缩机等,应用较广的是活塞式压缩机和螺杆式压缩机。速度型压缩机是靠机械的方法使流动的蒸汽获得很高的流速,然后再急剧减速,使蒸汽压力提高。这类压缩机包括离心式和轴流式两种,应用较广的是离心式制冷压缩机。

(1)活塞式压缩机

活塞式压缩机是应用最为广泛的一种制冷压缩机(见图 8.3(a))。它的压缩装置由活塞和汽缸组成。活塞式压缩机有全封闭式、半封闭式和开启式 3 种构造形式。全封闭式压缩机一般是小型机,多用于空调机组中;半封闭式除用于空调机组外,也常用于小型的制冷机房中;开启式压缩机一般都用于制冷机房中。氨制冷压缩机和制冷量较大的氟利昂压缩机多为开启式。

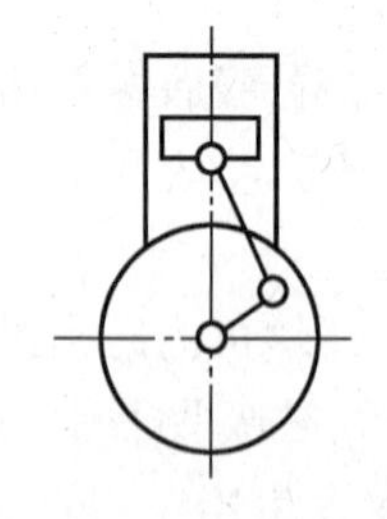

(a)活塞式压缩机

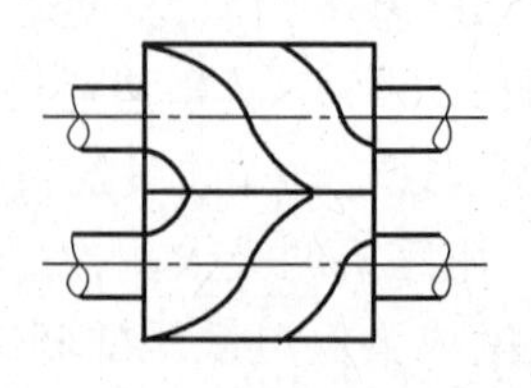

(b)螺杆式压缩机

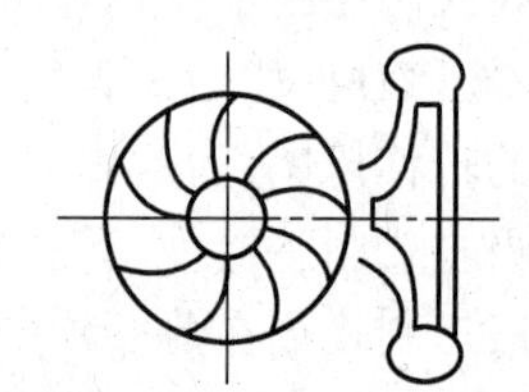

(c)离心式压缩机

图 8.3　制冷压缩机结构简图

(2)螺杆式压缩机

螺杆式压缩机是回转式压缩机中的一种(见图 8.3(b))。这种压缩机的汽缸内有一对相互啮合的螺旋形阴阳转子(即螺杆),两者相互反向旋转。转子的齿槽与汽缸体之间形成V形密封空间,随着转子的旋转,空间容积不断发生变化,周期性地吸入并压缩一定量的气体。与活塞式压缩机相比,其特点是效率高、能耗小,可实现无级调节。

(3)离心式压缩机

离心式压缩机是靠离心力的作用连续地将所吸入的气体压缩(见图8.3(c))。离心式压缩机的特点是制冷能力大,结构紧凑,质量轻,占地面积少,维修费用低,通常可在30%~100%负荷范围内无级调节。

8.2　空调冷热源流程

8.2.1　冷热源系统的分类与系统特征

(1)按布置方式分类

空调冷源按管路系统是否与大气相通可分为开式系统和闭式系统两类。

开式系统的特点是与大气相通,如图8.4(a)所示。因此,外界空气中的氧气、污染物等极易进入水循环系统,管道、设备等易腐蚀、易堵塞。与闭式系统相比,开式系统的水泵不仅要克服系统的沿程阻力及局部阻力损失,而且还要克服系统的静水压头,水泵能耗较大。因此在空调工程中,特别是冷冻水系统中,已很少采用开式循环系统。

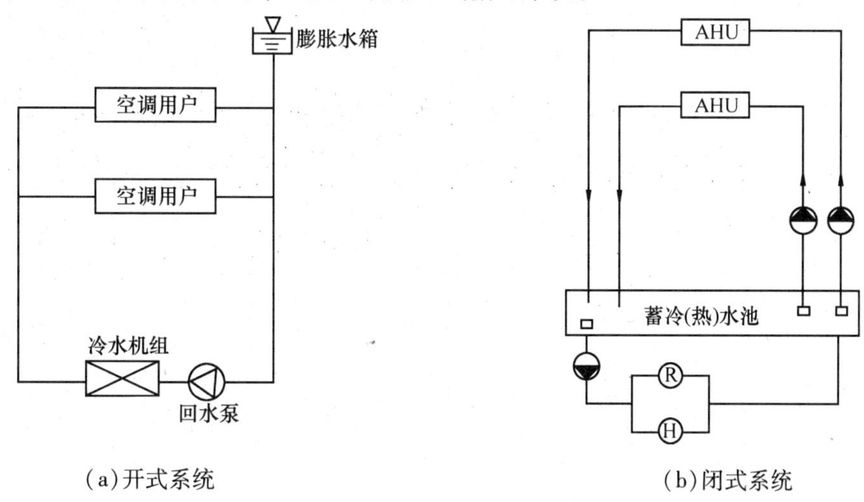

(a)开式系统　　(b)闭式系统

图8.4　开式系统与闭式系统

闭式系统由于管道及设备腐蚀小,水泵能耗小,在空调工程中被广泛应用,如图8.4(b)所示。

(2)按调节方式分类

空调冷源按调节方式分为定流量系统和变流量系统两种方式。

定流量系统的特点是系统水量不变,通过改变供回水温度差来满足室温的要求。定流量系统通常在末端设备或风机盘管侧采用双位控制的三通阀进行调节,即室温超出设计值时,室温控制器发出信号使三通阀的直通阀座部分关闭，使供水经旁通阀座全部流入回水干管中。当室温没有达到设计值时，室温控制器作用使三通阀直通部分打开，旁通阀关闭，供水全部流入末端设备或风机盘管以满足室温要求。

变水量系统中，供回水温度不变，要求空调末端设备或风机盘管侧的供水量随负荷的增减而改变，故系统输送能耗也随之变化。要求变水量系统中水泵的设置和流量的控制必须采取相应的措施。

(3)空调水系统按水泵的设置方式分类

空调水系统按水泵的设置可为一次(单级)泵系统及二次(二级)泵系统两类。

如图8.5所示，一次泵系统是在空调冷热源侧(制冷机、换热器、锅炉)和负荷侧(末端设备或风机盘管)合用水泵的循环供水方式，适用于中小型建筑。

二次泵系统即在空调水系统的冷热源侧(制冷机、换热器、锅炉)和负荷侧(末端设备或风机盘管)分别设置水泵的循环供水方式。二次泵系统适用于空调分区负荷变化大，或作用半径相对悬殊的场合，如图8.6所示。

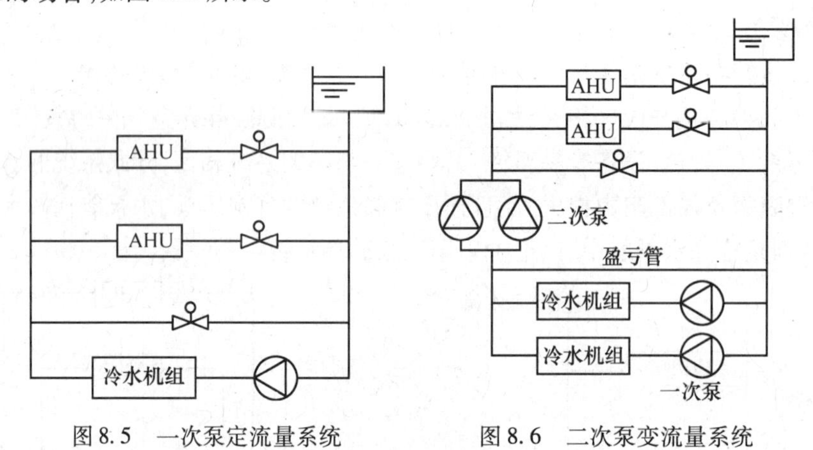

图8.5　一次泵定流量系统　　图8.6　二次泵变流量系统

8.2.2　冷热源的主要设备

(1)冷却塔

1)冷却塔类型

冷却塔是空调冷源系统的重要设备，冷却塔的性能对整个空调系统的正常运行有一定的影响。冷却塔一般用玻璃钢制作，常用以下两种类型(见图8.7)：

①逆流式冷却塔

在风机的作用下，空气从塔下部进入，顶部排出。空气与水在冷却塔内竖直方向逆向而行。逆流式冷却塔的热交换效率高，冷却塔的布水设备对气流有阻力，塔体较高，配水系统较为复杂。逆流式冷却塔因底面进风，换热效果好，使用最为普遍。

②横流式冷却塔

工作原理与逆流式相同。空气从水平方向横向穿过填料层，然后从冷却塔顶部排出，水从上至下穿过填料层，空气与水的流向垂直。横流式冷却塔的热交换效率不如逆流式，但横流塔的气流阻力较小，布水设备维修方便，冷却水阻力不大于0.05 MPa。

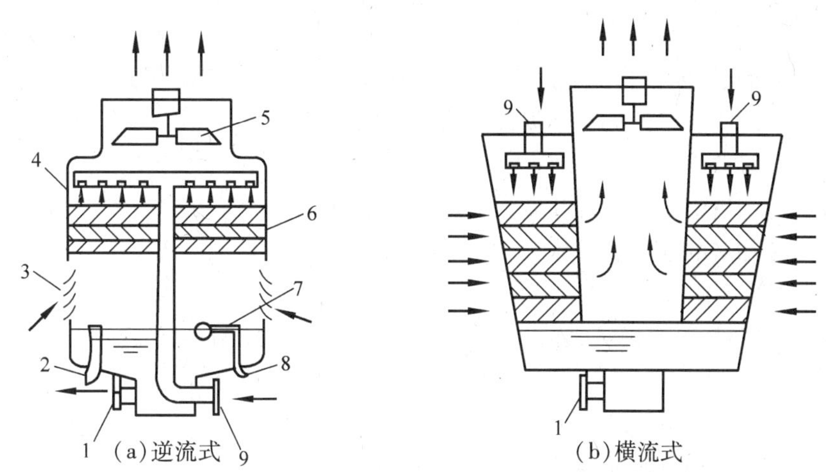

图8.7　冷却塔结构示意图

1—外壳;2—进水口;3—出水口;4—进风口;5—风机

6—填料;7—浮球阀;8—溢水管;9—补水管

2)冷却塔的选择

冷却塔的选择要根据当地的气象条件、冷却水进出口温差及处理的循环水量等参数,按冷却塔选用曲线或冷却塔选用水量表来选用。一定要注意不可直接按冷却塔给出的冷却水量选用。

其循环水量为

$$W=\frac{kQ_0}{C(t_{w2}-t_{w1})}\times 3.6 \tag{8.1}$$

式中　W——循环水量,t/h;

k——系数,与制冷机的形式有关;

Q_0——制冷机的制冷量,kW;

C——水的比热容,kJ/(kg·℃);

t_{w1}、t_{w2}——冷却水进、出口水温,℃。

对于多台冷却塔并联运行,各台冷却塔之间应设平衡管。水泵与冷却塔一一对应,每台冷却塔供回水管之间设旁通管以便相互备用。

3)冷却塔的布置原则

①冷却塔应设在空气流畅,风机出口无障碍物的地方,当冷却塔必须用百叶窗遮挡时,则百叶窗净孔面积处风速为2 m/s。

②冷却塔应设置在允许水滴飞溅的地方,当对噪声有特殊要求时,应选择低噪声或超低噪声冷却塔,并采取隔声措施。

③冷却塔不应布置在有高温空气或烟气出口的地方,否则应留有足够的距离。

④当冷却塔布置在楼板上或屋面上时,应保证其足够的承载能力。

⑤冷却塔的补水量通常取其循环水量的1%~3%。

(2)冷却水泵

冷却水泵选型时,需要确定其流量和扬程。冷却水泵的流量由制冷机组的冷凝负荷和冷凝器进、出口温差确定,其扬程可确定为

$$H = H_1 + H_2 + H_3 + H_4 \tag{8.2}$$

式中 H——冷却水泵的扬程,mH_2O($1\ mH_2O = 9.8\ kN/m^2$);

H_1——冷却水系统的沿程及局部阻力损失,mH_2O;

H_2——冷凝器内部阻力,mH_2O;

H_3——冷却塔中水的提升高度,mH_2O;

H_4——冷却塔的喷嘴喷雾压力,常取 5 mH_2O。

(3)冷冻水泵

冷冻水泵选型时,也要确定其流量和扬程。冷冻水泵的流量可确定为

$$Q = (1.1 \sim 1.2) Q_{max} \tag{8.3}$$

式中 Q——冷冻水泵的流量,m^3/s;

1.1~1.2——附加系数,水泵单台工作时取 1.1,两台并联工作时取 1.2;

Q_{max}——冷冻水泵的最大流量。

冷冻水泵的扬程可按下式确定:

对于开式系统为 $$H_k = H_1 + H_2 + H_3 + H_4 \tag{8.4}$$

对于闭式系统为 $$H_b = H_1 + H_2 + H_3 \tag{8.5}$$

式中 H_k——开式系统冷冻水泵的扬程,mH_2O;

H_b——闭式系统冷冻水泵的扬程,mH_2O;

H_1、H_2——水系统的沿程和局部阻力损失,mH_2O;

H_3——设备内部的阻力损失,mH_2O;

H_4——开式系统的静水压力,mH_2O。

H_2/H_1 对于集中供冷通常取 0.2~0.6;对于小型建筑取 1~1.5;对于大型建筑取 0.5~1.0。

空调系统主要设备阻力损失可参照表 8.1 选取。

表 8.1 设备阻力损失表

序 号	名 称	内部阻力损失/mH_2O	注 释
1	吸收式冷冻机 蒸发器 冷凝器	4~10 5~14	根据产品不同而定 根据产品不同而定
2	离心式冷冻机 蒸发器 冷凝器	3~8 5~8	根据产品不同而定 根据产品不同而定
3	冷热盘管	2~5	v=0.8~1.5 m/s 时
4	冷却塔	2~8	不同喷雾压力时
5	风机盘管	1~2	容量越大、阻力越大
6	热交换器	2~5	
7	自动控制阀	3~5	

(4)膨胀水箱

膨胀水箱的容积是由系统中的水容量和最大水温变化范围而确定的,计算公式为

$$V=\alpha\Delta tV_c \tag{8.6}$$

式中　V——有效容积(即信号管到溢流管之间容积),m^3;

α——水的体积膨胀系数,$\alpha=0.0006(1/℃)$;

Δt——最大水温差,℃;

V_c——系统内水容量,m^3。

系统水容量在设计完成后确定,也可参考表8.2的经验数据确定。

表8.2　系统内(每平方米建筑面积)的水容量/$(L\cdot m^{-2})$

	与机组结合使用的系统	全空气系统
供暖	0.7~1.3	0.4~0.55
供冷	1.2~1.9	1.25~2.0

注:供暖是指使用热水锅炉房时,当使用交换器时可取供冷时的数据;与机组结合使用的系统是指诱导器或风机盘管与全空气系统相结合时的方式。

经计算确定有效容积后,即可从现行《采暖通风标准图集T 905》(一)、(二)选择膨胀水箱的规格、型号。

(5)过滤器、除污器

系统中安装除污器或水过滤器主要是清除过滤水中杂质及水垢,从而避免系统堵塞,保证各类设备、阀门的正常工作。

除污器、过滤器一般安装在水泵吸入口、热交换器的进水管上;除污器有立式、卧式和卧式角通式3种,可根据建筑平面适当选型。

除污器和过滤器都是按连接管的管径选择确定的。

阻力计算时,除污器的局部阻力系数常取4~6;水过滤器的阻力系数常取2.2。

除污器、过滤器前后应设闸阀,以备检修与系统切断(平时常开),安装时必须注意水流方向。

(6)分、集水器

分、集水器的作用是便于系统流量分配和调节。其结构安装如图8.8所示。

分、集水器应采用无缝钢管制作,选用的管壁和封头板厚度以及焊缝做法应按耐压要求确定。确定分、集水器管径时使水通过的流速控制在0.5~0.8 m/s,分水器集水器配管间距可参考相关图集和规范。

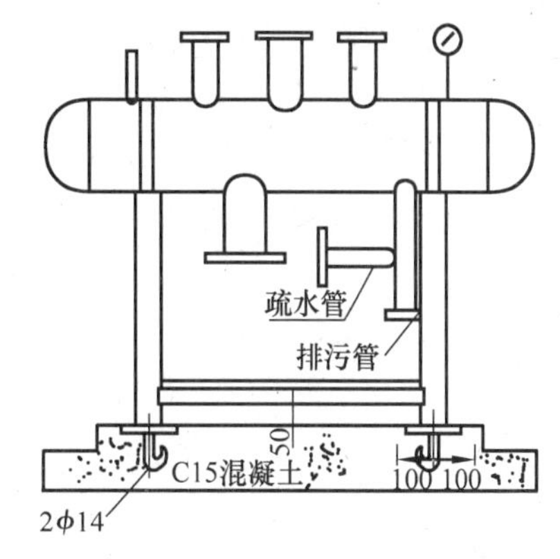

图8.8　分水器集水器配管示意图

8.3 冷热源设备设计选型实例

8.3.1 主要设备布置

制冷系统主要设备的布置应符合以下要求：

①制冷机房内设备的布置应保证操作及检修方便的需要，设备的布置应尽量紧凑以节省建筑面积。

②大中型冷水机组（离心式、螺杆式、吸收式制冷机）的间距为1.5～2.0 m，蒸发器和冷凝器一端应留有检修空间，长度按厂家要求确定。

③对分离式制冷系统，其分离设备的布置应符合下列要求：

a. 风冷式冷水机组、分体机的室外机应设在室外（屋顶）。当设在阳台或转换层时，应防止进排气短路。同时要按厂家要求布置设备，满足出风口到上面楼板的允许高度。

b. 风冷式冷凝器、蒸发式冷凝器安装在室外时应尽量缩短与制冷机的距离，当多台并列布置时，间距一般为0.8～1.2 m。

c. 卧式壳管式冷凝器布置时，外壳离墙≥0.5 m，端部离墙≥1.2 m，另一端留有不小于管子长度的空间，其间距为$d+(0.8\sim1.0)$（d为冷凝器外壳直径）。

d. 储液器离墙距离为0.2～0.3 m，端部离墙0.2～0.5 m，间距$d+(0.2\sim0.3)$（d为储液器外径），储液器不得露天放置。

④压缩机的主要通道及压缩机凸出部分到配电盘的通道宽度≥1.5 m；两台压缩机凸出部分间距≥1.0 m，制冷机与墙壁以及非主要通道间距离≥0.8 m。

⑤制冷机房净高：对布置活塞式、小型螺杆式制冷机组的房间高度一般为3～4.5 m；对于离心式制冷机，中、大型螺杆式制冷机，高度一般为4.5～5.0 m（有布置起吊设备时还应考虑起吊设备工作高度）；对吸收式制冷机，设备最高点到梁下距离不小于1.5 m，设备间净高不应小于3 m。

⑥大型制冷机房应设值班室、卫生间、修理间，同时要考虑设备安装口。

⑦寒冷地区的制冷机房室内温度不应低于15 ℃，设备停运期间不得低于5 ℃。

⑧制冷机房应有通风措施，其通风系统不得与其他通风系统联用，必须独立设置。

8.3.2 设计实例

(1)工程简介

①北京某商场，总建筑面积$S=31\ 562\ m^2$，总高度$H=22.6$ m，地下两层、地上6层，建筑为东西两部分，东边4层西边5层，局部6层为水箱间。

②地下－6.2 m的地下室布置冷冻机房、冷库、集中制冷机房、库房、副食加工房等。其中，西半部分为Ⅰ段，东半部分为Ⅱ段，在西半部Ⅰ段地下－6.2 m的地下室布置冷冻机房，在东半部分Ⅱ段布置空调机房、通风机房等。

③空调冷冻水由设在Ⅱ段地下室的离心式冷水机提供，单台制冷量为1 163 kW，设置3台

冷冻水泵及1台工作备用泵，冷冻水供回水温度为7～12 ℃。

④空调用冷却塔(3台)设于Ⅰ段5层屋顶。

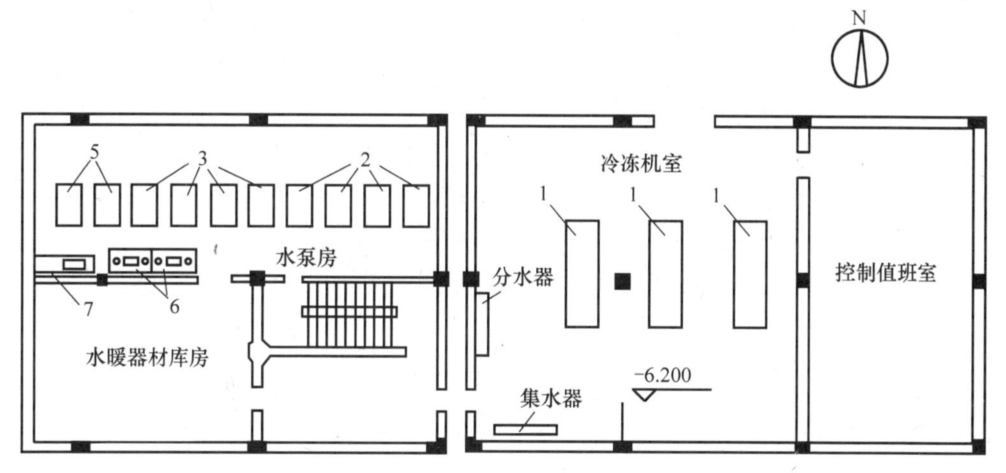

图8.9　制冷机房主要设备布置图

1—制冷机；2—冷冻水泵；3—冷却水泵；5—补水泵；6—水处理器；7—软化水箱

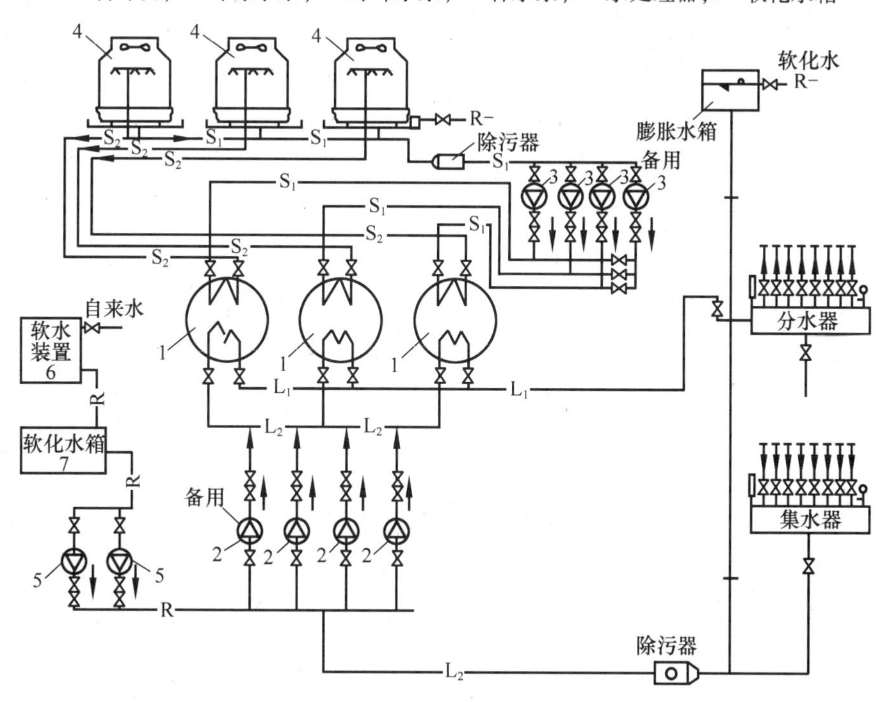

图8.10　空调冷冻冷却水系统图

1—制冷机；2—冷冻水泵；3—冷却水泵；4—冷却塔；5—补水泵；6—水处理器；7—软化水箱

(2)主要设备

①离心式冷水机组FLZ-1 000A 3台，制冷量 Q = 1 163 kW，冷水温度7 ℃，回水温度12 ℃，冷却水入口温度32 ℃，N = 300 kW。

②冷冻水泵8BA-12型4台，Q = 220～340 m^3/h，H = 25.4～32 m，N = 40 kW，三用一备。

③冷却水泵8BA-12 4台，Q = 220～340 m^3/h，H = 25.4～32 m，N = 40 kW，一备三用。

④BLS5-300 型超低噪声冷却塔 3 台，$Q=300\ m^3/h$，风量 $Q=20\times10^4 m^3/h$，$N=5.5\ kW$。

⑤冷冻补水泵 2DA-8×4 型两台，$Q=10.8\ m^3/h$，$H=40\ mH_2O$，$N=4.5\ kW$，一用一备。

⑥ZGR-Ⅲ型水处理器两台，$Q=3\sim6\ m^3/h$，外形尺寸为 $A\times B\times H=2\ 450\ mm\times800\ mm\times3\ 100\ mm$。

⑦软化水箱，外形尺寸为 $A\times B\times H=2\ 500\ mm\times1\ 500\ mm\times1\ 800\ mm$。

(3) 制冷机房主要设备布置图

制冷机房主要设备的布置如图 8.9 所示。

(4) 空调冷冻冷却水系统

空调冷冻冷却水系统如图 8.10 所示。

复习与思考题

1. 空调系统常用的制冷机有哪几种形式？其制冷原理有什么区别？
2. 压缩式制冷机由哪几部分组成？其工作原理是什么？
3. 空调水系统如何布置？

第 4 篇 建筑电气工程

第 9 章 建筑供配电系统

9.1 变电所的形式及其对建筑的要求

在电力系统中,经常利用变压器来提高发电机的输出电压,以便远距离输送,到达目的地后,还需利用变压器把电源的高电压转换成负载所需的低电压。目前用户所使用的三相变压器高压侧一般为 10 kV,低压侧一般为 400 kV。因此,变压器是输配电系统中不可缺少的重要设备,也是变电所的主要设备。

9.1.1 变电所的形式

10 kV 变电所一般指设置在室内的高低压配电装置及其土建部分,主要由 3 部分组成,即高压配电室、变压器室和低压配电室。此外，还有室外型变配电装置，即杆上变台或落地式变台。

变配电装置设在室内时，工作较稳定，受外界环境气候因素影响小，设备使用寿命较长，但其散热效果较差，一般需另加通风散热装置，工程造价较高。设在室外的变配电装置，散热效果好，工程造价相对较低，但其工作稳定性较差，设备使用寿命短。常见的变配电装置有以下几种形式。

(1)杆上变台

用于配电的三相杆上变台有两杆式和三杆式。两杆式的外形如图 9.1 所示，三杆式为变压器装在单独的两根电杆上。杆上变台附近有建筑物时，其与建筑物间距离不得小于 5 m。不足 5 m 时，在变台宽度及其两侧各加 1.5 m 的范围内(高度为变压器以上 3 m 及以下所有部分)不得有门窗，杆上变压器的容量不得大于 315 kVA。在实际工作中，杆式变压器的布置可参照国家标准图。

(2)落地式变台

落地式变台如图 9.2 所示，其为独立式露天变电所的另一种形式。一般情况下，独立式露天变电所按低压直配考虑，但个别情况下，也可设低压配电室。在这种情况下，落地式变台即与低压配电室组合成 10 kV 变电所。

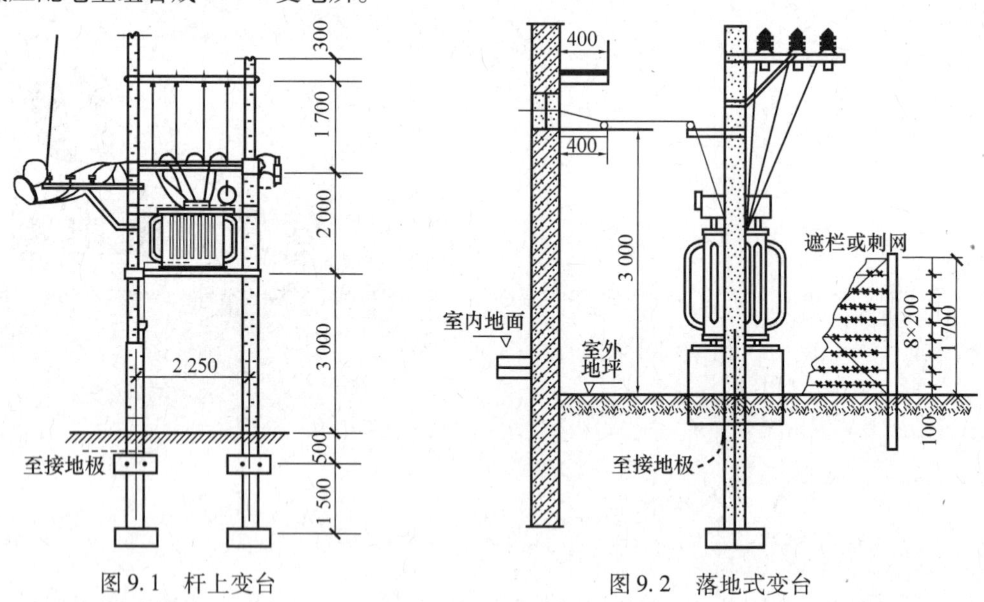

图 9.1　杆上变台　　　　图 9.2　落地式变台

(3)高压配电室

高压配电室一般只装高压配电设备，如高压开关柜、高压进线隔离开关等。当高压开关柜(包括带少油断路器的开关柜)的数量在 5 台及以下时，可与低压配电柜安装在同一房间内，若高低压配电柜的顶面及侧面外壳防护等级符合 1P2X 标准时，两者可靠近安装，若两者顶部有裸导体时，则两者之间的净距不小于 2 m。

高压配电室的长度超过 7 m，必须设置两个门，并宜布置在两端，其中，一个门的高度与宽度能垂直搬进高压配电柜，一个门与值班室直通，或经过走道与值班室相通。

高压配电室的电缆主沟在高压开关柜的下方，如图9.3所示。凡是手车式开关柜或出线电缆较多时，在开关柜背后应设副沟，其宽度为800～1 000 mm，以供敷设电缆及维护之用。若电缆型号为CNX、JYN时，电缆沟的深度为1 000 mm；若是KYN、ZSI、ZSG-10等型号电缆时，则电缆沟的深度为1 200～1 500 mm。电缆沟中的电缆多于6条时，应在电缆主沟或副沟的沟壁一侧或两侧安装电缆支架，支架上下间距为250 mm，支架上的电缆与电缆中心之间的间距不小于100 mm，以防止电缆重叠相互加热而减少载流量。

电缆沟底应有1%～3%的坡度，在坡的最低点处设集水井。在建筑物内部及地下室的电缆沟宜采用提高配电室的地坪，即夹层的做法，使电缆沟在夹层内，特别是地下室，可防止电缆沟积水，使高压配电室干燥，这时电缆沟的坡度应坡向地下集水沟或集水井。

当电源从屏后进线，需要在屏后墙上安装隔离开关及其操作机构时，在屏后维护走道的宽度应不小于1 500 mm，若屏后的防护等级为1P2X，其维护走道可减至1 300 mm。

高压配电室对建筑的要求具体为其耐火等级不应低于二级，顶板不得抹灰以防脱落，但需平整光洁。与高压配电室无关的管道，不应穿越其间。室内尽量不采暖，如装设电度表必须采暖时，暖气装置应采用焊接，且不应有法兰、螺纹接头及阀门等。

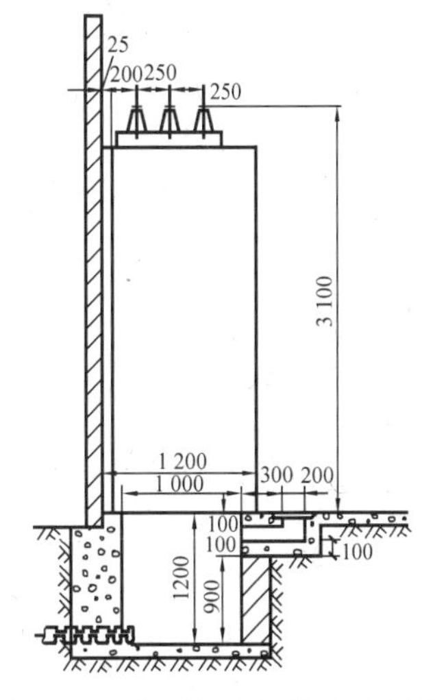

图9.3　高压柜下电缆沟示意图

(4)变压器室

在将高、低压设备和变压器分开房间布置的情况下，放置变压器的房间即为变压器室。

独立式变电所的变压器室可装设浸油变压器。敷设于民用建筑物第一层的变电所的每个变压器室内只设一台浸油变压器，且门上设防火挑檐，装设在居住建筑内的每台浸油变压器的容量不得大于400 kVA，超过时须采用非燃型的电力变压器。

变压器在室内安防的方向根据设计来确定，通常有宽面推进和窄面推进。宽面推进的变压器低压侧宜向外；窄面推进的变压器油枕宜向外。变压器的地坪有抬高和不抬高两种。地坪抬高的高度一般有0.8 m、1.0 m、1.2 m这3种，相应的变压器室高度应增加到4.8～5.7 m。

在进行变压器室内的布置时，有如下具体要求：

①每台油量在100 kg及以上的三相变压器，在室内安装时，应设在单独的变压器室内，宽面推进的变压器低压侧宜向外，窄面推进的变压器油枕宜向外，以便对变压器的油位、油温的观察，容易抽样。

②就地检修的室内油浸变压器，室内高度可按变压器吊芯所需的高度再加0.7 m；宽度可在变压器两侧各加0.8 m。

③变压器的外廓(包括防护外壳)与变压器室的墙壁、门的净距不应小于表9.1所示的尺寸。没有防护外壳的干式变压器安装在低压配电室中时，应加金属网状遮栏，其防护等级不低于1P1X，遮栏高度不低于1.7 m。

表 9.1 变压器的外廓(包括防护外壳)与墙和门最小净距

净距/m 变压器容量/kVA 项目	变压器容量/kVA (100 ~1 000)	变压器容量/kVA (1 000 ~2 000)
油浸变压器外廓与后壁、侧壁净距	0.60	0.80
油浸变压器外廓与门净距	0.80	1.00
干式变压器带有 1P2X 及以上防护等级的金属外壳与后壁、侧壁净距	0.60	0.80
干式变压器带有金属网状遮栏与后壁、侧壁净距	0.60	0.80
干式变压器带有 1P2X 及以上防护等级的金属外壳与门净距	0.80	1.00
干式变压器带有金属网状遮栏与门净距	0.80	1.00

④多台干式变压器布置在同一室内,并列成行安装时,其相互间应不小于表 9.2 所示的尺寸,表 9.2 中 A、B 的示意位置如图 9.4 所示。

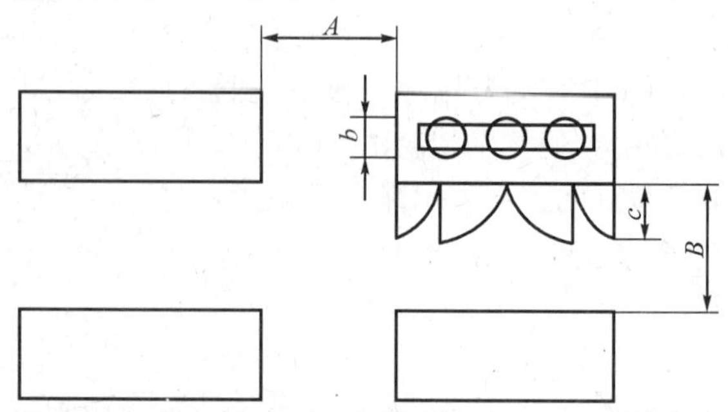

图 9.4 多台干式变压器并列安装时相互间距示意图

表 9.2 多台干式变压器并列安装时,其防护外壳间的最小净距

净距/m 变压器容量/kVA 项目		100 ~1 000	1 000 ~2 000
变压器侧面带有 1P2X 及以上防护等级的金属外壳间的净距	A	0.60	0.80
油浸变压器外廓与门净距	A	0.80	1.00
干式变压器带有 1P2X 及以上防护等级的金属外壳与后壁、侧壁净距	A	0.60	0.80
干式变压器带有金属网状遮栏与后壁、侧壁净距	B	0.60	0.80
干式变压器带有 1P2X 及以上防护等级的金属外壳与门净距	B	0.80	1.00
干式变压器带有金属网状遮栏与门净距	B	0.80	1.00

⑤变压器室内可安装与变压器有关的隔离开关、负荷开关、熔断器、高低压出线支架等。在考虑变压器布置及进出线位置时,应尽量使开关的操作机构装在近门处,便于操作。

⑥独立设置的变配电所或附设式变配电所,使用油浸变压器时,容量超过 315 kVA,应将变压器抬高安装,便于下部进风,使变压器通风冷却。变压器下部地面(除操作走道外)设卵石坑吸收变压器的漏油,卵石坑应能容纳 20% 的变压器油,在坑底设集油管并能将变压器油

引向室外，流向集油坑，附设式变电所的集油坑应离建筑物一定距离，以防变压器故障时，不致由于燃烧而影响建筑物的安全。集油坑的大小应能容纳100%的变压器油。

⑦变压器室考虑通风的目的在于排除变压器在运行中所散发出来的热量，以保证变压器在全年的任何季节都能在额定负荷下运行。运行中的变压器，在线圈和铁芯的阻抗上的能量损失占变压器额定容量的2% ~3%，并全部转化成热量，使变压器各部分加热升温，达到一定温度时，就会向周围空间释放热量，使空气也加热升温，如果此时不将热空气排出，当变压器升温到不允许的程度时，会加速变压器绝缘的老化，缩短变压器正常使用寿命，严重的会导致变压器故障。

在民用建筑中的变压器室，尤其是独立式及附设式变压器应以自然通风为主，主要靠变压器室的进出风窗。《民用建筑电气设计规范》规定：夏季的排风温度不宜高于45 ℃，进风和排风的温差不宜大于15 ℃。按照自然排风的原理，在变压器室上部墙上开出风窗，下部墙或抬高变压器部分的下部墙开进风窗。进风窗的尺寸与当地的气温、变压器室的朝向、变压器中心到出风窗的高度、变压器的损耗有关。一般变压器室尽量防止暴晒，采用白色或淡色的粉墙以改善太阳的辐射热。

变压器室的净高与变压器的起吊高度及通风要求有关，一般为4.2 ~6.5 m。变压器室的耐火等级不应低于一级；顶板及墙面均不抹灰，但需刷白；与其无关的管道不得穿越；大门的尺寸至少要比变压器外廓尺寸大0.6 m，门的材料应为非燃烧体，门上开设宽0.8 m、高1.8 m的小门，大门的上沿需设防止雨水由墙面流向室内的挑檐；与其相邻的房间，宜开设小门（防火型）作为平时巡视用。

(5)低压配电室

低压配电室一般采用低压成套配电柜，在进行室内布置及设备安装过程中，应遵循以下原则：

①低压配电室长度超过7 m时，应设置两个门，尽量布置在低压配电室的两端，其中一个门的宽度和高度应能使低压配电屏垂直搬动，当与干式变压器并列安装时，则一个门的宽度和高度应能使最大一台变压器垂直搬动。当低压配电室只开一个门时，此门不应通向高压室。

②当值班室与低压配电室合一时，则屏正面离墙距离不宜小于3 m。

③成排布置的配电柜，其长度超过6 m时，柜后面的通道应有两个通向本室或其他房间的出口，并应布置在通道的两端，当配电柜排列的长度超过15 m时，在柜列的中部还应增加通向本室的出口。

④同一配电室内的两段母线，如任一段母线有一级负荷时，则母线分段处应有防火隔墙，外壳具有1P1X—1P2X防护的配电柜例外。

⑤低压配电室通道上裸导体距地面高度不应低于下列数值：屏前操作走道为2 500 mm，不足时，可加防护遮栏，遮栏底距地不得低于2 200 mm；屏后通道为2 300 mm，否则应加护栏，护栏高度不低于1 900 mm，除掉护栏后的通道宽度仍应符合相关规范规定的最小安全距离。

⑥低压配电柜底部设电缆沟。在柜后设副沟，副沟的宽度和深度决定于出线电缆的多少，在副沟应设电缆支架，沟内两壁均有支架，沟深为800 ~1 000 mm，则沟的中间应有400 mm的间距，用以进入维护。电缆支架上下间距为250 mm，支架上电缆排列中心间距不小100 mm，以改善散热条件，以免过多地减小电缆的载流量。当一级负荷的两条电缆同在一条电缆沟时，应采用非延燃的电力电缆，并分开布置在同一沟的两侧电缆支架上。

低压配电室在建筑物内部及地下室时，可采用提高地坪，即采用夹层设置电缆沟，与高压配电室做法一致。在高层部分的低压配电室高度受限制时，可不设电缆沟，电缆可以从柜顶引至电缆托架沿平顶敷设。

低压配电室内可开采光窗，但应避开配电柜的位置。与低压配电室无关的管道不应穿越其间，需要采暖时的要求同高压配电室。低压配电柜后的通道内，应在墙壁上设照明灯。

在变配电所的土建施工及安装设备过程中，除了满足电气专业提出的要求外，还需要与土建、给排水、通风等各专业配合。

土建专业上要求变配电所的门均为防火门，门的开向应向外开，电气房间相互之间的门应能双向开或向低压方向开。变配电所的墙应为防火墙，通风窗应用非燃烧材料。同时变配电所各房间应有防止雨、雪和小动物从采光窗、通风窗、门、电缆沟等进入房内的措施。另外，变配电所各房间的内墙表面均应抹灰刷白。地坪宜采用高标号水泥抹面压光或用水磨石地面。

给排水专业方面则需要考虑如果变配电所设在地下室时的防水问题，此时不宜在地下室底板上再开设电缆沟，有条件时则用上进上出方式。若必须开设电缆沟时，应保证电缆沟的坡度方向能使积水流向地下室的排水沟。如无法做到，则应在电缆沟的坡度最低点设集水井，采用潜水泵排除积水。此外，变配电所地坪要抬高 150 mm 以上，并需在地下室外墙的内侧设排水沟且引至集水井或地漏。

为保证变配电设备能安全可靠的运行，变配电所不应设在厕所、浴室或其他经常积水场所的正下方或贴邻。同时进出地下室的电缆出入口必须采取有效的防水措施。为防止可能出现的火情，变配电所内应设置固定或手提式灭火装置，特殊情况下可设火灾自动报警装置和自动灭火装置。

从通风专业方面考虑，地上变、配电所尽量做到自然通风或局部机械通风。但地下变、配电所由于处于地下室，不可能采用自然通风，因此必须用机械通风。

9.1.2 变电所对建筑的要求

①油浸变压器室应按一级耐火等级设计，而非燃或难燃介质的电力变压器室、高压配电室、高压电容器室的耐火等级应等于二级或二级以上，低压配电室和低压电容器室的建筑耐火等级不应低于三级。

②变压器室的门窗应具有防火耐燃性能，门一般采用防火门。通风窗应采用非燃材料。变压器室及配电室的门宽宜大于设备的不可拆卸宽度的 0.3 m，高度应高于设备不可拆卸高度的 0.3 m。变压器室、配电室、电容器室的门应外开并装弹簧锁，对相邻设置电气设备的房间，若设门时应装双向开启门或门向低压方向开。

③高压配电室和电容室窗户下沿距室外地面高度宜大于或等于 1.8 m，其临街面不宜开窗，所有自然采光窗应不能开启。

④配电室长度大于 8.0 m 时应在房间两端设两个出口，二层配电室的楼上配电室至少应有一个出口通向室外平台或通道。

⑤变配电所(室)所有门窗，当开启时不应直通具有酸、碱、粉尘、蒸汽和噪声污染严重的相邻建筑。从安全角度考虑，门扇应向外开启；为满足人员出入和设备搬运要求，门的宽度应比设备尺寸多 0.5 m；长度在 7 m 以内的房间可设一个门，超过 7 m 时应不少于两个门。窗户应满足采光、通风和耐火等要求，避免西晒。门、窗、电缆沟等应能防止雨、雪及鼠、蛇类小动物进入屋内。

9.2　供电系统线路及其安装要求

9.2.1　供电系统概述

供电系统是指电能的生产、输送和分配过程中，由各种电压等级的电力线路将一些发电厂、变电所和用户联系起来的一个整体。其中包括了各种类型的发电厂、变电站、电网和用户，如图9.5所示。

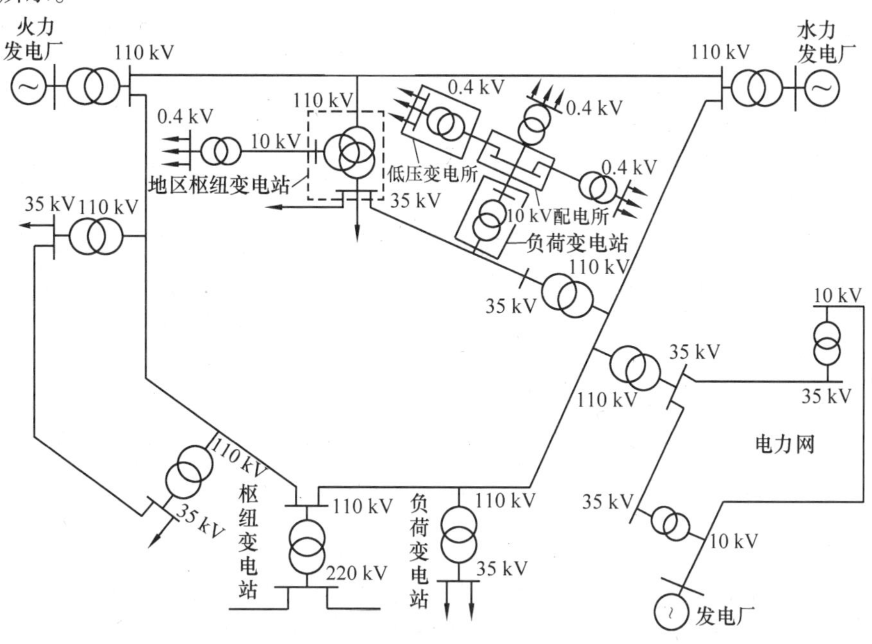

图9.5　电力系统示意图

(1)电能的生产、转送和分配

电能为一切现代化的部门提供一种使用灵活、转换容易、输送经济方便的能源。发电厂是生产电能的工厂，它通过发电设备将一次能源(煤炭、石油、天然气的化学能及水能、核能、太阳能、地热能、风能、潮汐能等)转化为电能(二次能源)。目前，我们国家发电的主要形式是火力发电和水力发电，另外还有少数其他形式的发电厂。

发电厂生产的电能需要通过输配电系统将电能输送到用电地区，然后分配给用户。为了充分合理地利用能源，通常把大、中型发电厂建造在自然能源蕴藏丰富的地区，一般距用电地区都很远。在远距离输电中，线路很长，输电线上的电能损失是不可忽视的。因此，为了能经济、有效地远距离输电，就必须提高输电电压，以减少电能的损失。但是，输电电压的升高是有一定限度的。决定输电电压高低的主要因素是输电容量与输电距离。目前，我国远距离(超过50 km)输电电压一般采用110～220 kV，小容量近距离的输电电压则采用6～35 kV。

(2)供电系统的组成

供电系统由发电厂、升压变电所、降压变电所、用户和电力网组成。各组成部分的作用如下：

1)发电厂

发电厂的基本作用是将各种形式的非电能转换成电能。

2)升压变电所

升压变电所主要有升压变压器、开关柜及一些安全设施和装置。变压器是基于电磁感应的原理,使电压可由低变高或由高变低的电器设备。高压输电经济,在线路上的损耗小,一般有 110 kV、220 kV、500 kV 及以上的高压,由此将电能输送到电能用户区。但发电机发出的电压,考虑到材料的绝缘性能、制造成本等因素,一般是 6 kV、10 kV 或 15 kV。因此,必须通过升压变压器才能将发电机发出的电能送到高压输电线上去。

3)降压变电所

由于低压用电设备安全、经济,因此在电能送入用户时,要将高压变换为所需要的电压。一般电气设备的额定电压为 220 V/380 V。因此,要通过降压变电所,降低输送来的电压。一般要经过几级降压,才能送到用户使用。

4)电能的用户

通过低压供配电系统,将电能送到各个用电设备。最常用的低压供配电系统为三相四线制,即在配电变压器的低压侧引出 3 根火线和一根零线。这种供电方式既可供三相电源(380 V)的动力负载用电,如电动机;也可供单相电源(220 V)负载,如照明用电。因此,低压配电系统应用最为广泛。

5)电力网

连接发电厂和变电所、变电所和变电所、变电所和用电设备的各种电压等级的电力线路,称为电力网。

9.2.2 工业与民用建筑供电系统

建筑供电系统是指针对一般工业与民用建筑内电压范围为交流 10 kV 及以下,直流 1 500 V 及以下的供配电及其保安措施。系统通常由总降压变电所、高压配电线路、分变电所、低压配电系统和用电设备组成。

(1)对建筑供电系统的要求

对一般单体建筑及居民小区而言,通常采用 10 kV 高压进线,经过变电所降压为一般电器设备可以直接使用的 380 V 和 220 V 低电压。在这个过程中,对建筑供电系统也提出了如下一些要求:

1)保证供电的可靠性

根据建筑的特点,为了保证人员和设备的安全,对供电的可靠性提出了特殊要求。应根据建筑物内用电负荷的性质和大小,外部电源情况,负荷与电源之间的距离,确定电源的回路数,保证供电可靠。同时,应对负荷进行分析,合理划分级别,以便正确地设计供配电系统,既不造成浪费,又不使建设费用增加。

根据负荷的大小,应同供电部门协商确定两回路电源是同时供电,还是采用一用一备的供电方式,并由此确定高压供电系统是单母线分段运行还是单母线运行。两回路电源同时供电时,单母线分段运行方式具有供电可靠性高、操作方便的优点,适用于负荷大、高压出线回路少的工业与民用建筑。

2)满足电源的质量要求

稳定的电源质量是用电设备正常工作的根本保证,电源电压的波动、波形的畸变、多次谐波的产生都会使智能建筑用电设备的性能受到影响,对计算机及其网络系统产生干扰,导致使用寿命缩短,使控制过程中断或造成失误。因此,应该采取措施,减少电压损失,防止电压偏移,抑制高次谐波,为建筑提供稳定、可靠的高质量电源。

3)减少电能损耗

现代建筑配电电压一般采用10 kV,只有证明6 kV确有显著优越性时,才采用6 kV电压。有条件时也可采用35 kV配电电压。高压深入负荷中心,以减少6~10 kV配电线路中的电能损耗,这在节约用电及降低经营成本,加强维护管理等方面具有实际意义。

4)接线简单灵活

建筑供电系统的接线方式力求简单灵活,便于维护管理,能适应负荷的变化,并留有必要的发展余地。同时要充分考虑节约投资,降低运行费用,减少有色金属的消耗量。

(2)建筑供电系统的常用方案

1)常用的高压供电方案

①常用的几种高压供电方案(见图9.6)。

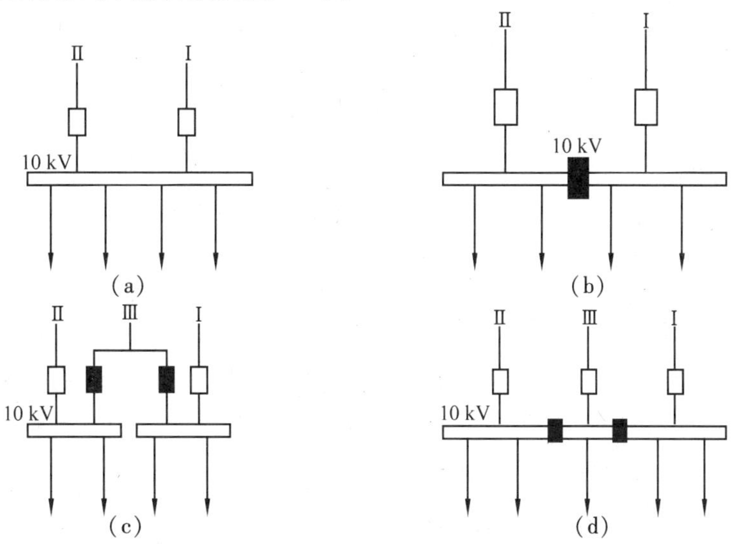

图9.6　常用高压供电方案示意图

方案图9.6(a)为两路高压电源,一用一备。当正常工作电源事故停电时,另一路备用电源自动投入。在具体工程应用时,可将两路电源作为互为备用,这样给供电部门运行调度上带来一定的灵活性,这种供电方案在我国目前电力还不十分充足的情况下比较恰当。

方案图9.6(b)为两路电源同时工作,当其中一路发生故障时,由母线联络开关对故障回路供电。同方案图9.6(a)比较,增加母线联络柜和电压互感器柜,于是变电所面积增加。

方案图9.6(c)为三路电源,正常时两用一备。当任一工作电源故障时,可通过备用电源开关向故障回路供电,其自动联锁线路可设计成同方案图9.6(a)一样,即互为备用,使电力系统调度更加灵活。备用线路的故障监视同方案图9.6(a)的备用电源。

方案图9.6(d)为三路电源。电源Ⅰ与电源Ⅲ和电源Ⅱ与电源Ⅲ,通过中间母线联络开关互为备用。此方案较方案图9.6(c)增加一个电源柜和一个电压互感器柜,建筑面积也相应增大。

②环网供电方案

如图 9.7 所示为典型的双电源环网供电方案,两路电源来自变电所的不同母线或者不同的变电所,正常情况下 1DL、2DL 断路器闭合,3DL 断路器断开,为开路运行。当某一环节故障时,合上 3DL 断路器,操作其相应的开关,恢复对故障部位的供电。由于人工操作 3DL 及其他开关需一定的时间,因此对于一些重要用户采用双电源双环网供电方案。

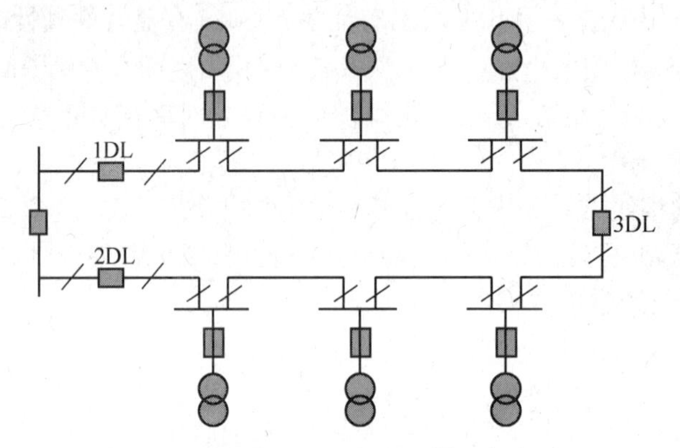

图 9.7　典型双电源环网供电方案

环网供电方案结构简单,投资较少,可靠性高。在我国南方的广州、深圳、上海浦东等城市和地区被广泛使用。

2)低压配电系统

低压配电网络是现代建筑供配电系统的重要组成部分。低压配电网络的设计与运行,包括配电方式、配电系统的确定,导线、电缆型号、规格的选择和线路敷设等内容。在设计与运行过程中,还涉及配电系统的保护问题。

在配电系统设计和运行中,必须保证系统的可靠性和电能质量的要求。要考虑到当一台变压器或配电干线发生故障时,均不应影响建筑物内部重要设备的用电,把故障造成的影响缩减至最小。因此,变压器的负荷率不要太高,应有一定的裕量,大型建筑的配电,一般分为工作和事故两个独立系统,两个系统的配电干线之间设有联络开关,互为备用。低压配电系统的各级保护用开关,宜采用低压断路器。保护装置的确定,要注意级间的选择性配合。对于民用住宅,在终端配电箱装设漏电保护开关,保证安全用电。

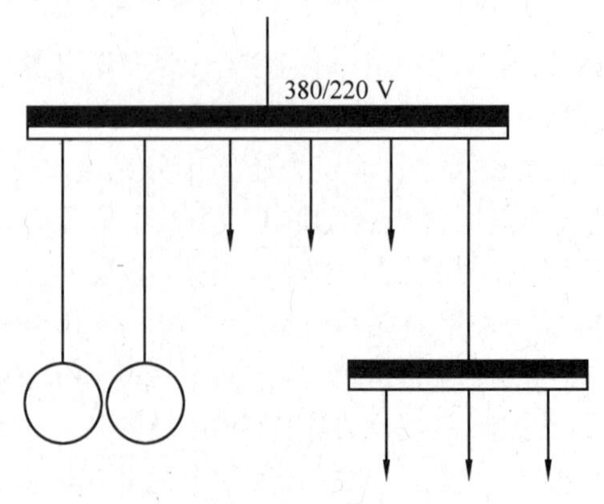

图 9.8　放射式配电系统示意图

低压配电系统可分为放射式和干线式两大类。

①放射式配电系统。

放射式配电系统如图9.8所示。该配电系统的可靠性较高,配电设备集中,检修方便。但系统灵活性较差,有色金属材料消耗量较多,一般适用于容量大、负荷集中或较重要的用电设备。对于消防水泵、消防电梯等,均采用双网路放射式配电。

②干线式配电系统。

干线式配电系统如图9.9所示。这种配电系统较为灵活,接线方便,所需配电设备及线路耗料较少,但干线故障时影响范围大,一般适用于用电设备分散程度比较均匀、容量不大、又无特殊要求的场合。

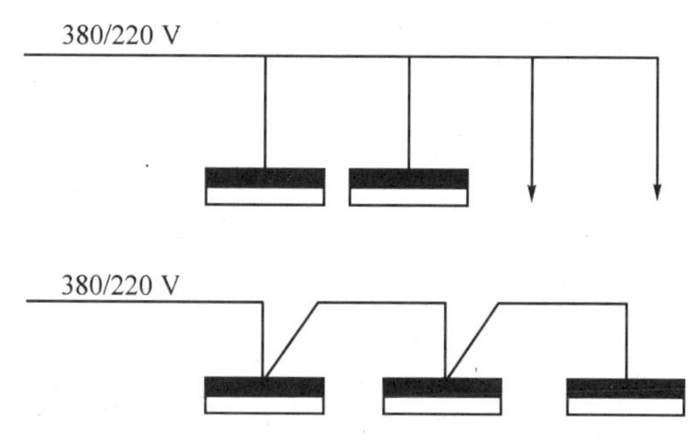

图9.9　干线式配电系统示意图

在高层民用建筑中,对各楼层电力、照明设备的供配电,由于各楼层用电负荷比较均匀,采用干线式配电系统比较合理(见图9.10)。

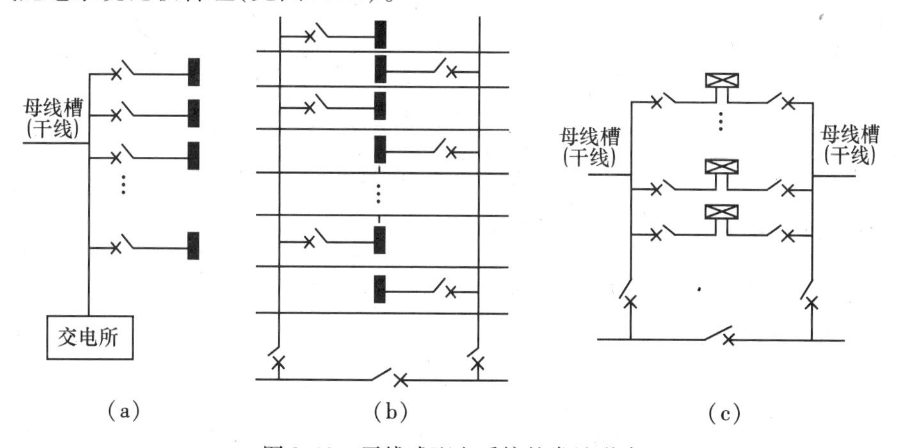

图9.10　干线式配电系统的常见形式

图9.10(a)适用于各楼层一般负荷的配电,干线采用大容量的密集型封闭母线槽,所带的层数为5层以上,母线槽一旦发生故障,该母线所带负荷均停止供电,可靠性较高。

图9.10(b)为双干线配电方式,当其中一条母线发生故障,部分楼层停电,而上、下层仍然供电,因而增加了配电系统的可靠性。

图9.10(c)为对一些重要负荷的配电方式。例如,各楼层走道照明或分散在各楼层的计算机终端的配电(计算机终端电源侧再设置UPS装置)。这种配电方式可靠性大,在建筑中广泛应用。

③链式配电系统。

链式配电系统与干线式配电颇为相似(见图 9.11)。适用于距离变电所较远而彼此相距较近的不太重要的小容量用电设备。链接的设备数量一般不超过 3 台或 5 台。

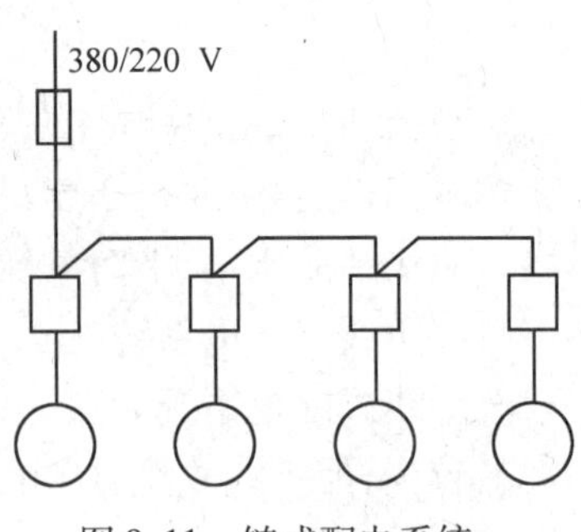

图 9.11　链式配电系统

在低压配电系统的设计与运行维护中,应注意以下 6 点:

a. 应保证对重要负荷的供电可靠性,第一类负荷和重要的第二类负荷应有备用电源。

b. 一般应将动力和照明分别配电。配电系统要接线简单,操作方便,便于检修。

c. 由建筑外引来的配电线路,应在室内靠近进线处便于操作维护的地方装设进线开关。

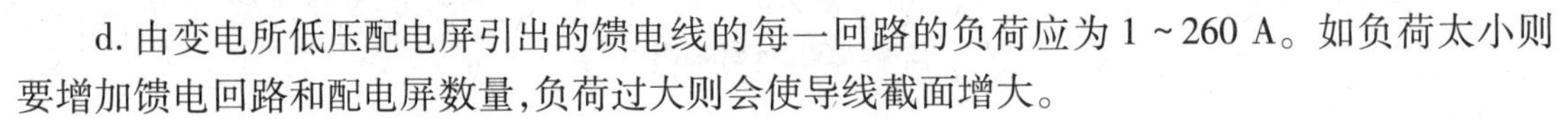

d. 由变电所低压配电屏引出的馈电线的每一回路的负荷应为 1 ~ 260 A。如负荷太小则要增加馈电回路和配电屏数量,负荷过大则会使导线截面增大。

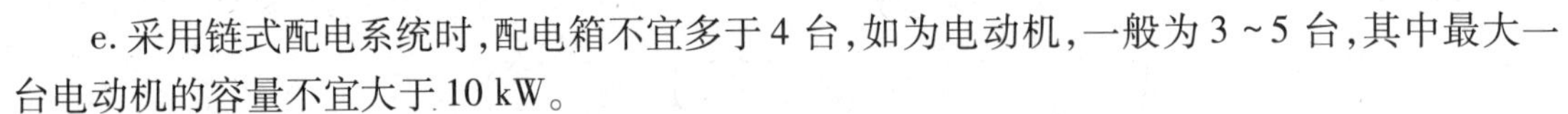

e. 采用链式配电系统时,配电箱不宜多于 4 台,如为电动机,一般为 3 ~ 5 台,其中最大一台电动机的容量不宜大于 10 kW。

f. 单相用电设备应适当配置,力求三相平衡。对于三相负荷不平衡的场所,由单相负荷不平衡所引起的中性线电流不得超过变压器低压侧额定电流的 25%,且任何一相的负荷电流都不得超过额定电流值。

3) 大型工业与民用建筑的供电系统

目前,大型建筑的配电一般都分为工作和事故两个独立系统。当电力和照明分开时,则有电力工作、电力事故、照明工作、照明事故 4 个配电系统。而在具体的配电形式上则常用放射式和干线式相结合的混合式配电系统。

地下设备层和裙层,大容量的用电设备较多,一般采用电缆放射式对单台设备或设备组供电,电缆沿电缆沟、电缆支架或电缆托盘敷设。如果电线数量较多,线路较短,则可采取穿钢管明设,这样不影响地面的使用。

高层建筑上部各层配电有几种方式,工作电源采用分区树干式。所谓分区,就是将整个楼层依次分成若干个供电区,分区层数一般为 2 ~ 6 层,每区可以是一个配电回路,也可分成照明、动力等几个回路。电源线路引至某层后,通过 π 形分线箱再分配至各层总配电箱。各层的总配电箱直接用链式接线方式连接。

工作电源也可采用由底层至顶层的垂直母干线向所有各层供电。干线采用密集型封闭式母线槽。各层的总配电箱通过由接触器和低压断路器组成的分线箱与母线槽连接,以便在配电室或消防控制中心进行遥控,在发生事故时切断事故层的电源。为了供电可靠,通常还设置一回路备用的母干线。各层总配电箱内装设双投开关与两路母干线相连接。密集型封闭母线槽安装在电气竖井内。

各层事故照明也可用分区树干式或垂直大树干式供电,事故照明配电方式不受工作电源配线方式的影响。事故照明电源直接引自变电所低压配电屏事故照明回路。

若楼层不多(仅为十多层),负荷又不太大,则可采用导线穿钢管在竖井内敷设,钢管可暗设在墙体内。

楼顶电梯回路不能同楼层用电回路共用,应由变电所低压配电屏单独回路供电。消防电梯、排烟、送风设备属于重要的消防用电设备,应由两个回路(其中有一备用回路)供电,并在末级配电箱内实现自动切换。

楼层的配电方式有以下两种:

①照明与插座分开配电。这种配电方式是将楼层各房间照明和插座分别分成若干个支路,再接到配电箱内。其优点是照明和插座互不干扰,若照明回路发生故障,房间内还可以临时利用插座回路照明。旅馆、办公楼、科研楼等多采用这种配电方式。这是目前民用建筑配电的一种常用方式,并且一般在插座回路加装漏电保护开关。

②旅馆客房的另一种配电方式便是每套房间内设置一个接线盒,整套房间为一配电支路,各层配电箱以树干式方式向各套房间配电。这种配电方式的优点是故障时客房之间互不影响。

如图9.12所示为大楼配电的4种典型方案。

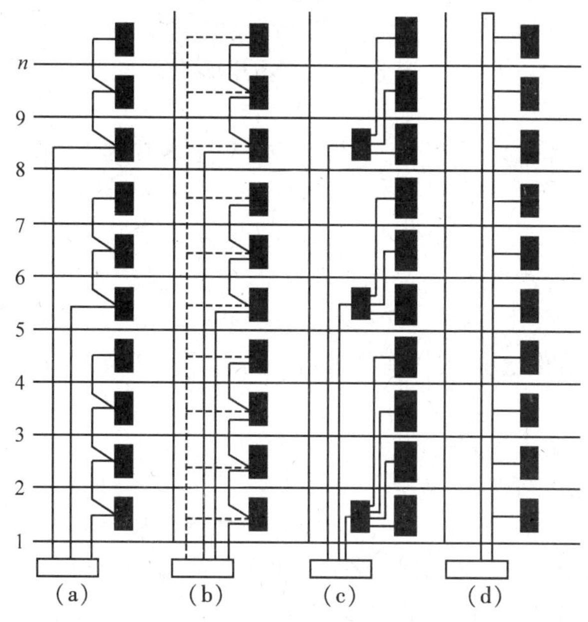

图9.12　典型的低压配电系统

方案(a)、(b)、(c)为混合式配电,又称为分区树干式配电系统。每回路干线对一个供电区配电,可靠性比较高。

方案(b)与方案(a)基本相同,只是增加一共用的备用回路。备用回路也采用大树干式配电方式。

方案(d)适用于楼层数量多、负荷大的大型建筑物,如旅馆、饭店等,采用大树干式配电方式,可以大大减少低压配电屏的数量,安装维修方便,容易寻找故障。分层配电箱置于竖井内,通过专用插件与母线呈T形连接。

方案(c)与方案(a)、(b)比较,增加了一个中间配电箱,各个分层配电箱的前端都有总的保护装置,从而提高了配电的可靠性。

采用分区树干式配电方式时,一般采取电缆配线。配电分区的楼层数量,根据用电负荷性质、负荷密度、防火要求和维护管理等条件确定。当负荷密度为50 W/m^2 左右时,一般为5~6层,而对于一般高层住宅,可适当增加分区层数。但最多不超过10层。当负荷密度达

70 W/m^{2}时,对于20层及以上的高层建筑物,宜采用变压器-母干线方式配电。

为了安全可靠,大型旅馆各层配电和各种用电设备的分支线路,宜采用钢管配线,并用铜芯绝缘线。为了消防安全和节约能源,各客房的电源最好采取集中控制,实行统一管理。

9.2.3 供电系统线路的安装要求

(1)室外供电系统线路的安装要求

在民用建筑中最常见的室外线路有低压1 kV及以下,绝缘导线沿建筑物外墙、屋檐下瓷柱、瓷瓶明敷;或高低压电缆线路直接埋地敷设或沿电缆沟、电缆隧道敷设;高压是指3 ~ 35 kV,最常用的为6 ~ 10 kV;低压是指380/220 V。

1)电缆线路的敷设

室外电缆线路在敷设上一般应遵循以下要求:

①宜选择最短路径,以减少线路功率损耗及沿线电压损失,提高供电质量。结合已有的和拟建的建筑物位置,尽量避开规划中建筑工程需要开掘的地方,以防电缆受到机械损伤和不必要的搬迁。

②尽量避开或减少穿越公路、铁路、通信电缆及地下各种管道(热力管道、上下水管道、煤气管道等)。

③电缆敷设方式有直接埋地敷设、沿电缆沟敷设、沿电缆隧道敷设及电缆沿架空线路的电杆敷设。应按电缆敷设处的环境条件、电缆的数量、线型及载流量大小的经济比较决定敷设方式。如规划已就绪,土方开挖的可能性很小,对已建或预建的建筑物供电已有较为明确的规定,沿路有较开宽阔的敷设地段,又没有特殊污染的场所,电缆数量又不多,一般采用直接埋地敷设。

另外,由于负载大,敷设时应选用载流量较大的电缆线型,以防电缆间相互加热而过多地减少电缆载流量,也宜采用直接埋地敷设,但电缆线路较多,而且按规划沿此路径的电缆线路时有增加,为使用及施工方便,应采用电缆沟敷设。当电缆数量相当多,采用电缆沟安装不下时,应采用电缆隧道敷设,它适用于中小城市的城区供电,新建的经济开发区、占地面积达几十公顷的生活小区供电,也有采用电缆在排管内敷设,适用于路径较窄不宜直接埋地敷设的地段。

如图9.13所示为35 kV及以下直埋电缆壕沟。

④电缆为直埋、电缆沟、电缆隧道敷设,凡跨越铁路、道路路面的,引入建筑物内部或引出地面都应采用电缆穿管保护,以防电缆受到机械损伤。

2)架空线路

目前,新建的经济小区、生活小区很少用架空线路,很多大中城市及工业发达的小城镇,一是由于用电量加大、线路增多;二是为了市容,也逐步将架空线路改成电缆线路。目前,在老的工业区、边远地区的城市尚有架空线路,在城镇民用建筑中架空线路几乎绝迹。但有些开发区正好建在高压架空线路经过的地方,或者有些建筑物正好建在来不及改造的架空线路附近。这种情况在建筑的设计或施工时就需要注意与架空线路之间的配合问题。

如图9.14所示为室外电杆架空线路。

架空线路一般都沿道路平行敷设,应避免通过起重吊装频繁活动的地区,减少与其他设施的交叉和跨越建筑物,也应尽量减少跨越道路及铁路。

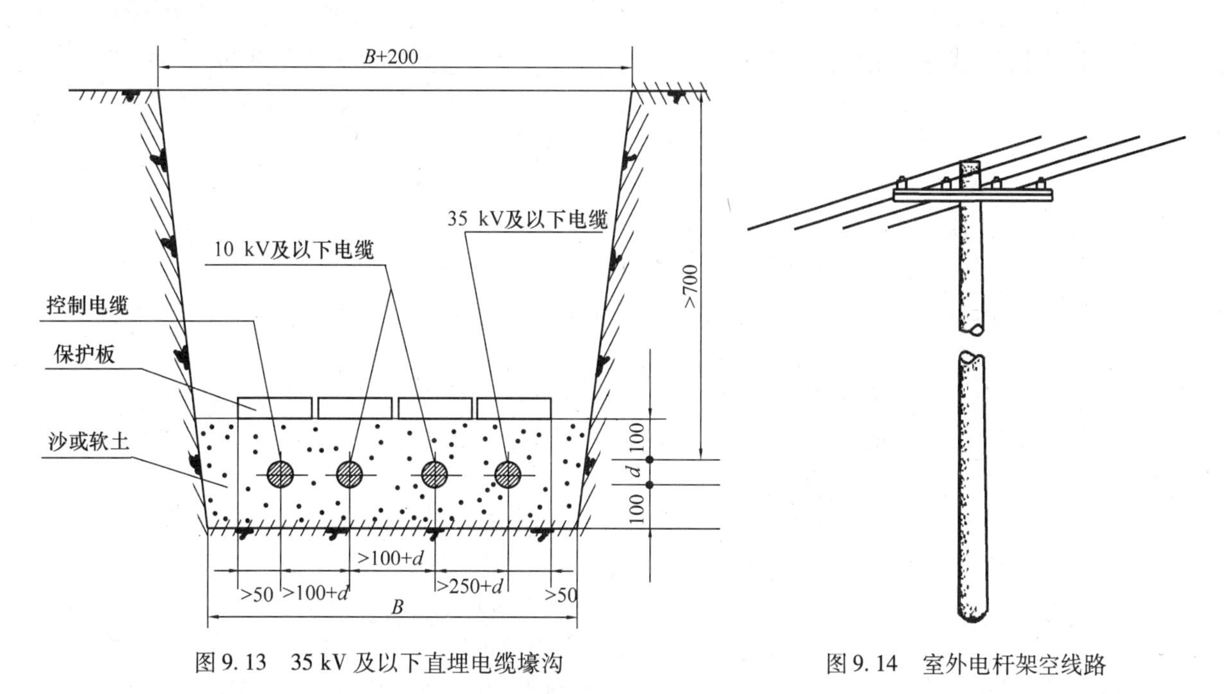

图 9.13　35 kV 及以下直埋电缆壕沟

图 9.14　室外电杆架空线路

高压接户线不应跨越马路和人行道,低压接户线允许跨越,但在跨越的线路中间不应有接头,其导线的最低点与人行道及马路的垂直距离及高低压接户线对地距离应留有足够的安全距离。

低压接户线不应从高压引下线间穿过,所有接户线严禁跨越铁路。对特低的房屋,低压接户线低于 2.5 m 时,在其屋顶上应架设支架或加落地接户杆,以绝缘线穿管引入,所有引入线的管子在引入口制成鸭脖,以防雨水自穿线管引入室内配电设备。低压接户线截面大于 16 mm^2 时采用蝶式绝缘子,小于 16 mm^2 时用针式绝缘子。

架空线路与架空线路、架空线路与铁路、道路及其他设施之间交叉或平行、架空线路导线与地也须留够安全距离,此外,有些新规划区可能在山区,在建设中也会碰到架空线路沿山路布局,则线路与山坡、峭壁之间的最小安全间距也必须考虑。

3)沿建筑物外墙敷设的低压线路

沿建筑物外墙敷设的低压线路的形式如图 9.15 所示。

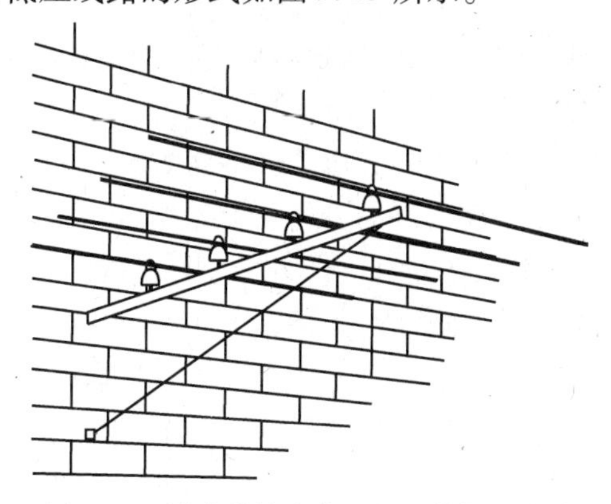

图 9.15　沿建筑外墙敷设的室外架空线路

低压线路沿建筑外墙敷设时的具体形式如下:

①绝缘导线瓷柱、瓷瓶明敷。沿建筑物外墙明敷的低压线路，除敷设在没有窗户的墙上，可用铝和铜胶线外，其余都应用绝缘导线，由于长期暴晒在阳光下，宜采用 BXF 及 BLXF 型导线。

②绝缘导线穿管沿建筑物外墙敷设。因穿线管弯头及长度有一定限制，为避免设置过多的拉线箱，这种布线的线路不会太多，一般不超过两路。沿墙固定用管卡，或设短角钢支架敷设。固定点间距、拉线盒设置等要求与室内穿管明敷线相同。

③电缆用支架或托盘沿建筑物外墙敷设离地应大于 2.5 m，支架及托盘支点的间距、电缆排列、电缆弯曲半径等都与室内电缆明敷时的要求相同。

(2)室内供电线路的安装要求

在民用建筑中除交配电所外，几乎已不用裸导体布线。各种布线可在建筑物内沿地坪、墙、吊顶、柱、梁或高层建筑内的电气竖井敷设。

布线位置及敷设方式应根据建筑物性质、要求和用电设备的分布及环境特征等因素确定。如大型民用建筑，一般变配电所设在地下室、转换层或避难层，在变配电所中的电缆常采用电缆沟敷设，沿出线方向用电缆托架上引至梁底出线或下引至下一层梁底出线；再沿梁底用电缆托架敷设至各竖井。在电气竖井中用电缆托架垂直敷设至各用电层。有的电缆进入竖井后改用紧密母线。每层的电力照明支干线都采用绝缘导线穿管沿地坪、墙、吊顶暗敷。在高层建筑中，为防止线路感应过电压，穿线管大都用钢管。大面积的照明支线也有用塑料护套线在线槽中敷设，至每路第一个灯的接线后，改用绝缘线穿管敷设至后面的各个灯。在变电所同一层的集中用电设备，采用放射式供电时，可用绝缘线穿管埋地敷设。

在多层民用建筑、特别是住宅建筑中，进线用电缆穿管沿地坪暗敷至进线箱，干线改用绝缘线穿管沿墙暗敷或明敷，支线可采用绝缘线穿硬塑料管沿地坪、墙、吊顶暗敷，也可用绝缘线穿半硬塑料管沿墙缝、板缝、板孔暗敷，也可用塑料护套线卡钉明敷。

在线路敷设的路径中，尽可能避开热源，必须平行或跨越敷设时，应不小于规范要求的距离。尽量避开有机械振动或易受机械冲击的场所，如柴油发电机的下方，电梯修理坑的下方。尽量避开有腐蚀或污染的场所，如线路尽量不穿越卫生间、热交换间、开水间、厨房等，线路经过建筑物的伸缩缝及沉降缝时，应按规范要求进行处理。

1)瓷(塑料)线夹、瓷柱及针式绝缘子敷线

在民用建筑中这种敷线方式已很少采用，只有在潮湿、多尘场所，如大众化浴室、小型加工工业厂房中，其支线用瓷夹或塑料线夹敷设，干线采用瓷柱或针式绝缘子敷设。

2)塑料绝缘护套线沿墙、平顶明敷

塑料绝缘护套线卡钉明敷，主要用在装修要求不高的照明布线中。

塑料绝缘护套线沿墙、沿平顶及构件的表面用卡针明敷。卡钉有铝皮卡用木杆及铁钉固定，也可采用标准的三芯、二芯的塑料卡钉，将护套线扣入塑料卡钉，卡钉的另一端用钢钉直接打入混凝土或砖墙上固定，卡钉的固定间距不得大于 300 mm。

严禁塑料绝缘护套线直接敷设在吊顶内，也不应将它直接埋入墙壁和顶棚的抹灰层内，以免绝缘老化、开裂造成电线走火伤人的严重后果。

在照明支线集中敷设的场合，常用塑料绝缘护套线安装在带盖的钢线槽中，每个线槽中的载流导线不宜超过 30 根，导线包括外护层的总截面不超过线槽截面的 20%。此线槽可安装在建筑物的吊顶内，但沿线槽路径部位的天花板，要能自由开启，以便线路维护检修。自线槽

中引出的护套线穿管敷设,至第一个灯后可改用绝缘线穿管敷设。

塑料护套线与接地线、水管紧贴交叉时,应加绝缘套管保护。

3)绝缘导线穿金属管明敷或暗敷

穿管线路可在室内沿墙、平顶或电气竖井明敷,也可沿地坪、墙、吊顶暗敷。它是民用建筑中最常见的一种敷线方式,如图9.16所示。

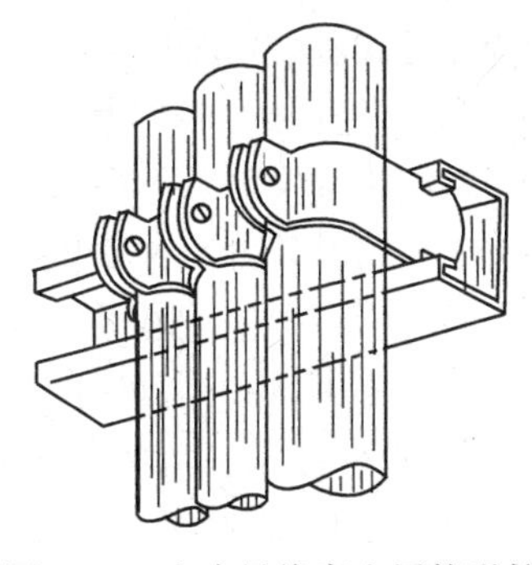

图9.16 室内导线穿金属管明敷

明敷于潮湿场所,如浴室、锅炉房、厨房以及直接埋入土壤中的穿管线路,宜采用水煤气管,又称白铁水管,个别室外不重要用户,距离在15 m以下时,也可用绝缘导线穿白铁水管埋地敷设,以防穿线管锈蚀。明敷在干燥场所可用电线管,又称薄铁管;暗敷于干燥场所可用焊接钢管,又称厚铁管。暗敷于地下的管线不应穿过设备基础,穿过建筑物基础时应加套管保护。钢管线路明敷时路过建筑物的沉降缝及伸缩缝处可用软管经过渡接头连接,使软管有一定的弛度,软管的另一头用尼龙软管接头与拉线箱固定,当建筑物发生错位时,使线路不会受到机械拉伸,如图9.17所示。

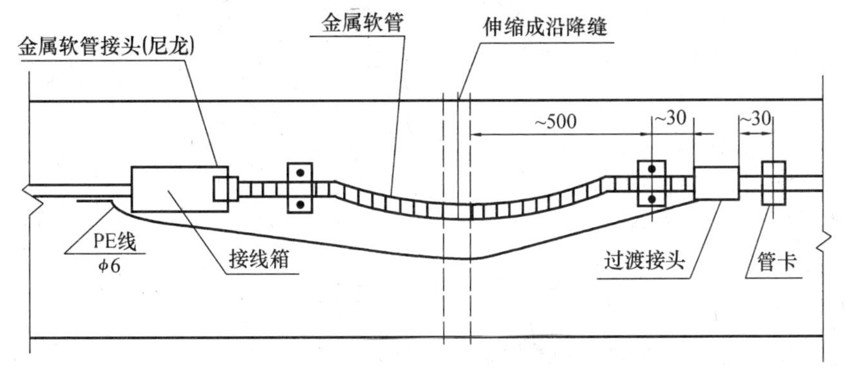

图9.17 钢管线路明敷时过伸缩缝或沉降缝的安装

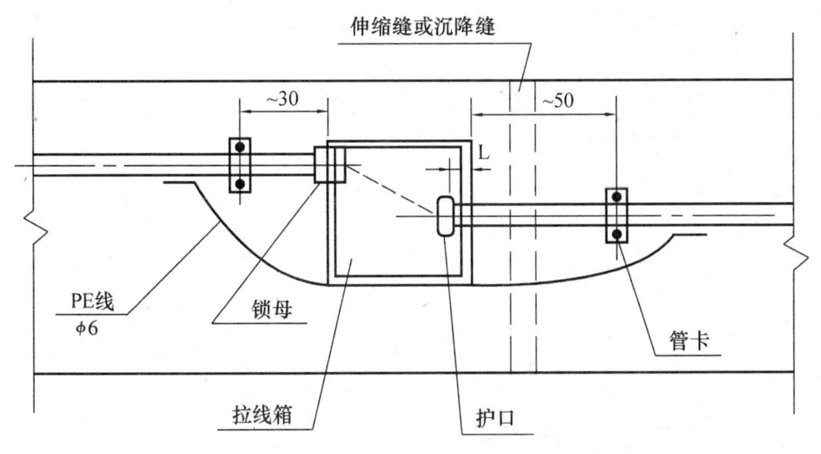

图9.18 钢管线路暗敷时过伸缩缝或沉降缝的安装

而当钢管线路暗敷时,若穿线管数量不多时,可在穿线管外加套管,套管的管径比穿线管大1~2级,使管线在建筑物变形时有伸缩的余地。若穿线管数量较多时,则可在沉降缝及伸缩缝处设拉线箱(见图9.18),以防建筑物在此变形而损坏管线。

4)塑料绝缘线穿塑料管明敷或暗敷

塑料绝缘线穿塑料管明敷或暗敷时根据所穿塑料管的不同有以下两种形式:

①穿硬塑料管明敷或暗敷

它适用于一般室内敷线,或具有酸碱腐蚀性介质场所的敷线,也适合于医院住院部、手术室等需要经常用水冲刷部位的敷线,但易受机械损伤的场所不宜采用。在建筑物吊顶内敷设时,应采用难燃或阻燃型的塑料管,常用的为阻燃型 PVC 管。在多层建筑及住宅建筑中的照明、弱电线路用塑料绝缘线穿 PVC 管敷设用得较为广泛。

硬塑料管线穿同一管的线路要求、穿管线路的管径选择、线路上装设拉线盒的要求、管线过伸缩缝及沉降缝的做法以及与各种道路平行交叉的敷设要求都与金属管线敷设的要求相同。

②穿半硬塑料管沿墙缝、板缝、板孔暗敷

它适用于正常环境下的室内敷线。常用于住宅及多层办公建筑中的照明线路敷设,半硬塑料管应采用难燃平滑型塑料管及波纹塑料管。在潮湿场所不宜采用,在建筑物吊顶中也不宜采用。

当半硬塑料管敷线在混凝土板孔内,导线不应有接头,接头应集中在接线盒中。当管线长度超过 15 m 或直角弯头超过 3 个时,应装设拉线盒。这种线路长度不宜过长,弯头也应尽量减少。

在现浇的混凝土中尽可能不用半硬塑料管线路,若必须使用时,应将它绑扎在主筋中间,在未振捣凝土前用钢板或木板加以保护,以防手推车等轮子损伤它,振捣时应在其路径上设立标志,以防振捣器将它损伤。

不同回路穿入半硬塑料管时与穿入钢管的要求相同。

5)线槽布线

线槽布线根据所用线槽的不同有以下两种形式:

①金属线槽布线

金属线槽布线适用于正常环境下的室内敷设,可将带盖的金属线槽暗敷于建筑物吊顶内,但沿着线槽路径的天花板可以自由开启,以便检查和维修线路。

同一回路的所有相线和中性线应敷设在同一线槽中,同一路径无防干扰要求的线路,也可敷设于同一线槽中。线槽中的线路总截面积(包括导线外护层)不应超过线槽内截面的20%,载流体不宜超过30根。凡是3根以上载流导线在同一线槽内敷设,其载流量应按电缆在托架上敷设时的校正系数进行校正。

控制信号等线路在线槽中敷设时,其根数不限,但所有线路的总截面积(包括外护层)不应超过线槽内总截面的20%。

在线槽内不宜有电缆及电线的接头,但可以开槽检修维护时,可以允许线槽内设分接头,这时接头与线缆的总面积(包括导线外护层)不应超过线槽内截面的15%。从线槽中引出的线路可穿金属管或塑料管敷设,金属管和塑料管在线槽上除应有的敲落孔外,还应有相应的管卡,以便穿线管与线槽光滑地固定,便于穿线。金属线槽的分支、转角、终端及其接头应相应配套选用。线槽的接头不得设在穿过楼板或穿过墙壁处。

线槽垂直或倾斜敷设时,将线束在1.5~2.0 m的间距上用线卡及螺钉固定在线槽上。以防导线或电缆在线槽内移动或因自重下垂。

此外,还有在地面内暗敷金属线槽布线的方式。这种方式适用于正常环境下的大空间、隔断变化多、用电设备移动性大,且敷有多种功能线路的场所。暗敷于现浇混凝土地面、楼板或楼板垫层内。如大型商场、大面积电玩世界、多功能展厅的局部照明、设备用电、微机终端、通信、电传等设备线路都可用这种布线。这种布线方式适应性强,可按需要灵活多变,是目前大型公共建筑常用的布线方式之一。这种布线的插座盒、接线盒、终端盘、圆管或方管线槽都有标准产品。

②塑料线槽布线

塑料线槽布线适用于没有高温及机械损伤的正常环境中作明敷设用。弱电线路可采用难燃型带盖塑料线槽在建筑物吊顶内暗敷,同样在其布线的路径中天花板可自由开启,以便线路检修及维护。

强弱电线路在不同槽敷设,敷设的根数及要求与金属线槽相同。

电线、电缆在线槽内不能有接头,分支接头应设接线盒,或引入设备接线盒后再返回线槽。线槽内引出的线路也可以穿金属管或塑料管,应设管卡与塑料线槽固定,以便穿线及换线。线槽的连接、分支、转角、终端应选用相应配套的附件。

6)电缆布线

在室内的电缆布线是目前常见的一种布线方式,其具体形式有明敷、电缆沟、电缆室及电缆托架敷设。

①室内明敷

室内明敷电缆可用 VV 型、YJV 型电缆,沿墙、柱支架敷设。电缆通过墙壁、地板时应加钢套管保护。明敷电缆过建筑物伸缩缝及沉降缝时,两边设管卡,管卡中间的电缆具有一定弛度,使其具有伸缩余量,以防建筑物变形时电缆受拉力。

不同电压等级的电缆,明敷时宜分开敷设。同一电压等级的电缆之间间距不应小于35 mm,并不应小于电缆外径。1 kV 以下电力电缆可与控制电缆在同一支架上敷设,其水平净距不应小于0.15 m。

电缆明敷有困难时,可采用穿管暗敷,在民用建筑中,这种敷设方式很少采用,仅是局部使用。如电缆入户线引入第一台配电箱处,或者明敷电缆自支架或电缆托架上沿墙下引至用电设备处,在沿墙离地1.8 m 处至设备这段电缆采用穿管沿墙明敷及埋地暗敷,其长度一般不超过15 m,否则应在适当位置改用绝缘线穿管敷设。

②室内电缆沟敷设

在民用建筑中,室内电缆沟大部分设置在变配电所内。配电柜下部及柜后的副沟中设电缆支架,配电屏出线电缆按引出的先后次序排列在副沟的电缆支架上。沟宽、支架长度、维护通道宽度、支架支点间距、上下支架间距都与室外电缆沟相同。

由于高层建筑的变配电所大部分设在地下室、转换层及避难层,设电缆沟会影响下一层布局,因此大部分采用提高地坪的做法。变配电所的室内地坪比外其他用途的房间地坪高1.0~1.2 m,在这高差的夹层中设电缆沟,高层中电缆沟不存在排水问题,在地下室的电缆沟应向地下排水沟有0.5%~1%的倾斜,即可防止地下室电缆沟积水。

多层及一般建筑的变配电所大都设在一层,变配电所的地坪与其他房间一样高,在配电室内开电缆沟,电缆沟应采取严格的防水措施,以防沟壁及沟底渗水,电缆沟设0.5% ~1%的坡度,在电缆沟的最低点设集水井。

③电缆托架(又称桥架)、托盘布线

电缆托架在墙上安装的形式如图9.19所示。电缆托架、托盘布线适用于电缆数量较多又比较集中的场所,如变配电所引向各电气竖井、水泵房、空调机房的线路。

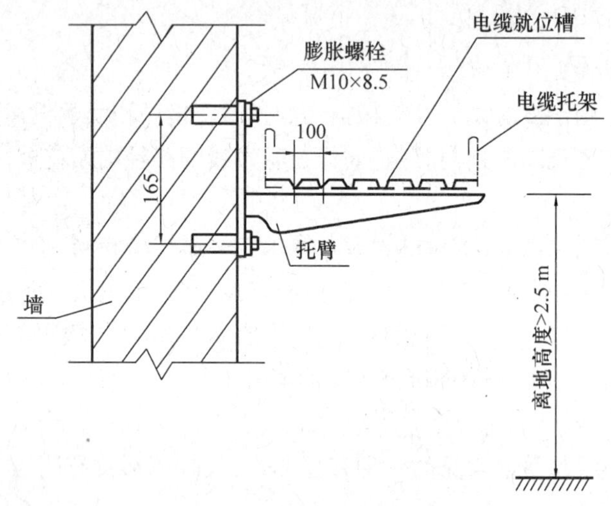

图9.19 电缆托架在墙上安装

在托架、托盘中的电缆应具有不延燃的外护层,如聚氯乙烯护套电缆。在潮湿及有腐蚀场所也应选用聚氯乙烯护套电缆。

不同电压等级、不同用途的电缆,不宜在同一层托架上敷设,如高压及低压电缆;同一路径向一级负荷供电的双回路电缆;应急照明和其他照明电缆;强电和弱电电缆。除受条件限制而不得不在同一层上敷设时,高低压之间,弱电和强电之间应用隔板隔开,向一级负荷供电的两路电源及应急照明的电缆采用阻燃型(ZR)电缆。弱电中不同类别的电缆如通信、电视电缆、火灾报警、自动化管理系统等的电线电缆用托盘敷设时,也应选用具有钢板相互隔开的托盘敷设,但没有抗干扰要求的控制电缆可以与低压电力电缆在同一托盘或托架上敷设。

7)竖井布线

在高层及超高层的民用建筑中,电气垂直供电线路常采用竖井。竖井一般与小配电间相结合,在小配电间中除电气竖井外,还有这一区域的各类配电箱,如空调、卷帘门、自动扶梯等的配电箱,一般照明及备用照明的配电箱等。

竖井内的高压、低压及应急电源的线路,相互间的间距不应小于0.3 m,在实际安装中,很难达到这一点,特别是电缆较多时。因此,凡是供一级负荷的正常工作及应急线路(低压部分)均采用阻燃型耐火线缆,不受间距限制。但高压电缆的间距应该满足上述要求,并应设有明显的标志,以保证安全。

竖井中不应有其他管道进入或穿过。竖井中的PE干线直接与梯形托架固定安装,并且每层应预留与柱子主筋相焊接的钢板,PE线与此钢板相焊接,组成每层等电位连接,以减少单相接地短路的故障接触电位。

复习与思考题

1. 变电所有哪几种形式?
2. 常用的配电系统有哪几种?其优缺点如何?
3. 比较架空线路和电缆线路的优缺点及适用范围。

第 10 章 电气照明工程

电气照明早已成为生产和生活中不可缺少的重要部分，随着人们生活水平的改善，对生产和工作环境的要求也越来越高，对电气照明的要求不仅局限于能够提供充分的、良好的光照条件，而且能装饰和美化环境。

对建筑行业的工程技术人员来说，能适当选择照明的方式和种类，读懂电气照明施工图，了解照明配电设备的选用和安装，导线的敷设，灯具的选择和布置等，将有利于同电气工程人员的协调配合，提高工程效率和工程质量。

10.1 电气照明基础知识

(1)光

光是电磁波，可见光是人眼所能感觉到的那部分电磁辐射能，光在空间以电磁波的形式传播，它只是电磁波中很小的一部分，波长范围为 380 ~ 760 nm，如图 10.1 所示。

可见光在电磁波中仅是很小的一部分，波长小于 380 nm 的称为紫外线；大于 760 nm 的称为红外线。这两部分虽不能引起视觉，但与可见光有相似特性。

在可见光区域内不同波长又呈现不同的颜色，波长从 760 nm 向 380 nm 变化时，光的颜色会出现红、橙、黄、绿、青、蓝、紫 7 种不同的颜色。当然，各种颜色的波长范围不是截然分开的，而是由一个颜色逐渐减少，另一个颜色逐渐增多渐变而成的。

(2)光通量

光源在单位时间内向周围空间辐射出使人产生光感觉的能量，称为光通量，用符号 Φ 表示，单位为流明(lm)。

光通量是说明光源发光能力的基本量，例如，一只 40 W 的白炽灯发射的光通量为350 lm，一只 40 W 的荧光灯发射的光通量为 2 100 lm。通常用消耗 1 W 功率所发出的流明数来表征电光源的特征，称为发光效率，用符号 η 表示，发光效率越高越好，如 40 W 白炽灯发光效率 η = 350 lm/40 W = 8. 75 lm/W，而 40 W 荧光灯发光效率 η = 2 100 lm/40 W = 26. 25 lm/W，好于白炽灯。

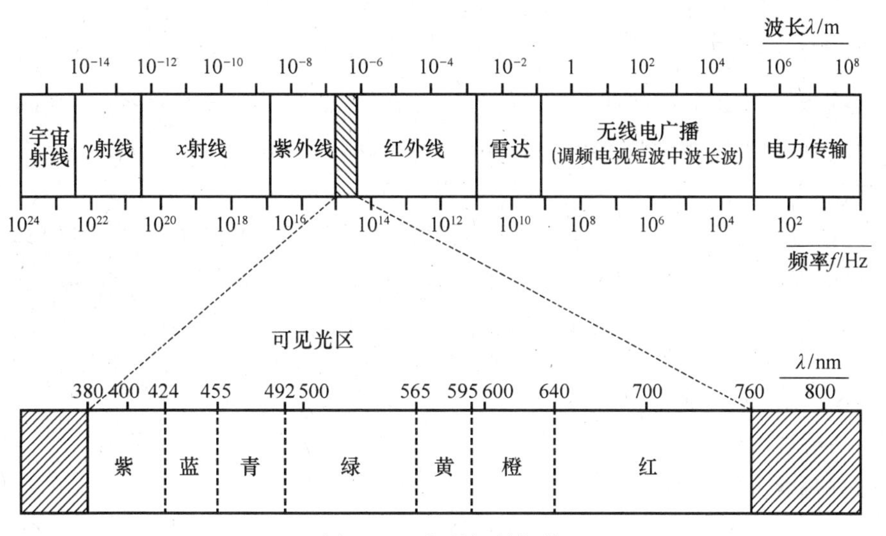

图 10.1　电磁辐射频谱

(3)发光强度

光源在给定方向上单位立体角内辐射的光通量,称为光源在该方向上的发光强度,以字母 I 表示,单位为坎德拉(cd)。发光强度是表征光源(物体)发光强弱程度的物理量。

如图 10.2 所示,光源在各方向具有均匀辐射光通量的光源,且在各方向上的光强相等,其计算式为

$$I=\frac{\Phi}{\omega} \tag{10.1}$$

式中　Φ——光源在 ω 立体角内所辐射出的总光通量,lm;

ω——光源发光范围的立体角,或称球面角,即

$$\omega=\frac{S}{r^2} \tag{10.2}$$

式中　r——球的半径,cm;

S——与 ω 立体角相对应的球表面积,cm^2。

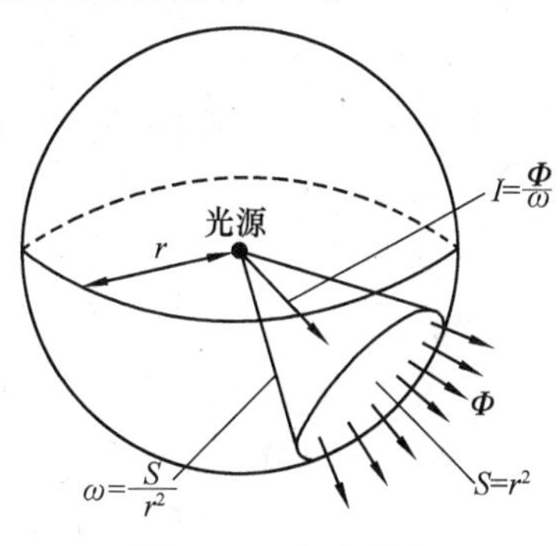

图 10.2　发光强度

(4)照度

被照物体单位表面积接收到的光通量称为照度,用符号 E 表示,单位为勒克司(lx)。如果光通量(lm)均匀地投射在面积为 $S(m^2)$ 的表面上,则该平面的照度值为

$$E = \frac{\Phi}{S} \tag{10.3}$$

由于照度不考虑被照面的性质（反射、透射和吸收），也不考虑观察者在哪个方向，因此它只能表明被照物体上光的强弱，并不表示被照物体的明暗程度。

(5)亮度

亮度是一单元表面在某一方向上的光强密度。它等于该方向上的发光强度和此表面在该方向上的投影面积之比（见图10.3），用符号L表示，单位为坎德拉/米^2(cd/m^2)或尼特(nt)。

$$L_\alpha = \frac{I_0}{S} = \frac{I_\alpha}{S\cos\alpha} \tag{10.4}$$

式中 I——视线方向上的光强，cd；

S——被视物体的表面积，m^2；

α——视线方向与被视表面法线的夹角。

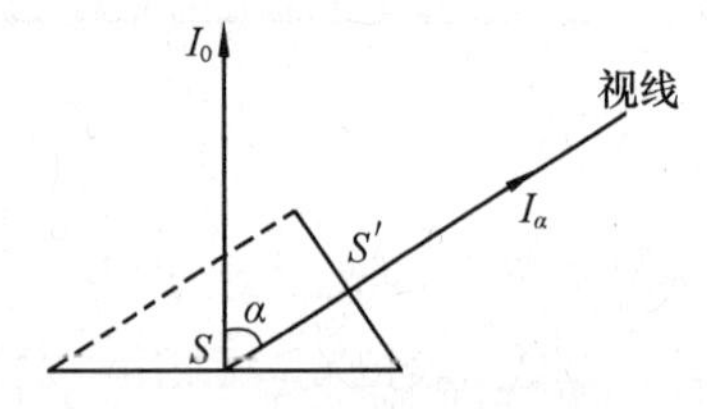

图10.3 亮度定义示意图

太阳中心的亮度高达$2\times10^9 cd/m^2$；晴朗天空的亮度为$(0.5\sim2)\times10^4 cd/m^2$；荧光灯表面的亮度仅为$(0.6\sim0.9)\times10^4 cd/m^2$。

10.2 电光源与灯具

10.2.1 电光源及其分类

把将电能转换为光能的设备称为电光源。电光源按发光原理可分为两大类：

(1)热辐射光源

它主要是利用电流的热效应，将具有耐高温、低挥发性的灯丝加热到白炽程度而产生部分可见光，如白炽灯、卤钨灯等。

(2)气体放电光源

它主要是利用电流通过气体（或蒸汽）时，激发气体（或蒸汽）电离、放电而产生的可见光。按放电介质分为气体放电灯（氙、氖灯）、金属蒸气灯（汞、钠灯）两种；按放电形式分为辉光放电灯（霓虹灯）、弧光放电灯（荧光灯、钠灯）两种。

10.2.2 常用的电光源

(1)白炽灯

1）白炽灯构造和工作原理

白炽灯是由灯丝、支架、引线、玻璃壳和灯头等部分组成，如图10.4所示。

白炽灯是靠电流通过灯丝加热至白炽状态，利用热辐射而发出可见光，因此，灯丝选用高熔点材料——钨。当灯泡工作时，由于温度很高，钨丝逐渐蒸发，一般在灯内充入氩、氮或者二者的混合气等惰性气体，钨在蒸发过程中遇到惰性气体的阻拦，有一部分钨粒子返回灯丝上，减慢了钨粒子沉积在玻壳上的速度，从而提高了灯泡的寿命和发光效率，由于氩、氮成本较高，因此小功率灯泡多为真空的。

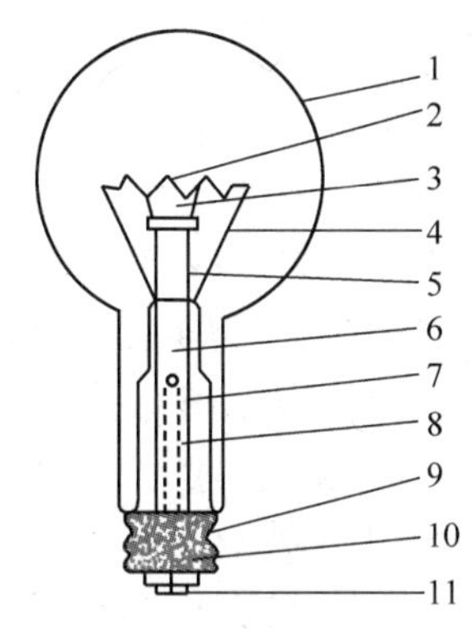

图10.4　白炽灯构造

1—玻璃壳；2—灯丝；3—支架；4—电极；5—玻璃芯柱；6—杜美丝；7—引入线；8—抽气管；9—灯头；10—封端胶泥；11—锡焊接触端

2）白炽灯的特性

①白炽灯的光色。白炽灯显色性高，显色指数大于97，钨丝白炽灯的光谱能量分布中，长波光（红光）强，短波光（蓝光和紫光）弱，一般白炽灯的灯温为2 800 ~2 900 K，用于一般场所；高色温灯泡的色温为3 200 K，主要用于舞台照明、摄像，但与日光色仍有较大的差别。

②发光效率（光效）。灯泡的发光效率是用灯泡输入的光通量与输入电功率之比来表示。白炽灯的发光效率较低，一般为5.5 ~191 lm/W。

③启动电流。白炽灯钨丝冷态电阻比热态电阻小得多，白炽灯为纯电阻负载，服从欧姆定律，因此启动电流为额定电流的7 ~10倍，但过渡过程很短（只有0.07 ~0.38 s）。可以认为是瞬时点燃的。

④寿命。白炽灯在工作中，因钨丝的蒸发，逐渐变细，在某一点处断裂，结束其使用寿命，尤其当电压值高于额定值时，其寿命将大大缩短。一般白炽灯泡的平均寿命为1 000 h，电压变化对其寿命影响较大，当电压高出其额定值5%时，其寿命减少50%。

白炽灯泡虽然发光效率低、光色较差，但由于构造简单、体积小、使用方便、价格低廉、可以调光，因此仍然是目前应用最广泛的光源。

(2)卤钨灯

白炽灯在使用过程中，由于从灯丝蒸发出来的钨沉积在灯泡壁上而使玻璃壳发黑，使其透光变差从而使光效率低，并使灯丝寿命缩短，而卤钨灯则能较好地克服这一缺点。

1）卤钨灯的构造

卤钨灯灯管为一直径是10 mm左右的管子，用耐高温的石英玻璃或高硅氧玻璃制成，在灯管内沿轴向安装单螺旋或双螺旋钨丝，用钨质支架将灯丝固定，灯管两端为陶瓷头及作为引入电源的镍或铝合金触头，灯管内充填氮气或惰性气体（氩或氪、氙），另加微量的卤元素（氟、氯、溴），故卤钨灯是利用充填气体中卤素物质的化学反应的一种钨丝灯，如图10.5所示。

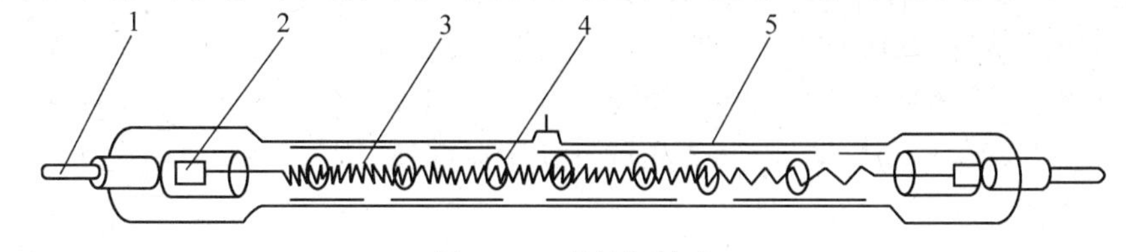

图10.5　卤钨灯构造

1—灯脚；2—钼箔；3—灯丝；4—支架；5—石英玻管

2)卤钨灯的特性

①由于卤钨灯的卤钨循环,减少了管壁上钨的沉积,改善了透光率;又因灯管工作温度提高,辐射的可见光量增加,从而使发光效率大大提高。

②由于卤钨灯中充惰性气体,可抑制钨蒸发,使灯的寿命有所提高。

③卤钨灯工作温度高,光色得到改善,发光白,而白炽灯光色发黄,卤钨灯的显色性好,其色温特别适用于电视播放照明、舞台照明以及摄影、绘图照明等。

④卤钨灯能瞬时点燃,适用于要求调光的场所,如体育馆、观众厅等。

⑤卤钨灯工作温度高,灯管壁的温度达600 ℃左右,从防火角度考虑不能与易燃物接近,使用时应注意散热条件,但不允许采用人工冷却(如电扇吹)。

⑥卤钨灯安装必须保持水平,倾斜角度不得大于4°,否则会严重影响寿命。

(3)荧光灯

荧光灯是一种低气压汞蒸汽放电光源,它具有结构简单、制造容易、光色好、发光效率高、寿命长和价格便宜等优点,目前在电气照明中被广泛应用。

1)荧光灯构造

荧光灯是由荧光灯管、镇流器和启动器(跳泡)组成,如图10.6所示。

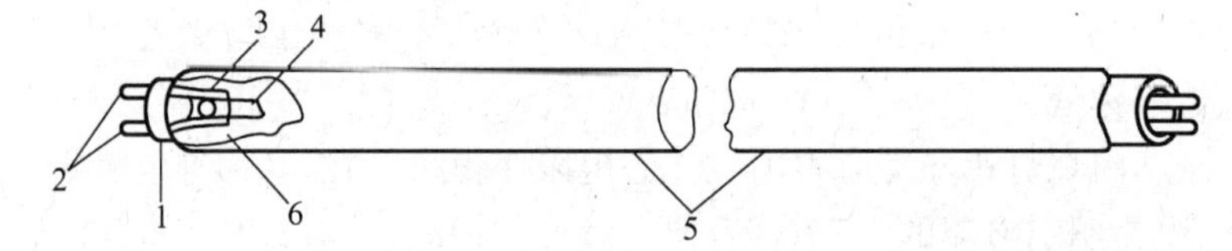

图10.6　荧光灯构造

1—灯头;2—灯脚;3—玻璃芯柱;4—灯丝;5—玻管;6—汞

荧光灯管内壁涂有荧光粉,两端装有钨丝电极,并引至管的灯脚,管内抽真空后充入少量汞和惰性气体氩,汞是灯管工作的主要物质,氩气是为了降低灯管启动电压和启动时抑制电极钨的溅射,以延长灯管寿命。

2)荧光灯的特性

①光色。由于荧光灯采用不同的荧光材料,发出的光谱也不同,因而形成各种各样的光色,采用三基色荧光质,根据光学混合定律,混合发出的光是白色。

②发光效率高,其发光效率比白炽灯高3倍,但由于有镇流器,功率因数较低。

③荧光灯管的寿命。荧光灯管的寿命可达3 000 h,其条件是每启动一次连续点燃3 h,如果频繁地开关灯管,会大大地缩短荧光灯的寿命。因此,开关频繁的场所不宜采用荧光灯。

④闪烁效应。荧光灯用50 Hz交流电供电,随着交流电的变化,其发光也有周期性的明暗变化,这个现象称为“闪烁”效应。对固定的物体,闪烁效应不易察觉。但对运动的物体,则很明显,如果物体转动的频率是荧光灯变化频率的整数倍时,实际在转动的物体看上去好像没转动,往往造成生产事故,因而荧光灯不宜用在加工车间作生产照明。

⑤环境因素。温度过低或过高都会使荧光灯不易启动,最适宜的环境温度为18 ~25 ℃。空气温度过高,灯管也不易启动,因此荧光灯不宜用在室外。

(4)高压汞灯

1)高压汞灯的构造特征

高压汞灯是低压荧光灯的改进产品。如图10.7所示,高压汞灯的主要部分是耐高温的石英放电管,里面封装有钨制成的主电极和辅助电极,管中的空气被抽出,充有一定量的汞和少量的氩气,为了保温和避免外界对放电管的影响,在它的外面还有一个硬质玻璃外壳,主电极装置在放电管的两端,当合上开关以后电压即加在辅助电极和主电极之间,因其间距很小,主电极和辅助电极极尖被击穿,发生辉光放电,产生大量的电子和离子,在两个主电极尖的弧光发电,灯管起燃。为了限制主电极与辅助电极之间的放电电流,辅助电极串联一个为40 ~60 Ω的电阻,当两个主电极放电以后,辅助电极实际上就不参与工作了。从合上开关到放电管完全稳定工作,需 4 ~8 min。

放电管工作时,汞蒸汽压力升高(2 ~6 个大气压),高压汞灯由此得名,在高压汞灯外玻璃泡的内壁涂以荧光质,便构成荧光高压汞灯,涂荧光质主要是为了改善光色,还可以降低灯泡的亮度,因此,作照明的大多是荧光高压汞灯。

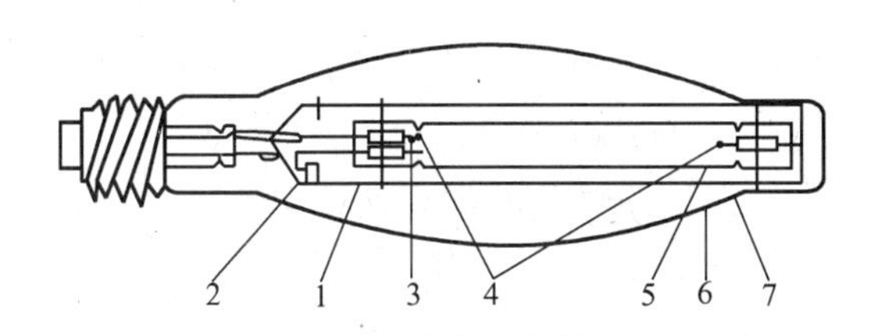

图 10.7　高压汞灯构造

1—支架及引线;2—启动电阻;3—启动电源;
4—工作电源;5—放电管;6—内部荧光涂层;7—外玻壳

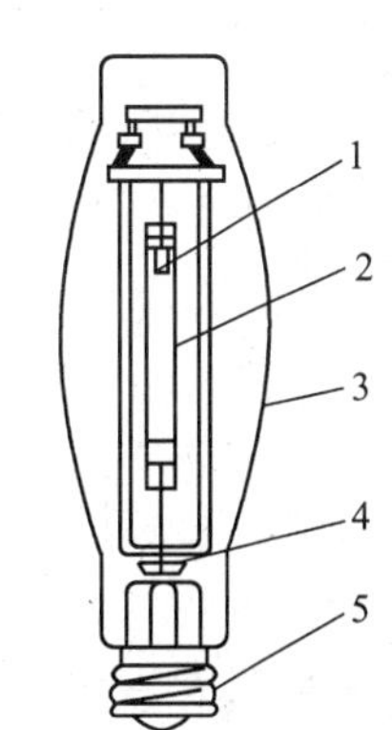

图 10.8　高压钠灯构造

1—主电极;2—半透明陶瓷放电管;
3—外玻壳;4—消气剂;5—灯头

2)高压汞灯的特性

①效率高。可达 40 ~60 lx/W,节约电能。

②寿命长。有效寿命可达 5 000 h。

③显色性差。高压汞灯的光色呈蓝绿色,缺少红色成分,显色性差,显色指数为 20 ~30,照到树叶很鲜明,但照到其他物体上,就变成灰暗色,失真很大,故室内照明一般不采用,主要用于街道、广场、车站等不需要分辨颜色的场所。

④灯的再启时间较长。高压汞灯熄灭后,不能立刻再启动,必须等待冷却以后,一般为5 ~10 min,故不宜用在开关频繁和要求迅速点亮的场所。

⑤外壳温度较高,选用时应考虑散热和防火。

(5)高压钠灯

高压钠灯与高压汞灯相似,是由玻璃外壳、陶瓷放电管、双金属片和加热线圈等组成,并且需外接镇流器,如图 10.8 所示。

高压钠灯发光效率高,可达 130 ~150 lx/W,使用寿命长,平均寿命可达 5 000 h。灯的再启动时间长,不能用作事故照明灯。低压钠灯以荧光为主,显色性很差,随着钠蒸气压力增高光色得到改善,呈金白色。它的透雾性好,适合于需要高亮度、高效率的场所,如主要交通通路、飞机场跑道、沿海及内河港口城市的路灯。

(6)金属卤化物灯

金属卤化物灯是近年来研制出的一种新型光源。它是在高压汞灯的放电管内添加一些金属卤化物(如碘、溴、钠、铊、铟、镝、钍等金属化合物),光色很好,接近自然光,光效比高压汞灯更高,是目前比较理想的电光源。其工作原理与高压汞灯相仿,内部充以碘化钠、碘化铊、碘化铟的灯泡称为钠铊铟灯,充以碘化镝,碘化铊的称镝灯,充以溴化锡、氯化锡的称卤化锡灯,除卤化锡灯光效为 50 ~ 60 lm/W 以外,其余灯的光效均在 100 lm/W 左右。

(7)氙灯

氙灯为惰性气体弧光放电灯,高压氙气放电时能产生很强的白光,接近连续光谱,与太阳光十分相似,故有"人造小太阳"之称。氙灯特别适合作广场等大面积场所的照明。

10.2.3　灯具的光学特性

灯具由光源和控照器(灯罩)组成,灯具的主要功能是将光源所发出的光通量进行再分配,灯具还有装饰与美观的作用。

灯具的光学特性主要有配光、效率及保护角。

(1)灯具的配光

灯具的配光以配光曲线表示。配光曲线是将光源在空间各个方向的光强用矢量表示,并把各矢量的端点连接成的曲线,用来表示光强分布的状态。

配光特性是衡量灯具光学特性的重要指标。常见的灯具的配光曲线有正弦分布型、广照型、漫射型、配照型及深照型 5 种形状,如图 10.9 所示。

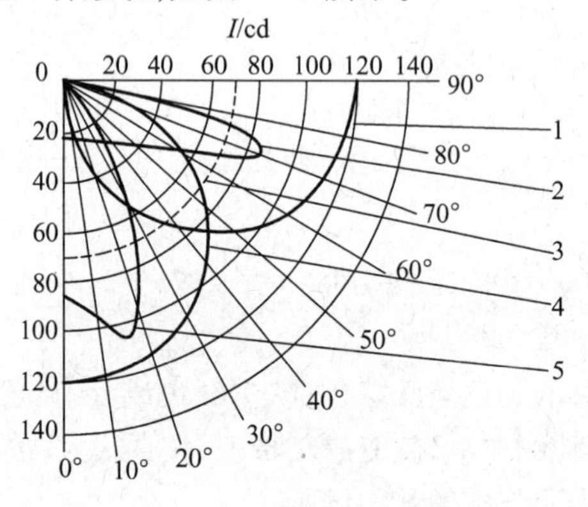

图 10.9　配光曲线示意图

1—正弦分布型;2—广照型;3—漫射型;4—配照型;5—深照型

(2)灯具的效率

灯具射出的光通量与光源发出的光通量的比值称为灯具的效率。用公式表示为

$$\eta = \frac{\Phi}{\Phi_0} \tag{10.5}$$

式中　η——灯具的效率;

Φ——灯具射出的总光通量;

Φ_0——光源所发出的总光通量。

灯具的效率一般为 0.5 ~ 0.9,其大小与灯罩材料、形状及光源的中心位置有关。

(3)灯具的保护角

保护角又称为遮光角,指的是灯具出光沿口遮蔽光源发光体使之完全看不见的方位与水平线的夹角,如图10.10所示。其作用是限制光源对人眼产生眩光,角度越大,其作用越大,一般要求为15°~30°。

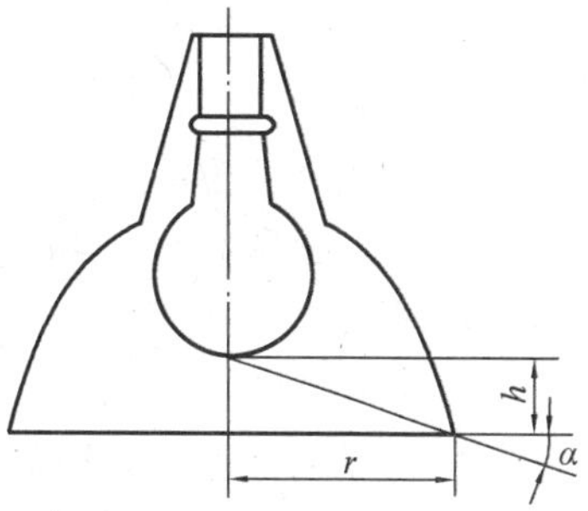

图10.10　灯具的保护角

10.2.4　灯具的分类

照明灯具很难按一种方法来分类,可从不同的角度对其进行分类,如按用途、结构特点、安装方法等进行分类。

(1)按用途分类

1)常用照明

常用照明是照明的基本类型,是为了解决正常工作、生活所需要的照度,保障正常的生产生活。常用照明又可以分为一般照明、局部照明和混合照明3种方式。在需要持续工作的作业面上,应急照明的照度不能低于常用照明总照度的10%。并且在室内不低于2 lx,企业场地不低于1 lx,供人们疏散用的照明不低于0.5 lx。

2)值班照明或警卫照明

通常在常用照明中单独设计一条线路,它可以是应急照明的一部分,也可以与场区照明共用一个回路。

3)障碍照明

在高大的建筑物或构筑物的顶端设置障碍照明是为了飞机飞行的安全。当建筑物的高度超过100 m时,在距地1/3或1/2处设置障碍灯。在水运航道的两边也需要设置障碍照明,以保障安全。

(2)按光线情况分类

1)直射型灯具

直射型灯具的特点是灯罩不透明,反光性能好,如普通搪瓷平盘灯、铝及镀铝镜面灯。直射型灯具的配光曲线向下,故效率高,光线集中方向性好,但是产生的阴影也比较重。这种灯按配光曲线又可分为广照型、均匀配光型、配照型、深照型及特殊照型5种。

2)半直射型灯具

半直射型灯具是用半透明的材料制成向下反光的灯罩,如玻璃灯罩灯或玻璃菱形灯等,能把大部分光照射到工作面上,而上面空间也有一定的亮度,使房间亮度的均匀度得到缓解。

3)漫射型灯具

漫射型灯具是采用漫透光材料制成封闭式的灯罩,光线均匀柔和,没有眩光,造型也比较美观,但是效率低,光能损失多。

4)半间接型灯具

半间接型灯具的灯罩的上部分用透明材料,下面用漫射透光材料制成。配光曲线向上,主要靠屋顶反光而得到均匀度良好的照度,光线柔和不眩光。

5)间接型灯具

间接型灯具的配光曲线在上半球,依靠屋顶反射照亮室内,故可有效地克服眩光,亮度比较均匀。缺点是光能利用率低,适用于要求照明质量较高的美术馆、医院、高级会客室或剧场。

(3)按安装方式分类

按安装方式不同分为吸顶式、壁式、悬吊式及嵌入式等,各有特色。

1)吸顶式

吸顶式的主要特点是照亮空间大,暗区少,使人心理感觉好,让人感到安全,故通常设计在一进家门首先需要开灯照亮的门厅、楼梯间、过道等处。均匀度较高;不容易受空间运动物体碰撞。

2)悬吊式

灯具的悬吊方式有线吊式、管吊式、链吊式3种安装方式。灯具质量在1 kg及以内,如一般居室内白炽灯多为软线吊灯;对于1 kg以上的灯具,如荧光灯、各式花灯多为管吊式或链吊式灯具。利用线吊、链吊和管吊等来吊装灯具,以达到不同的使用效用。

3)嵌入式

嵌入式灯具安装于屋顶板或吊顶内,也可以嵌入在墙内,用于浴室、高级宾馆、医院、电影院等处。其特点是不占用室内空间,简洁明快,减轻屋顶较低时的压抑感。嵌入式灯具适用于澡堂等特别潮湿的场所。

4)壁式

壁式灯具安装于墙上或门柱上,属于辅助照明,或作为装饰用。一般安装高度低,容易产生眩光,故常用小功率或漫反射灯具。壁灯适用于与其他灯具配合照明,如剧院、厕所、大门等场所。

5)投光灯及轨道灯

投光灯及轨道灯适用于商店、展览馆、博物馆等处用以突出被照物体,满足装饰功能的需要。

(4)按灯具结构分类

1)开启式灯具

开启式灯具的特点是光源和外界空气相通,故通风散热好,效率比较高。

2)保护式灯具

保护式灯具如球形灯等,有闭合的灯罩,但仍能透气。特点是常用漫反射灯罩可以显著减少眩光。

3)闭式灯具

闭式灯具的光源和外界隔离,有防水防尘的功能,常用于潮湿场所。

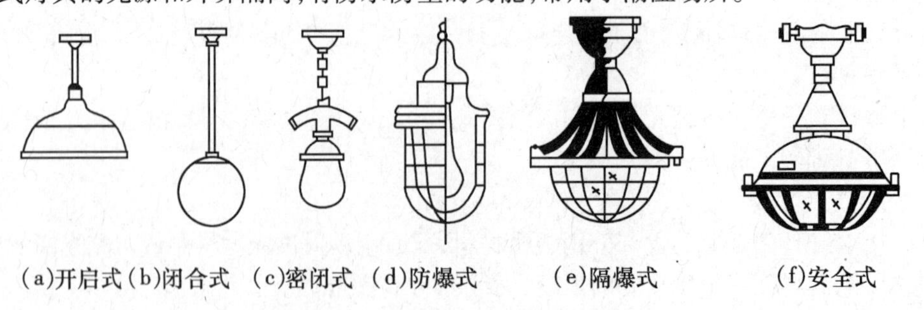

(a)开启式 (b)闭合式 (c)密闭式 (d)防爆式 (e)隔爆式 (f)安全式

图10.11 照明灯具按结构分类示例

4)防爆式灯具

防爆式灯具实际是起隔离作用,防止火花引燃易燃易爆物质,常用于有易燃易爆物质的场所。

如图10.11所示为照明灯具按结构分类的示例。

此外,按灯具的用途分类还可以分为功能性灯具、装饰用灯具、临时手持式移动灯具等。

10.2.5　灯具的安装

(1)吊线式

如图10.12所示,安装吊灯需吊线盒和木台,安装木台前,先钻好出线孔,锯好进线槽,然后将电线从木台线孔穿出,再固定木台,将吊线盒装在木台上,从吊线盒的接线螺钉上引出软线,软线的另一端接到灯座上,由于接线螺钉不能承受灯的自重,故软线在吊线盒内及灯座内应打线结,使线结卡在吊线盒和灯座的出、入线孔处,软线吊灯质量不能超过1 kg,否则应采用吊链式或吊管式。

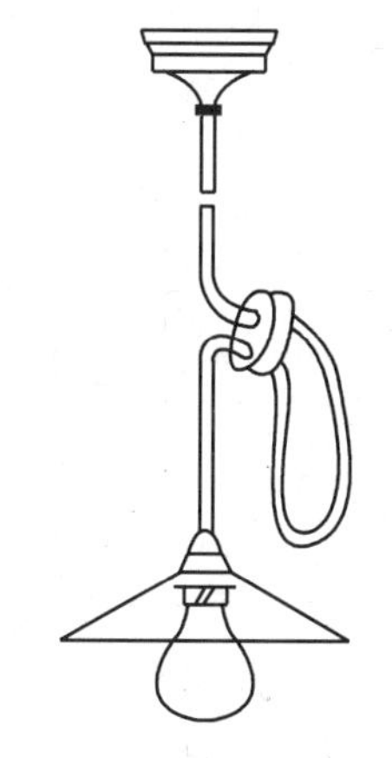

图10.12　移动吊线式

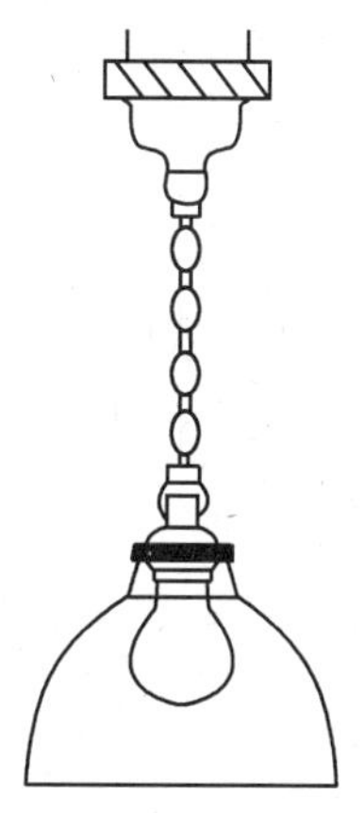

图10.13　吊链式

(2)吊链式

采用吊链式时,灯线宜与吊链编织在一起,如图10.13所示。

(3)吊管式

采用吊管式时,其钢管内径一般不小于10 mm,当吊灯质量超过3 kg时,应预埋吊钩或螺栓,如图10.14所示。

(4)吸顶式

将灯具直接安装在顶棚上,称为吸顶式,如图10.15所示,灯具安装时,利用顶棚内出线盒将电源引入灯具,并在下面把灯具用螺钉固定。

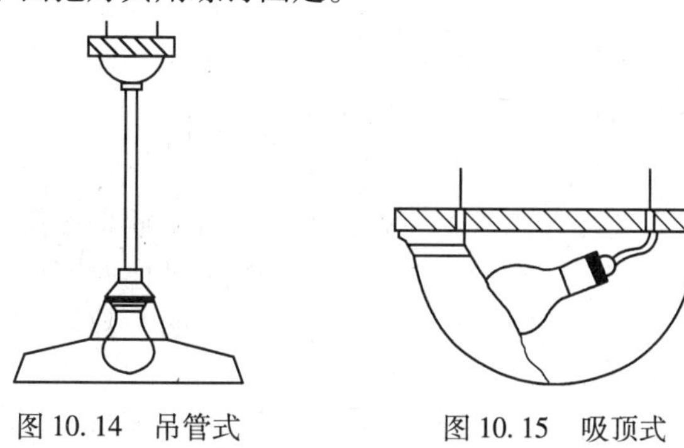

图10.14　吊管式　　图10.15　吸顶式

(5)壁装式

将灯具安装在墙壁或柱子上,壁灯除了满足使用的功能外,更有艺术装饰的功效,配合土建施工,预埋管线和灯位盒,待土建竣工后,再安装灯具,如图10.16所示。

(6)嵌入式

将灯具嵌装在吊顶上,在顶棚制作时,预留好孔洞,再将灯具嵌装在孔洞中(见图10.17)。

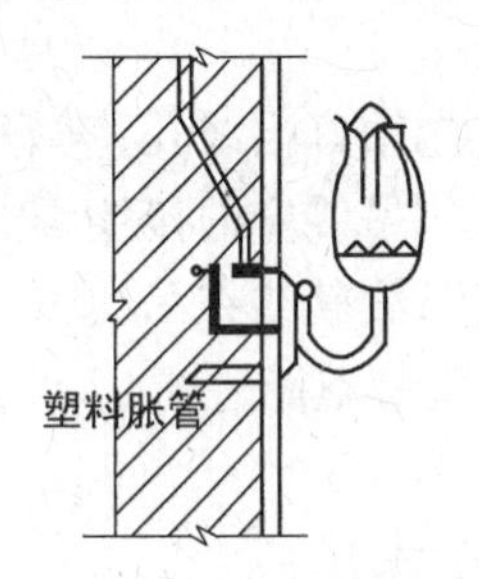

图10.16　灯具的壁式安装

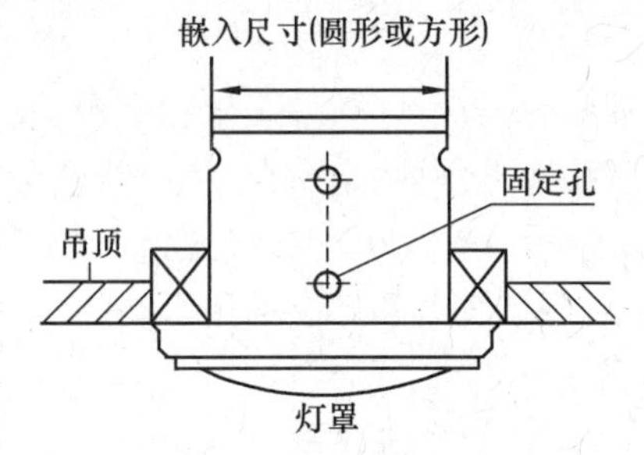

图10.17　灯具的嵌入式安装

10.2.6　灯具的选择与布置

(1)灯具的选择

灯具应根据使用环境、房间用途、光强分布、限制眩光等要求选择。在满足上述技术条件下,应选用效率高、维修方便的灯具。

1)按使用环境选择灯具

对于民用建筑,选择灯具应注意遵守的规定:在正常环境中,宜选用开启式灯具;在潮湿房间内,宜选用具有防水灯头的灯具;在特别潮湿的房间内,应选用防水、防尘的密闭式灯具,或在隔壁不潮湿的地方通过玻璃窗向潮湿房间照明;在有腐蚀性气体、蒸汽、易燃易爆气体的场所,宜选用耐腐蚀的密闭式灯具和防爆型灯具等。总之,对于不同的环境,应注意选用具有相应防护措施的灯具,以保护光源,并保证光源的正常长期使用。

2)按光强分布特性选择灯具

按此要求选择灯具时,应遵守的主要规定:灯具安装高度在6 m及以下时,宜采用宽配光特性的深照型灯具;安装高度在6~15 m时,宜采用集中配光的直射型灯具,如窄配光深照型灯具;安装高度在15~30 m时,宜采用高纯铝深照型灯或其他高光的强灯具;当灯具上方有需要观察的对象时,宜采用上半球有光通量分布的漫射型灯具(如用乳白玻璃圆球罩灯)。对于室外大面积工作场所,宜采用投光灯或其他高光强灯具。

(2)灯具的布置

灯具的布置,就是确定灯具在房间内的空间位置,其对光的投射方向、工作面的照度、照度的均匀性、眩光的限制以及阴影等都有直接的影响。灯具布置是否合理,还关系到照明安装容量和投资费用以及维修方便与使用安全等。

灯具的布置方式分为均匀布置和选择布置两种。均匀布置是指灯具间的距离按一定规律进行均匀布置的方式,如正方形、矩形、菱形等,可使整个工作面上获得较均匀的照度,常布置于教室、实验室、会议室等。选择布置是指满足局部要求的一种灯具布置方式,适用于采用均匀布置达不到所要求的照度分布的场所。

室外灯具的布置可采用集中布置、分散布置、集中与分散相结合等布置方式,常用灯杆、灯柱,灯塔或利用附近的高建筑物装设照明灯具。道路照明应与环境绿化、美化统一规划,并在此基础上设置灯杆或灯柱;对于一般道路可采用单侧布置,但主要干道可采用双侧布置,灯杆的间距一般为 25 ~ 50 m。

10.3　照明线路的布置、敷设与网络计算

10.3.1　照明线路的布置与敷设

照明线路的基本形式如图 10.18 所示。

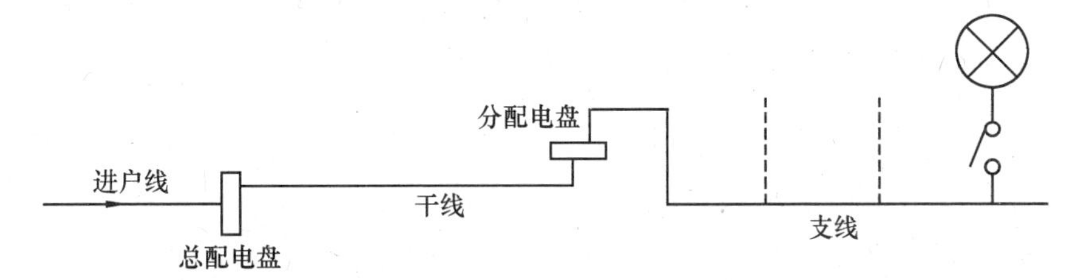

图 10.18　照明线路的基本形式

由室外架空供电线路的电杆上至建筑物外墙的支架这段线路称为接户线。从外墙支架到总照明配电盘这段线路称为进户线。由总照明配电盘至分配电盘的线路称为干线。由分配电盘引出的线路称为支线。

进户线和外墙进线支架的位置,最好设在建筑物的侧面或背面。若必须从建筑物正面进线时,可利用建筑物两旁绿化树木遮掩隐蔽,以免影响建筑物的外观。

总照明配电盘内包括照明总开关、总熔断器、电度表和各干线的开关、熔断器等电器。分配电盘有分开关和各支线的熔断器,支线数目(回路数)为 6 ~ 9 路,也有 3 ~ 4 路的。照明线路一般以两级配电盘保护为宜,级数较多时难以保证保护的选择性。

干线是从总照明配电盘到分配电盘的线路,它通常有放射式、树干式和链式 3 种形式。

(1)放射式配电系统(见图 10.19)

放射式配电系统供电可靠性较高,配电设备集中,检修方便,但系统灵活性较差,有色金属消耗量较多,一般适用于容量大、负荷集中或重要的用电设备。

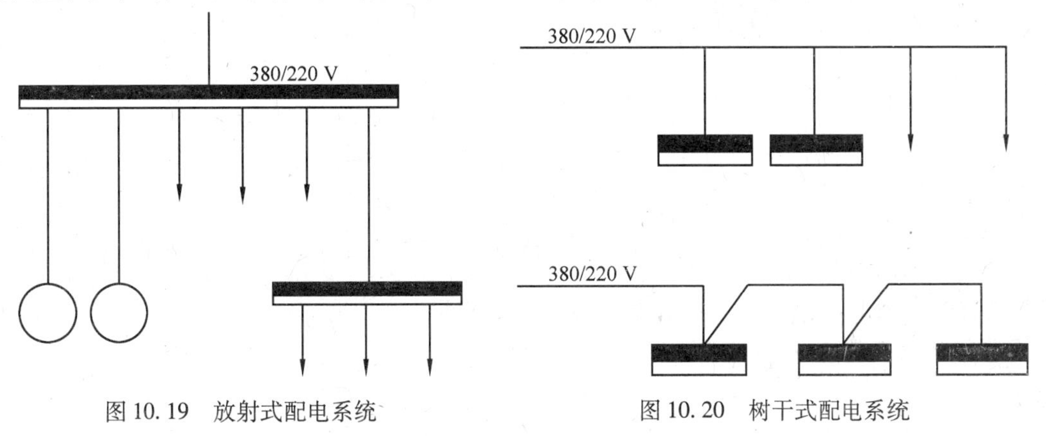

图 10.19　放射式配电系统　　图 10.20　树干式配电系统

(2)树干式配电系统(见图 10.20)

树干式配电系统所需配电设备及有色金属消耗量较少,系统灵活性好,但干线故障时影响范围大,一般适应于用电设备比较均匀、容量不大、又无特殊要求的场合。

(3)链式配电系统(见图 10.21)

链式配电系统与干线式相似,适应于距离变电所较远而彼此相距又较近的不重要的小容量用电设备。链接的设备一般不超过 3 台或 4 台。

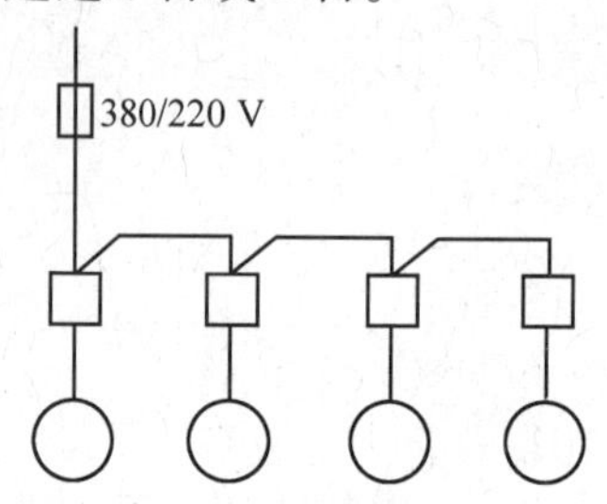

图 10.21　链式配电系统

支线的供电范围,单相支线不超过 20 ~ 30 m;三相支线不超过 60 ~ 80 m,其每相电流以不超过 15 A 为宜。每一单相支线上所装设的灯具和插座应不超过 20 个。

插座是线路中最容易发生故障的地方,如需要安装较多的插座时,可考虑专设一条支线供电,以提高照明线路的可靠性。

支线的路径较长,转折和分支又多,从施工角度考虑,支线截面不宜过大,一般应为 1.0 ~ 4.0 mm^2,最大不能超过 6.0 mm^2。若单相支线的电流大于 15 A 或截面大干 4.0 mm^2 时,改为三相或分为两条单相支线是合理的。

单相支线应按电源相序(L_1、L_2、L_3)分配供电,并应尽可能使三相负载接近平衡。三相支线也应使三相负载分配大致平衡,三相支线的灯具可按如下相序排列:

$$L_1、L_2、L_3、L_3、L_2、L_1、L_1、L_2、\cdots$$

此种排列,能保证各相电压偏移均衡,零线上的电压降作用不大。当灯具数大于 6 时,可作为对称负载来计算,如图 10.22 所示。

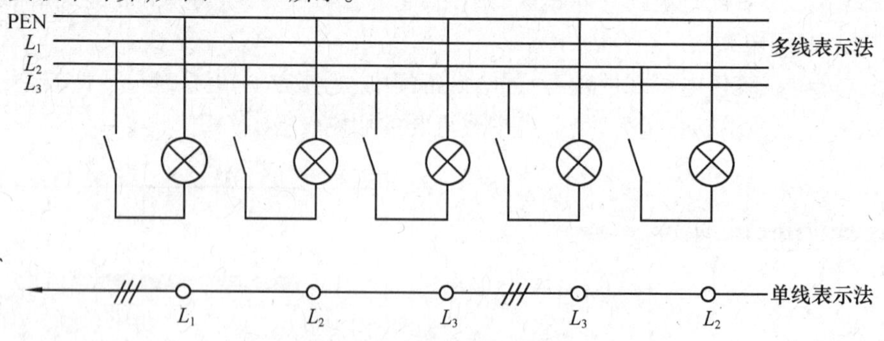

图 10.22　三相支线灯具最佳排列示意图

室内照明线路布线,若是明敷设时,为了布线整齐美观,应沿墙水平方向或沿墙垂直方向走线,尽量不走或少走顶棚;若是暗敷设时可以最短的路径走线,导线穿墙的次数应减至最少,并且要与其他工业设备、各种管道保持规定的距离。

10.3.2　照明线路的网络计算

(1)照明负荷计算

1)负荷计算的概念

供电线路负荷的大小,不能简单地将用电设备的额定功率相加后取其和。因为用电设备并不一定同时运行,同时运行中的用电设备也不一定都在额定功率下工作,并且各用电设备的性质不同,其功率因数也不可能完全相同。

工程设计中,通常以计算负荷作为选择供配电系统的配电变压器、电器、线路和保护元件的依据。

2)计算负荷的确定方法

负荷计算方法常用的有单位面积耗电量法、单位产品耗电量法,需用系数法和利用系数法。对于民用建筑,可采用需用系数法和单位面积耗电量法。

①需用系数法

A.用电设备的计算负荷

采用需用系数法时,需首先将用电设备分类,然后求出各类用电设备的计算负荷。

有功计算负荷 P_{js} 等于同类用电设备的额定功率 P_x 之和,再乘以该类用电设备的需用系数 k_x,即

$$P_{js} = k_x P_a \quad \text{kW} \tag{10.6}$$

式中 $P_a = \sum P_x$

需用系数 k_x 与用电设备的工作性质、效率、台数和线路的功率损耗等有关。通常是根据对各类负荷的实际测量,进行统计分析,将所有影响计算负荷的诸因素归并成一个系数称需用系数。

无功计算负荷 Q_{js} 等于同类用电设备的有功计算负荷 P_{js} 乘以与其平均功率因数相对应的正切函数 $\tan\varphi$,即

$$Q_{js} = P_{js}\tan\varphi \quad \text{kvar} \tag{10.7}$$

根据电原理可知,同类用电设备的视在计算负荷为

$$S_{js} = \sqrt{P_{js}^2 + Q_{js}^2} \quad \text{kVA} \tag{10.8}$$

或

$$S_{js} = \frac{P_{js}}{\cos\varphi} \quad \text{kVA} \tag{10.9}$$

式中　$\cos\varphi$——计算负荷的平均功率因数。

B.建筑照明的计算负荷

照明支线的有功计算负荷为

$$P_{js} = k_x \sum P_x (1 + \alpha) \quad \text{kW} \tag{10.10}$$

照明干线的有功计算负荷为

$$P\sum{}_{js} = k_i \sum P_{js} \quad \text{kW} \tag{10.11}$$

式中　P_{js}——照明有功计算负荷;

$\sum P_x$—— 正常照明或事故照明的光源容量之和；

k_x——照明需用系数，见表 10.1；

k_i——照明负荷同时系数，见表 10.2；

α——镇流器及其他附件损耗系数，白炽灯和卤钨灯 $\alpha=0$，高压汞灯 $\alpha=0.08$，荧光灯及其他气体放电灯 $\alpha=0.2$。

照明线路无功功率的计算负荷为

$$Q_{js}=k_x\sum P_x(1+\alpha)\tan\varphi \tag{10.12}$$

照明线路的视在计算负荷为

$$S_{\sum js}=\sqrt{P_{js}^2+Q_{js}^2} \tag{10.13}$$

或

$$S_{\sum js}=k_x\sum\frac{p_x(1+\alpha)}{\cos\varphi}\quad \text{kVA} \tag{10.14}$$

式中　$\cos\varphi$——电光源功率因数，见表 10.3。

②单位面积耗电量法

对不太重要的简单工程照明设计计算或进行照明方案比较时，为了简化计算工作量，可采用单位面积耗电量法进行照明用电负荷的估算。照明装置单位面积耗电量参考值见表 10.4。

估算方法：依据工程设计的建筑物的名称，查表 10.4 得照明装置单位面积耗电量参考值，将此值乘以该建筑物的建筑面积，乘积即为此建筑物的照明供电估算负荷。

表 10.1　照明用电设备需用系数 k_x

建筑类别	k_x	备　注
住宅楼	0.4 ~ 0.6	单元式住宅、每户两室，6 ~ 8 个插座，户装电表
单身宿舍	0.6 ~ 0.7	标准单间，1 ~ 2 灯，2 ~ 3 个插座
办公楼	0.7 ~ 0.8	标准单间，2 灯，2 ~ 3 个插座
科研楼	0.8 ~ 0.9	标准单间，2 灯，2 ~ 3 个插座
教学楼	0.8 ~ 0.9	标准教室，6 ~ 8 灯，1 ~ 2 个插座
商店	0.85 ~ 0.95	
餐厅	0.8 ~ 0.9	
社会旅馆	0.7 ~ 0.8	标准客房，1 灯，2 ~ 3 个插座
社会旅馆附对外餐厅	0.8 ~ 0.9	标准客房，1 灯，2 ~ 3 个插座
旅游旅馆	0.35 ~ 0.45	标准客房，4 ~ 5 灯，4 ~ 6 个插座
门诊楼	0.6 ~ 0.7	
病房楼	0.5 ~ 0.6	
影院	0.7 ~ 0.8	
剧院	0.6 ~ 0.7	
体育馆	0.65 ~ 0.75	
展览馆	0.7 ~ 0.8	
设计室	0.9 ~ 0.95	
食堂、礼堂	0.9 ~ 0.95	
托儿所	0.55 ~ 0.65	
浴室	0.8 ~ 0.9	
图书馆阅览室	0.8	
书库	0.3	

续表

建筑类别	k_x	备　注
试验所	0.5、0.7	2 000 m^2 及以下取 0.7,2 000 m^2 以上取 0.5
屋外照明(无投光灯者)	1	
屋外照明(有投光灯者)	0.85	
事故照明	1	
局部照明(检修用)	0.7	
一般照明插座	0.2、0.4	5 000 m^2 及以下取 0.4,5 000 m^2 以上取 0.2
仓库	0.5 ~ 0.7	
汽车库、消防车库	0.8 ~ 0.9	
实验室、医务室、变电所	0.7 ~ 0.8	
屋内配电装置、主控制楼	0.85	
锅炉房	0.9	
生产厂房(有天然采光)	0.8 ~ 0.9	
生产厂房(无天然采光)	0.9 ~ 1	
地下室照明	0.9 ~ 0.95	
小型生产建筑物、小型仓库	1	
由大跨度组成的生产厂房	0.95	
工厂办公楼	0.9	
由多个小房间组成的生产厂房	0.85	
学校、医院、托儿所	0.6	
大型仓库、配电所、变电所等		2 000 m^2 及以下取 0.7,2 000 m^2 以上取 0.5

表 10.2　照明负荷同时系数

工作场所	k_i 值		工作场所	k_i 值	
	正常照明	事故照明		正常照明	事故照明
生产车间	0.8 ~ 0.9	1.0	道路及警卫照明	1.0	
锅炉房	0.8	1.0	其他露天照明	0.8	
主控制楼	0.8	0.9	礼堂、剧院(不包括舞台灯光)、商店、食堂	0.6 ~ 0.8	
机械运输系统	0.7	0.8	住宅(包括住宅区)	0.5 ~ 0.7	
屋内配电装置	0.3	0.3	宿舍(单身)	0.6 ~ 0.8	
量外配电装置	0.3		旅馆、招待所	0.5 ~ 0.7	
生产办公楼	0.7				

表 10.3　照明用电设备的 $\cos\varphi$ 及 $\tan\varphi$

光源类别	$\cos\varphi$	$\tan\varphi$	光源类别	$\cos\varphi$	$\tan\varphi$
白炽灯、卤钨灯	1	0	高压钠灯	0.45	1.98
荧光(无补偿)	0.6	1.33	金属卤化物灯	0.4 ~ 0.61	2.29 ~ 1.29

续表

光源类别	cos φ	tan φ	光源类别	cos φ	tan φ
荧光(有补偿)	0.9～1	0.48～0	镝灯	0.52	1.6
高压水银灯	0.45～0.65	1.98～1.16	氙灯	0.9	0.48

表10.4　照明装置单位面积耗电量参考值

序号	建筑物名称	照明功率密度/(W·m^{-2})		序号	建筑物名称	照明功率密度/(W·m^{-2})	
		现行值	目标值			现行值	目标值
1	商业建筑			5	医院建筑		
	一般商店营业厅	12	10		治疗室	11	9
	高档商店营业厅	19	16		化验室	18	15
	一般超市营业厅	13	11		手术室	30	25
	高档超市营业厅	20	17		候诊室、挂号室	8	7
2	办公建筑				病　房	6	5
	普通办公室	11	9		护士站	11	9
	会议室	11	9		药　房	20	17
	高档办公室、设计室	18	15	6	工业建筑		
	营业厅	13	11		配电装置室	8	7
	档案室	8	7		变压器室	5	4
	文件整理、复印、发行室	11	9		一般控制室	11	9
3	旅馆建筑				主控制室	18	15
	客房	15	13		风机房,空调机房	5	4
	中餐厅	13	11		泵　房	5	4
	多功能厅	18	15		冷冻站	8	7
	客户层走廊	5	4		压缩空气站	8	7
	门厅	15	13		电源设备室,发电机室	8	7
4	学校建筑				锅炉房、煤气站的操作层	6	5
	教室、阅览室	11	9				
	实验室	11	9				
	美术教室	18	15				
	多媒体教室	11	9				

(2)线路工作电流的计算

选择导线截面时应首先按线路工作电流进行选择,然后按允许电压损失、机械强度允许的最小导线截面进行检验。照明线路工作电流由下述公式计算。

单相照明线路计算电流为

$$I_{js}=\frac{P_{js}}{V_{NP}\cos\varphi}=\frac{S_{js}}{V_{NP}}\quad \text{A} \tag{10.15}$$

三相四线制照明线路计算电流为

$$I_{js}=\frac{P_{js}}{\sqrt{3}V_{NL}\cos\varphi}=\frac{S_{js}}{\sqrt{3}V_{NL}}\quad \text{A} \tag{10.16}$$

式中　P_{js}——线路计算有功负荷；

S_{js}——线路计算视在负荷；

V_{NP}——线路额定相电压；

V_{NL}——线路额定线电压；

$\cos\varphi$——光源功率因数。

(3)导线截面的选择

①按线路计算(工作)电流及导线型号，查导线允许载流量表(见相关设计手册)，使与所选导线截面相配合的熔丝电流大于或等于线路工作电流。选用截面的载流量 I 与配用熔丝电流 I_e 和线路计算电流 I_{js} 的关系为

$$I>I_e\geqslant I_{js} \tag{10.17}$$

②所选用导线截面应大于或等于机械强度允许的最小导线截面。

③验算线路的电压偏移，要求线路末端灯具的电压不低于其额定电压的允许值。

例10.1　某生活区照明供电系统，各建筑物均采用380/220 V三相四线制进线，各幢楼的光源容量已由单相负荷换算为三相负荷，各荧光灯具均带电容器补偿。其中，一幢办公楼，安装荧光灯的光源容量为4.8 kW，安装白炽灯的光源容量为5.6 kW；托儿所一幢，安装荧光灯的光源容量为1.8 kW，安装白炽灯的光源容量为0.6 kW。试确定该生活区各幢楼的照明计算负荷及变压器低压侧的计算负荷。

解　需用系数由表10.1得 $k_{x1}=0.8$(办公楼)，$k_{x2}=0.5$(住宅)，$k_{x3}=0.6$(托儿所)。

求各幢楼的照明计算负荷：

办公楼为 $P_{js1}=k_{x1}\sum P_x(1+\alpha)=0.8\times[4.8\times(1+0.2)+1.8\times(1+0)]\ \text{kW}$
$=6.05\ \text{kW}$

住宅为 $P_{js2}=k_{x2}\sum P_x(1+\alpha)=0.5\times5.6\times(1+0)]\ \text{kW}=2.8\ \text{kW}$

托儿所为 $P_{js3}=k_{x3}\sum P_x(1+\alpha)=0.6\times[1.8\times(1+0.2)+0.6\times(1+0)]\ \text{kW}$
$=1.66\ \text{kW}$

查表10.2、表10.3分别取 $k_i=0.8$，$\cos\varphi=1$，则变压器低压侧的视在计算负荷为

$$\begin{aligned}S_{\sum js}&=k_i\left(k_x\sum\frac{P_x(1+\alpha)}{\cos\varphi}\right)\\&=k_i\left(\frac{P_{js1}}{\cos\varphi}+n\frac{P_{js2}}{\cos\varphi}+\frac{P_{js3}}{\cos\varphi}\right)\\&=0.8\times\left(\frac{6.05}{1}+5\times\frac{2.8}{1}+\frac{1.66}{1}\right)\ \text{kVA}\end{aligned}$$

$$=17.37\ \text{kVA}$$

式中　n——住宅幢数，本例题取 $n=5$；

　　$S_{\sum js}$——照明干线的视在计算负荷。

例 10.2　某住宅楼照明采用 380 V/220 V 三相四线制进线，干线采用单相放射式配电（见图 10.23）。每门幢每条支线负荷都相同，即 40 W 白炽灯 10 只；40 W 荧光灯 10 只；插座 20 只，每只插座按 50 W 计。现计算：

①各支线的计算负荷和计算电流；

②各干线的计算负荷和计算电流；

③进户线的计算负荷和计算电流。

解　①已知白炽灯、插座的损耗系数 $\alpha=0$，荧光灯的 $\alpha=0.2$；查表 10.1 住宅楼的需用系数 $k_x=0.4\sim0.6$，取 $k_x=0.6$；查表 10.3，白炽灯 $\cos\varphi=1$，$\tan\varphi=0$；荧光灯 $\cos\varphi=0.6$，$\tan\varphi=1.33$；插座按 $\cos\varphi=0.8$，则 $\tan\varphi=0.75$。

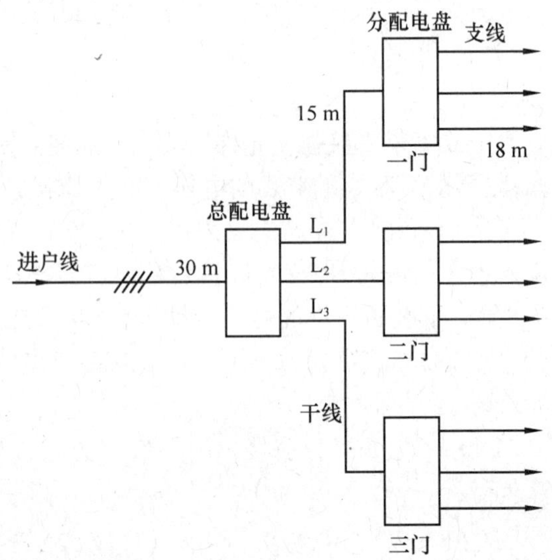

图 10.23 照明干线配电

$$
\begin{aligned}
P_{js} &= k_x \sum P_x(1+\alpha) \\
&= 0.6 \times [40 \times 10 \times (1+0) + 40 \times 10 \times (1+0.2) + 50 \times 20 \times (1+0)]\ \text{kW} \\
&= 1\,128\ \text{kW}
\end{aligned}
$$

$$
\begin{aligned}
Q_{js} &= k_x \sum P_x(1+\alpha)\tan\varphi \\
&= 0.6 \times [40 \times 10 \times (1+0) \times 0 + 40 \times 10 \times (1+0.2) \times 1.33 + 50 \times 20 \times (1+0) \times 0.75]\ \text{var} \\
&= 833.04\ \text{var}
\end{aligned}
$$

$$
\begin{aligned}
S_{js} &= \sqrt{P_{js}^2 + Q_{js}^2} \\
&= \sqrt{(1\,128)^2 + (833.04)^2}\ \text{kVA} \\
&= 1\,402.26\ \text{kVA}
\end{aligned}
$$

$$I_{js}=\frac{P_{js}}{V_{NP}\cos\varphi}=\frac{S_{js}}{V_{NP}}=\frac{1\,402.26}{220}\text{ A}=6.37\text{ A}$$

②因每条干线向3条支线输电，且各支线负荷相同，查表10.2，住宅楼的同时系数 $k_t=0.5\sim0.7$，取 $k_t=0.7$，则

$$P_{\sum js}=k_t\sum P_{js}=k_t\times3P_{js}=0.7\times3\times1\,128\text{ W}=2\,368.8\text{ W}$$

$$Q_{\sum js}=k_t\sum Q_{js}=k_t\times3Q_{js}=0.7\times3\times833.04\text{ var}=1\,749.38\text{ var}$$

$$S_{\sum js}=\sqrt{P^2_{\sum js}+Q^2_{\sum js}}=\sqrt{236\,808^2+1\,749.38^2}\text{ VA}=2\,944.75\text{ VA}$$

$$I_{\sum js}=\frac{S_{\sum js}}{V_{NP}}=\frac{2\,944.75}{220}\text{ A}=13.39\text{ A}$$

③因为各干线负荷相同，故进户线总负荷为干线负荷的3倍，即

$$S'_{\sum js}=3S_{\sum js}=3\times2\,944.75\text{ VA}=8\,834.25\text{ VA}$$

$$I'_{\sum js}=\frac{S'_{\sum js}}{\sqrt{3}V_{NL}}=\frac{3\times2\,944.75}{\sqrt{3}\times380}\text{ A}=13.42\text{ A}$$

因为每条干线是三相进户线的一相线，故进户线的电流即为干线的计算电流。

10.4　电气工程照明设计实例

10.4.1　电气照明的设计步骤

建筑电气施工图设计，应按建筑总体工程、单位工程、建筑电气分部工程、分项工程分别进行。由大到小作规划，由小到大逐项作计算、设计、参数统计、积累。申请高压供电用户或低压供电用户要根据实际情况作技术经济比较分析后设计，就一般经验而言，住宅小区建筑电气工程比较分散，可在负荷中心建独立变配电所或附贴楼房式变配电所，供电、维护、管理比较优越；而大型旅馆、办公楼、高层公共建筑等工程用电功率大负荷又集中，提倡变配电所建设在建筑物内和分层、分段设置。总之，建筑电气工程设计应从电源和电气安全保护技术措施考虑，作可行性研究开始。输、配电线路宜以地下暗敷电力电缆为主，逐渐减少城市架空线路。建筑物内线路，凡能作暗线的应采用穿钢管或阻燃塑料管暗敷线，提高电气的防火灾能力。

其具体设计步骤一般如下：

①收集有关资料。

②选择电光源及灯具。

③确定灯具布置方案和进行照度计算。

④确定照明供电方式和照明线路的布置方式。

⑤计算照明负荷。

⑥选择照明线路的导线、开关、熔断器等。

⑦按国家统一规定符号绘制照明供电系统图和照明布置平面图。

10.4.2 建筑照明设计实例

请为某教学楼作照明设计。其平面图如图10.24所示,对每间教室和办公室要求安装两只单相插座。

(1)电光源及灯具的选择

教室和办公室一般选用YG1-1型1×40 W荧光灯;走道和厕所选用JXD5-2型吸顶灯;雨篷选用JXD45型吸顶灯。

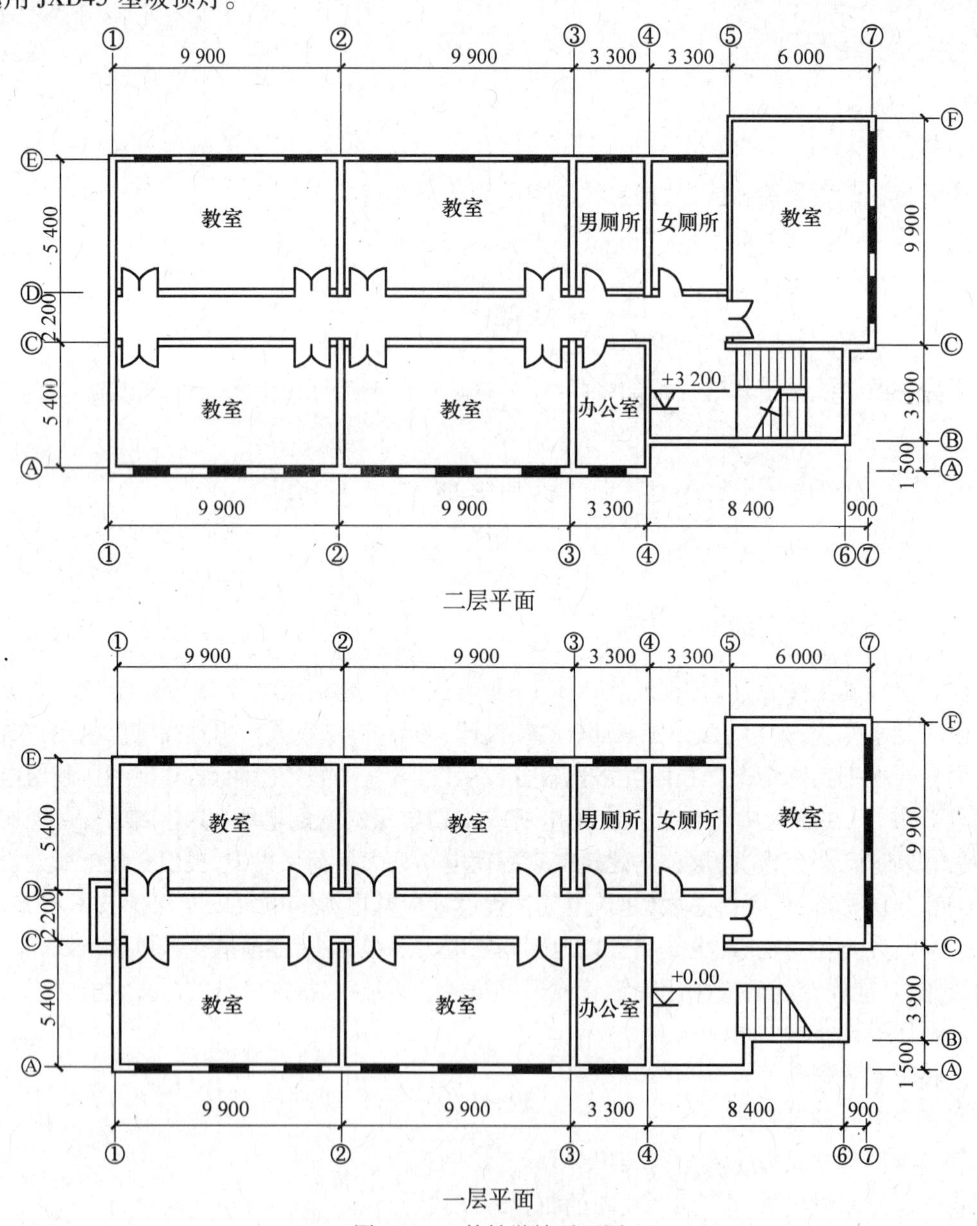

图10.24 某教学楼平面图

(2)确定灯具布置方案和进行照度计算

1)选择计算系数

查有关照明手册,教室、办公室取推荐照度 E_{pj} = 75 lx,走道、雨篷取 E_{pj} = 20 lx,厕所取 E_{pj} = 10 lx。取最小照度系数 z = 1.3,则最低照度 E_{zd} 如下:

教室、办公室为

$$E_{zd}=\frac{E_{pj}}{z}=\frac{75}{1.3\ \text{lx}}=57.7\ \text{lx}$$

走道、雨篷为

$$E_{zd}=\frac{E_{pj}}{z}=\frac{20}{1.3\ \text{lx}}=15.38\ \text{lx}$$

厕所为

$$E_{zd}=\frac{E_{pj}}{z}=\frac{10}{1.3\ \text{lx}}=7.7\ \text{lx}$$

2)计算高度

教学楼层高为3.5 m,设荧光灯具吊高3 m,课桌高0.8 m,故各计算高度如下:

教室、办公室为

$$3\ \text{m}-0.8\ \text{m}=2.2\ \text{m}$$

走道、雨篷和厕所为

$$h=3.5\ \text{m}$$

3)面积计算

教室为

$$S_1=9.9\times 6\ \text{m}^2=59.4\ \text{m}^2$$

$$S_2=9.9\times 5.4\ \text{m}^2=53.46\ \text{m}^2$$

办公室或厕所为

$$S=3.3\times 5.4\ \text{m}^2=17.82\ \text{m}^2$$

走道为

$$S=2.2\times 23.1\ \text{m}^2=50.82\ \text{m}^2$$

雨篷为

$$S=3.3\times 3.6\ \text{m}^2=11.88\ \text{m}^2$$

4)采用单位容量法计算

查阅有关建筑电气类设计手册,得:

教室为

$$W=4.2\ \text{W/m}^2$$

办公室为

$$W=5.6\ \text{W/m}^2$$

走道为

$$W=5.9\ \text{W/m}^2$$

雨篷为

$$W = 9.6\ \mathrm{W/m^2}$$

厕所为

$$W = 5\ \mathrm{W/m^2}$$

5)计算总安装容量

教室为

$$\sum P_1 = 4.2 \times 59.4\ \mathrm{W} = 249.48\ \mathrm{W}$$

$$\sum P_2 = 4.2 \times 53.46\ \mathrm{W} = 224.53\ \mathrm{W}$$

办公室为

$$\sum P = 5.6 \times 17.82\ \mathrm{W} = 99.79\ \mathrm{W}$$

厕所为

$$\sum P = 5 \times 17.82\ \mathrm{W} = 89.1\ \mathrm{W}$$

走道为

$$\sum P = 5.9 \times 50.82\ \mathrm{W} = 299.8\ \mathrm{W}$$

雨篷为

$$\sum P = 9.6 \times 11.88\ \mathrm{W} = 114\ \mathrm{W}$$

6)计算灯具数量

教室选用 YG1-1 型 $P = 40$ W 日光灯,

$N_1 = \sum P_1/P = 249.48/40$ 套 $= 6.24$ 套,取 6 套。

$N_2 = \sum P_2/P = 224.53/40$ 套 $= 5.61$ 套,取 6 套。

走道、厕所选用 JXD5-2 型吸顶灯,其白炽灯 $P = 100$ W,

走道为

$N = \sum P/P = 299.8/100$ 套 $= 2.998$ 套,取 3 套。

厕所为

$N = \sum P/P = 89.1/100$ 套 $= 0.891$ 套,取 1 套。

办公室选用 YG1-1 型 $P = 40$ W 日光灯,

$N = \sum P/P = 99.79/40 = 2.495$ 套,取 2 套。

雨篷选用 JXD45 型吸顶灯,其白炽灯 $P = 100$W,

$N = \sum P/P = 114/100$ 套 $= 1.14$ 套,取 1 套。

7)布灯方式

布灯方式如图 10.25 所示。

(3)确定照明供电方式和照明线路的布置方式

采用 380 V/220 V 三相四线制供电。电源由二层④轴线架空穿钢管引至二层总配电箱Ⅱ,再由Ⅱ配电箱引线穿钢管于墙内暗敷引至一层Ⅰ配电箱。其供电线路如图 10.26 所示,由各配电箱引出 3 条支路分别为 L_1、L_2、L_3 相,供各层用电。

(4)**计算照明负荷**

该教学楼各层照明负荷相同,故只需计算一层的照明负荷。

L_1 支路:荧光灯 12 只×40 W,插座 4 只×100 W,插座的损耗系数 $\alpha=0.4$,荧光灯的 $\alpha=0.2$。查表 10.1,教学楼的需用系数 $k_x=0.8\sim0.9$,取 $k_x=0.9$;查表 10.3,

荧光灯 $\cos\varphi=0.6$,$\tan\varphi=1.33$。插座按 $\cos\varphi=0.8$,$\tan\varphi=0.75$ 计算,则

$$P_{js1}=k_x\sum P_x(1+\alpha)=0.9\times[40\times12\times(1+0.2)+100\times4]\ \text{W}=878.4\ \text{W}$$

$$Q_{js1}=k_x\sum P_x(1+\alpha)\tan\varphi=0.9\times[576\times1.33+400\times0.75]\ \text{W}=959.47\ \text{var}$$

$$S_{js1}=\sqrt{P_{js1}^2+Q_{js1}^2}=\sqrt{878.4^2+959.47^2}\ \text{VA}=1\ 300.83\ \text{VA}$$

$$I_{js1}=\frac{S_{js1}}{U_{NP}}=\frac{1\ 300.83}{220\ \text{A}}=5.91\ \text{A}$$

L_2 支路:荧光灯 14 只×40 W,插座 6 只×100 W,则

$$P_{js2}=k_x\sum P_x(1+\alpha)=0.9\times[40\times14\times(1+0.2)+100\times6]\ \text{W}=1\ 144.8\ \text{W}$$

$$Q_{js2}=k_x\sum P_x(1+\alpha)\tan\varphi=0.9\times[672\times1.33+600\times0.75]\ \text{var}=1\ 209.38\ \text{var}$$

$$S_{js2}=\sqrt{P_{js2}^2+Q_{js2}^2}=\sqrt{1\ 144.8^2+1\ 209.38^2}\ \text{VA}=1\ 665.28\ \text{VA}$$

$$I_{js2}=\frac{S_{js2}}{U_{NP}}=1\ 665.28/220\ \text{A}=7.57\ \text{A}$$

L_3 支路:荧光灯 6 只×40 W,插座 2 只×100 W,白炽灯 6 只×100 W,查表 10.3,白炽灯 $\cos\varphi=1$,$\tan\varphi=0$,白炽灯的 $\alpha=0$,则

$$P_{js3}=k_x\sum P_x(1+\alpha)=0.9\times[100\times6+40\times6\times(1+0.2)+100\times2]\ \text{W}=979.2\ \text{W}$$

$$Q_{js3}=k_x\sum P_x(1+\alpha)\tan\varphi=0.9\times[600\times0+288\times1.33+200\times0.75]\ \text{var}$$
$$=533.04\ \text{var}$$

$$S_{js3}=\sqrt{P_{js3}^2+Q_{js3}^2}=\sqrt{979.2^2+533.04^2}\ \text{VA}=1\ 114.88\ \text{VA}$$

$$I_{js3}=\frac{S_{js3}}{U_{NP}}=\frac{1\ 114.88}{220\ \text{A}}=5.07\ \text{A}$$

(5)**选择照明线路的导线和开关**

1)支路导线的选择

采用二芯穿硬塑管铜线。由于线路不长,故可按允许温升条件选择导线截面,并能满足导线机械强度和允许电压损失要求。现以最大的支路计算电流,即 L_2 支路的 $I_{js2}=7.57$ A 为依据,选用 BV 型 $S=2.5\ \text{mm}^2$ 导线,其在 35 ℃时,$I_N=17$ A,熔丝额定电流 $I_e=15$ A > 7.57 A,故满足要求。

2)一层电源总进线导线的选择

采用穿钢管暗敷塑料绝缘铜线。由于配电箱采用 3 相进线,并将三相分别供 3 条支路用电,故以最大的支路计算电流 $I_{js2}=7.57$ A 为依据,选用 BV 型 $S=2.5\ \text{mm}^2$ 导线,其在 35 ℃时,$I_N=21$ A,熔丝额定电流 $I_e=15$ A >7.57 A,满足要求。

3)总电源进线导线的选择

由于采用 380 V/220V 三相四线制供电,并采用绝缘线架空穿钢管进线,而每层每条支路

均为一相,故总进线每相计算电流为各层相应计算电流之和,即

$$I_{L_1}=2I_{js1}=2\times5.91\ A=11.82\ A$$

$$I_{L_2}=2I_{js2}=2\times7.57\ A=15.14\ A$$

$$I_{L_3}=2I_{js3}=2\times5.07\ A=10.14\ A$$

现仍以最大相 I_{L_2} 为依据,选 BV 型。$S=4\ mm^2$ 导线,其在 35 ℃时,$I_N=28A>15.14\ A$,且满足绝缘铜线作架空引入线,挡距在 25 m 以内的机械强度 $S\geqslant4\ mm^2$ 的要求,故应选 BV 型 $S=4\ mm^2$ 导线。

4)电源开关的选择

目前广泛采用自动开关作为照明供电的电源开关,其兼有过载、低压和短路保护之用。查有关设计手册,支线自动开关可选用塑料外壳 DZ5 型、$I_N=10\ A$ 的自动开关;一层电源总进线可选用 DZ5 型、$I_N=15\ A$ 的自动开关;总电源进线可选用 DZ5 型、$I_N=20\ A$的自动开关。

(6)绘制照明施工图

建筑照明施工图的绘制方法可参考有关规定绘制。主要包括施工说明、平面图、系统图、详图及主要设备材料表等。

1)施工说明

主要说明与电气施工与土建有关的部分的情况,如建筑物的形式、室内地面做法以及电源的引入、线路的敷设、设备规格及安装要求、施工注意事项等。

2)平面图

电气照明平面图可表明进户点、配电箱、配电线路、灯具、开关及插座等的平面位置及安装要求。每层都应有平面图,但有标准层时,可以用一张标准层的平面图来表示相同各层的电气照明的平面布置。

在平面图上,应表明以下 3 点:

①进户点、进户线的位置及总配电箱、分配电箱的位置。通过不同配电箱的图例符号还可表明配电箱的安装方式是明装还是暗装,同时标注电源来路。

②所有导线(进户线、干线、支线)的走向,导线根数,以及支线回路的划分各条导线的敷设部位、敷设方式、导线规格型号、各回路的编号,导线穿管时所用管材管径都应标注在图纸上,但有时为了图面整洁,也可以在系统图或施工说明中表明。电气照明图中的线路,都是用单线来表示的,在单线上打撇表示导线根数,两根导线不打撇,打 3 撇表示 3 根导线,超过 4 根导线在导线上只打 1 撇,再用阿拉伯数字表示导线根数。

③灯具、灯具开关、插座、吊扇等设备的安装位置,灯具的型号、数量,安装容量、安装方式及悬挂高度。对照明灯具的数量、型号、容量、安装方式等标注的格式为

$$a-b\frac{c\times d\times L}{e}f$$

式中 a——灯具数量;

b——型号;

c——每盏灯的灯泡或灯管数量;

d——灯泡容量,W;

e——安装高度;

f——安装方式；

L——光源种类。

本设计的照明平面布置图如图10.25所示。

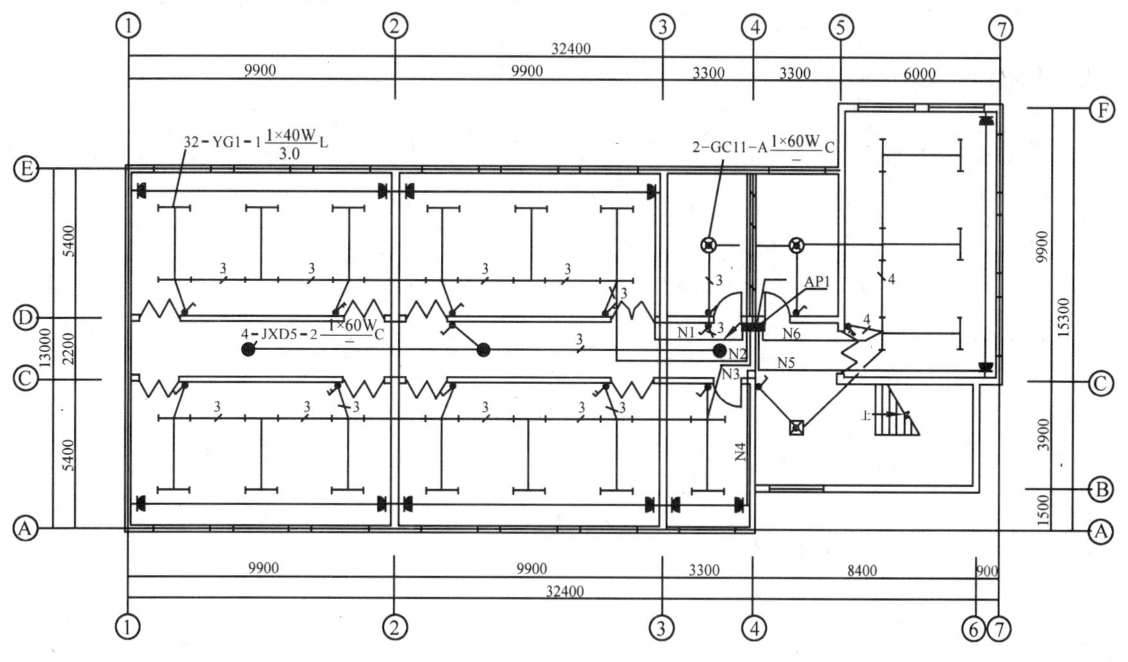

一层照明平面图 1∶100

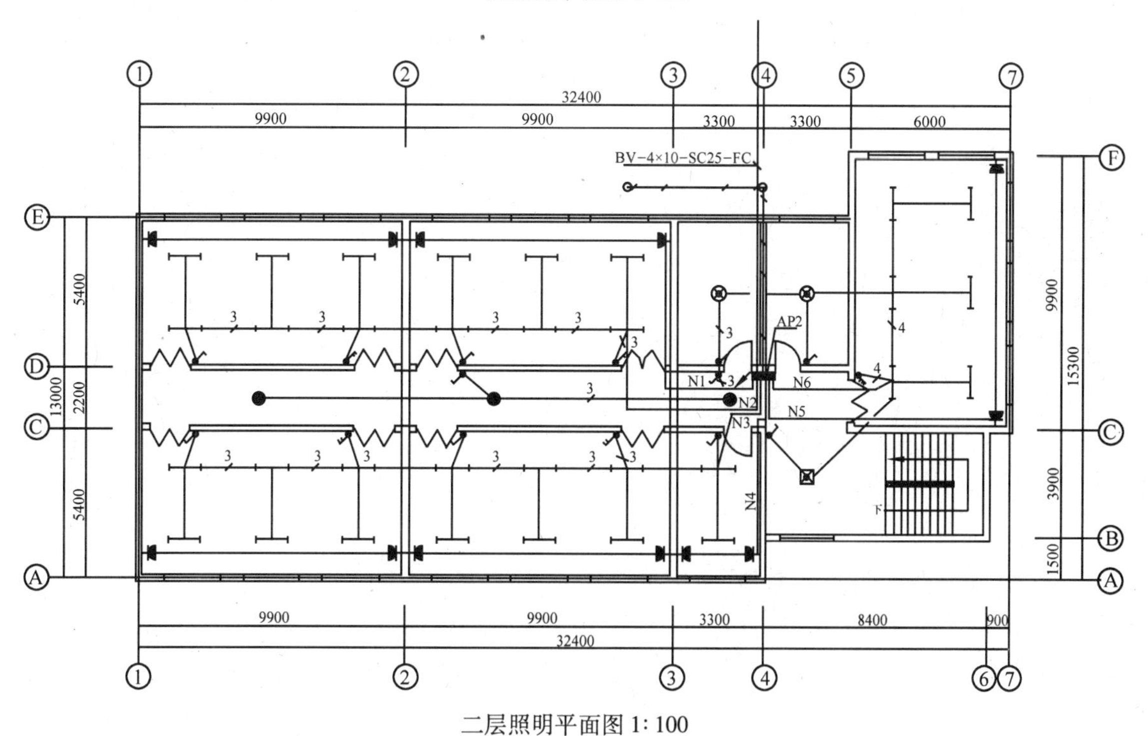

二层照明平面图 1∶100

图10.25　某教学楼电气照明平面布置图

电气照明平面图常用图例见表10.5所示。

表 10.5 常用电气图例及含义

图形符号	文字说明	图形符号	文字说明	图形符号	文字说明
	电力配电箱(盘)		暗装单相插座	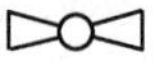	吊式电风扇
	照明配电箱(盘)		暗装单相带接地插座		轴流风扇
	多用配电箱(盘)		暗装三相带接地插座		风扇电阻开关
	各种灯具一般符号		明装单相二级插座		电铃
	花 灯		明装单相三级插座(带接地)		明装单极开关(单极二线)
	单管荧光灯		明装单相四级插座(带接地)		暗装单极开关(单极二线)
	双管荧光灯		防水拉线开关(单相二线)	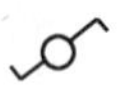	明装双控开关(单极三线)
	向上配线		拉线开关(单极二线)		暗装双控开关(单极三线)
	向下配线		拉线双控开关(单极三线)		天棚灯座(裸灯头)
	垂直通过配线		吊线灯附装拉线开关		墙上灯座(裸灯头)

3)系统图

照明系统图是根据配电方式画出来的。它表明该工程的供电方案,从系统图中可以看出照明工程的供电系统、计算负荷以及配电装置、导线规格、保护元件等。通过系统图可表明以下6点:

①供电电源

应表明本照明工程是单相供电还是由三相供电,电源的电压及频率,可用文字按下述格式标注为

$$m \sim f, U$$

式中 m——相数;

f——电源频率;

U——电压。

例如,在系统图上进户线的旁边标示:3 N ~ 50 Hz,380 V

则表示三相四线(N 表示零线)制供电,电源频率为 50 Hz,线电压为 380 V。

②干线的接线方式

从图面上可以直接表示出从总配电箱到各分配电箱的接线方式是放射式、树干式还是混合式,作为施工时干线的接线依据。一般在多层建筑中,多采用混合式。

③导线的标注

进户线、干线的导线型号、截面、穿管管径、管材、敷设部位及敷设方式的表示方法在配电线路用文字表达的格式为

$$a-b(c\times d)e-f$$

式中　a——回路编号；

b——导线的型号；

c——导线的根数；

d——导线的截面；

e——导线的敷设方式及穿管管径；

f——敷设部位。

照明灯具的安装方式、导线敷设方式和敷设部位的代号表示，见表10.6。

表10.6　电气照明平面图标注符号

导线敷设部位的标注		导线敷设方式的标注		照明灯具安装方式的标注	
表达内容	标注代号	表达内容	标注代号	表达内容	标注代号
沿钢索敷设	SR	用塑制线槽敷设	PR	自在器线吊式	CP
沿屋架或跨屋架敷设	BE	用硬质塑制管敷设	PC	固定线吊式	CP1
沿柱敷设	CLE	用半硬塑制管敷设	PEC	防水线吊式	CP2
沿墙面敷设	WE	电薄电线管敷设	TC	吊线器式	CP3
沿天棚敷设	CE	用水煤气钢管敷设	SC	链吊式	CH
在能进人的吊顶内敷设	ACE	用瓷夹敷设	PL	管吊式	P
暗敷在梁内	BC	用塑制夹敷设	PCL	吸顶式	DR
暗敷在柱内	CLC	用蛇皮管敷设	CP	嵌入式	R
暗敷在屋面内或顶板内	CC	用瓷瓶式或瓷柱式绝缘子敷设	K	顶棚内安装	CR
暗敷在地面或者地板内	FC	用阻燃聚乙烯管敷设	RPE	墙壁内安装	WR
暗敷在不能进人的吊顶	ACC	用国标扣压式导线管敷设	KBG	台上安装	T
暗敷在墙内	WC			支架上安装	SP
				壁装式	W
				柱上安装	CL
				座装	HM

例如，在一段干线的旁边标注：

$$\mathrm{WP1-BV(3\times 70+1\times 35)SC80-WC}$$

则说明在回路WP1中这段干线采用型号为BV（即塑料绝缘铜芯导线），3根截面积为70 mm^2

的相线和一根截面为35 mm^2 的零线,穿钢管敷设,钢管的直径为80 mm,沿墙暗设。

④配电箱中的控制、保护设备及计量仪表

在平面图上只能表示出配电箱的位置和安装方式(明装和暗装),但在配电箱中有哪些控制、保护设备及仪表却表示不出来,这些必须在系统图中表示,以补充平面图的不足。

⑤相别划分

三相电源向单相用电回路分配电能时,应在单相用电各回路导线旁标明相别(a、b、c 相),避免施工时发生错接。

⑥照明供电系统的计算值

照明供电系统的计算功率、计算电流、计算时所取用的需要系数、线路末端的电压损失等的计算值标注在系统图上明显位置。

其中,该例题中某教学楼供电线路如图 10.26 所示。

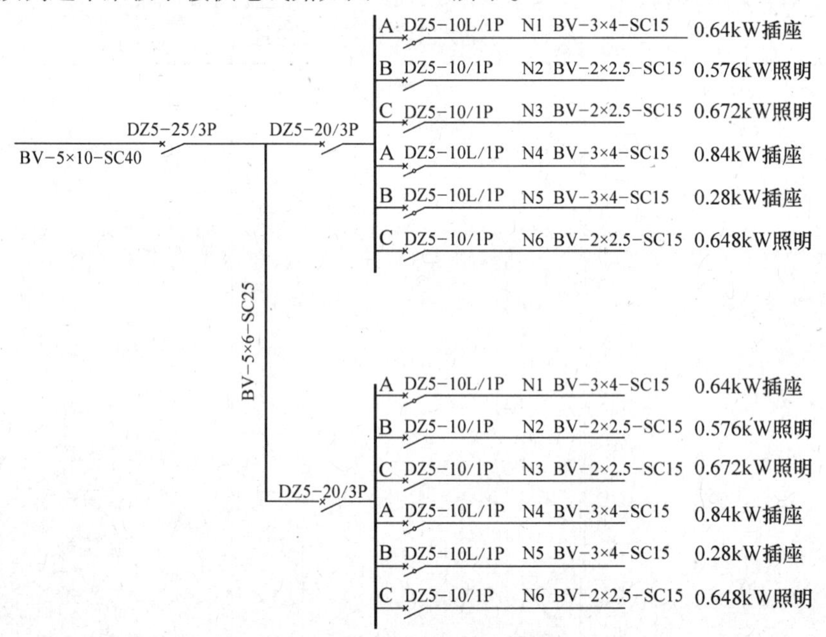

图 10.26　某教学楼供电线路图

4)详图

由于平面图采用较大的缩小比例绘制,因而某些地方无法表达清楚。为了详细表明这部分的结构、做法及安装工艺要求,有必要采用较小的缩小比例或放大比例将其单独画出,这种图称为详图。

详图可以与平面图画在同一张图纸上,也可画在另外的图纸上,但要用统一标志将它们联系起来。详图与平面图联系标志称为详图索引标志。

5)主要设备材料表

设备材料表主要说明该图纸或相关图纸上反映的工程所需的主要设备与材料的名称、型号、规格、单位、数量等,这些一般都按序号汇编,并与图纸所标注的设备符号相对应,在备注栏内还标注一些特殊的说明等。

复习与思考题

1. 常用照明电光源有哪些？它们的特点是什么？
2. 简述灯具安装的基本要求。
3. 照明灯具按配光曲线分哪些类型？它们的光通量的分布有何不同？
4. 照明灯具的选择原则是什么？
5. 照明的方式有哪几类？它们分别适合什么情况？
6. 某住宅区照明供电干线如图10.27所示，各建筑均采用三相四线制进线，额定电压为380 V，且照明负荷已由单相负荷换算成三相负荷，各荧光灯均采用无功补偿。试计算该住宅区各栋楼的照明负荷及变压器低压侧的计算负荷。

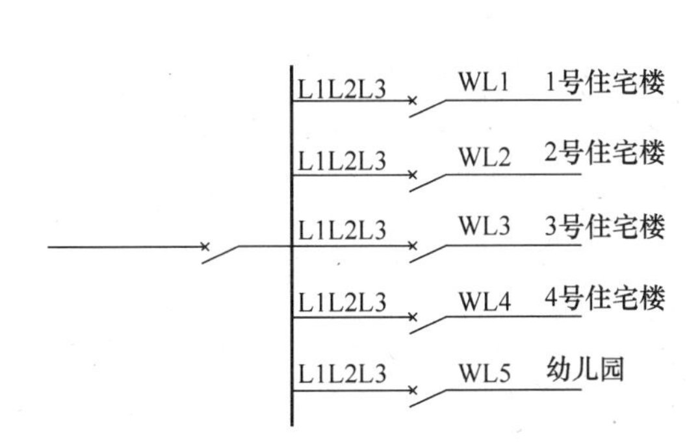

荧光灯容量及功率因数		白炽灯容量及功率因数	
30 kW	0.9	15 kW	1.0
30 kW	0.9	15 kW	1.0
30 kW	0.9	15 kW	1.0
30 kW	0.9	15 kW	1.0
5 kW	0.9	2 kW	1.0

图10.27 某住宅区照明供电干线图

第11章 建筑防雷、接地与安全用电

防雷与接地是建筑电气必不可少的内容，防雷涉及建筑物及其内部设备的安全，接地涉及建筑的供电系统、设备及人身的安全。本章主要介绍民用建筑的防雷分类，防雷措施及高层民用建筑的防雷要求；低压配电系统的接地方式，保护接地、保护接零及其基本要求；安全用电基本常识。

11.1 建筑防雷

11.1.1 雷电的形成及其危害

(1)雷电的形成

雷电是由雷云(带电的云层)对地面建筑物及大地的自然放电引起的，它会对建筑物及其附属设备产生严重破坏。因此，对雷电的形成过程及其放电条件应有所了解，从而采取适当的措施，保护建筑物不受雷击。

在天气闷热潮湿的时候，地面上的水受热变成蒸气，并且随地面的受热空气而上升，在空中与冷空气相遇，使上升的水蒸气凝结成小水滴，形成积云。云中水滴受强烈气流吹袭，分裂为一些小水滴和大水滴，较大的水滴带正电荷，小水滴带负电荷。细微的水滴随风聚集形成了带负电的雷云；带正电的较大水滴常常向地面降落而形成雨，或悬浮在空中。由于静电感应，带负电的雷云，在大地表面感应有正电荷。这样雷云与大地间形成了一个大的电容器。当电场强度很大，超过大气的击穿强度时，即发生了雷云与大地间的放电，就是一般所说的雷击。

雷云放电速度很快，雷电流的变化也很激烈，雷云开始放电时，雷电流急剧增大，在闪电到达地面的瞬间，雷电流最大值可达 200 ~ 300 kA，电压可达几百万伏，温度可达 2 万 ℃。在几微秒时间内，使周围的空气通道烧成白热而猛烈膨胀，并出现耀眼的光亮和巨响，这就是通常所说的“打闪”和“打雷”。打到地面上的闪电称“落雷”，落雷击中建筑物、树木或人畜，会引起热的、机械的、电磁的作用，造成人畜伤亡、建筑物及建筑设备的损坏称为“雷击事故”。

(2)雷电的危害

雷电的破坏作用基本上可分为以下 3 类:

1)直击雷

雷云直接对建筑物或地面上的其他物体放电的现象称为直击雷。雷云放电时,引起很大的雷电流,可达几百千安,从而产生极大的破坏作用。雷电流通过被雷击的物体时,产生大量的热量,使物体燃烧。被击物体内的水分由于突然受热,急骤膨胀,还可能使被击物劈裂。因此当雷云向地面放电时,常常发生房屋倒塌、损坏或者引起火灾,发生人畜伤亡。

2)雷电的感应

雷电感应是雷电的第二次作用,即雷电流产生的电磁效应和静电效应作用。雷云在建筑物和架空线路上空形成很强的电场,在建筑物和架空线路上便会感应出与雷云电荷极性相反的电荷(称为束缚电荷)。在雷云向其他地方放电后,云与大地之间的电场突然消失,但聚集在建筑物的顶部或架空线路上的电荷不能很快全部汇入大地,残留电荷形成的高电位,往往造成屋内电线、金属管道和大型金属设备放电,击穿电气绝缘层或引起火灾、爆炸。

3)雷电波侵入

当架空线路或架空金属管道遭雷击,或者与遭受雷击的物体相碰,以及由于雷云在附近放电,在导线上感应出很高的电动势,沿线路或管路将高电位引进建筑物内部称为雷电波侵入,又称高电位引入。出现雷电波侵入时,可能发生火灾及触电事故。

雷电的形成与气象条件(即空气湿度、空气流动速度)及地形(山岳、高原、平原)有关。湿度大、气温高的季节(尤其是夏天)以及地面的突出部分较易形成闪电。夏季突出的高建筑物、树木、山顶容易遭受雷击,就是这个道理。随着我国社会主义建设事业的不断发展,高层建筑日益增多,因而,如何防止雷电的危害,保证人身、建筑物及设备的安全,就成为十分重要的问题。

11.1.2　建筑物遭受雷击的有关因素

建筑物遭受雷击次数的多少,不仅与当地的雷电活动频繁程度有关,而且还与建筑物所在环境、建筑物本身的结构、特征有关。

首先是建筑物的高度和孤立程度。旷野中孤立的建筑物和高耸的建筑物群,容易遭受雷击。其次是建筑物的结构及所用材料。凡金属屋顶、金属构架、混凝土结构的建筑物,容易遭雷击。

建筑物的地下情况,如地下金属管道、金属矿藏,建筑物的地下水位较高,这些建筑物也易遭雷击。

建筑物易遭雷击的部位是屋面上突出的部分和边缘,如平屋面的檐角、女儿墙和四周屋檐;有坡度的屋面的屋角、屋脊和屋檐;此外高层建筑的侧面墙上也容易遭到雷电的侧击。

建筑物的雷击部位如下:

①不同屋顶坡度(0°、15°、30°、45°)建筑物的雷击部位如图 11.1 所示。

②屋角与檐角的雷击率最高。

③屋顶的坡度越大,屋脊的雷击率也越高;当坡度大于 40°时,屋檐一般不会再受雷击。

④当屋面坡度小于 27°,长度小于 30 m 时,雷击点多发生在山墙,而屋脊和屋檐一般不再遭受雷击。

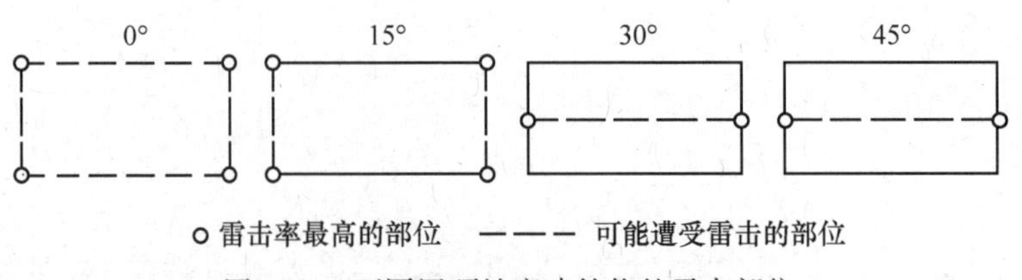

图 11.1 不同屋顶坡度建筑物的雷击部位

⑤雷击屋面的几率甚少。

11.1.3 建筑物的防雷分类

根据建筑物的重要程度、使用性质、雷击可能性的大小,以及所造成后果的严重程度,民用建筑物的防雷分类,按《建筑物防雷设计规范》(GB 50057—2010)规定,可划分为第一类、第二类和第三类防雷建筑物。

11.1.4 建筑物的防雷措施

建筑物是否需要防雷保护,应采取哪些防雷措施,要根据建筑物的防雷等级来确定。第一类防雷建筑物和第二类防雷建筑物中有爆炸危险的场所,都应有防直击雷和防雷电波侵入的措施。

(1)防直击雷的措施

防直击雷采取的措施是引导雷云与避雷装置之间放电,使雷电流迅速流散到大地中去,从而保护建筑物免受雷击。避雷装置由接闪器、引下线和接地装置3部分组成。

1)接闪器

接闪器也称受雷装置,是接受雷电流的金属导体。接闪器的作用是使其上空电场局部加强,将附近的雷云放电诱导过来,通过引下线注入大地,从而使离接闪器一定距离内一定高度的建筑物免遭直接雷击。接闪器的基本形式有避雷针、避雷带、避雷网、防雷笼网这4种。

①避雷针

避雷针的针尖一般用镀锌圆钢或镀锌钢管制成。上部制成针尖形状,钢管厚度不小于3 mm,长为1~2 m。高度在20 m以内的独立避雷针通常用木杆或水泥杆支撑,更高的避雷针则采用钢铁构架。

砖木结构房屋,可将避雷针敷于山墙顶部或屋脊上,用抱箍或对锁螺栓固定于梁上,固定部分的长度约为针高的1/3。避雷针插在砖墙内的部分约为针高的1/3,插在水泥墙的部分为针高的1/5~1/4。

②避雷带

避雷带是用小截面圆钢制成的条形长带,装设在建筑物易遭雷击部位。根据长期经验证明,雷击建筑物有一定的规律,最可能受雷击的地方是屋脊、屋檐、山墙、烟囱、通风管道以及平屋顶的边缘等。在建筑物最可能遭受雷击的地方装设避雷带,可对建筑物进行重点保护。为了使对不易遭受雷击的部位也有一定的保护作用,避雷带一般高出屋面0.2 m,而两根平行的避雷带之间的距离要控制在10 m以内。避雷带一般用不小于$\phi 8$的镀锌圆钢或截面不小于50 mm^2的扁钢制成,每隔1 m用支架固定在墙上或现浇的混凝土支座上。

③避雷网

避雷网相当于纵横交错的避雷带叠加在一起,它的原理与避雷带相同,其材料采用截面不小于 50 mm^2 的圆钢或扁钢,交叉点需要进行焊接。避雷网宜采用暗装,其距面层的厚度一般不小于 20 mm。有时也可利用建筑物的钢筋混凝土屋面板作为避雷网,钢筋混凝土板内的钢筋直径不小于 3 mm,并须连接良好。当屋面装有金属旗杆或金属柱时,均应与避雷带或避雷网连接起来。避雷网是接近全保护的一种方法,它还起到使建筑物不受感应雷害的作用,可靠性更高。

④防雷笼网

防雷笼网是笼罩着整个建筑物的金属笼,它是利用建筑结构配筋所形成的笼作接闪器,对于雷电它能起到均压和屏蔽作用。接闪时,笼网上出现高电位,笼内空间的电场强度为零,笼上各处电位相等,形成一个等电位体,使笼内人身和设备都被保护。对于预制大板和现浇大板结构的建筑,网格较小,是理想的笼网,而框架结构建筑,则属于大格笼网,虽不如预制大板和现浇大板笼网严密,但一般民用建筑的柱间距离都在 7.5 m 以内,故也是安全的。利用建筑物结构配筋形成的笼网来保护建筑,既经济又不影响建筑物的美观。

另外,建筑物的金属屋顶也是接闪器,它好像网格更密的避雷网一样。屋面上的金属栏杆,也相当于避雷带,都可以加以利用。

2)引下线

引下线又称为引流器,接闪器通过引下线与接地装置相连。引下线的作用是将接闪器“接”来的雷电流引入大地,它应能保证雷电流通过而不被熔化。引下线一般采用圆钢或扁钢制成,其截面不得小于 48 mm^2,在易遭受腐蚀的部位,其截面应适当加大。为避免腐蚀加快,最好不要采用绞线作引下线。

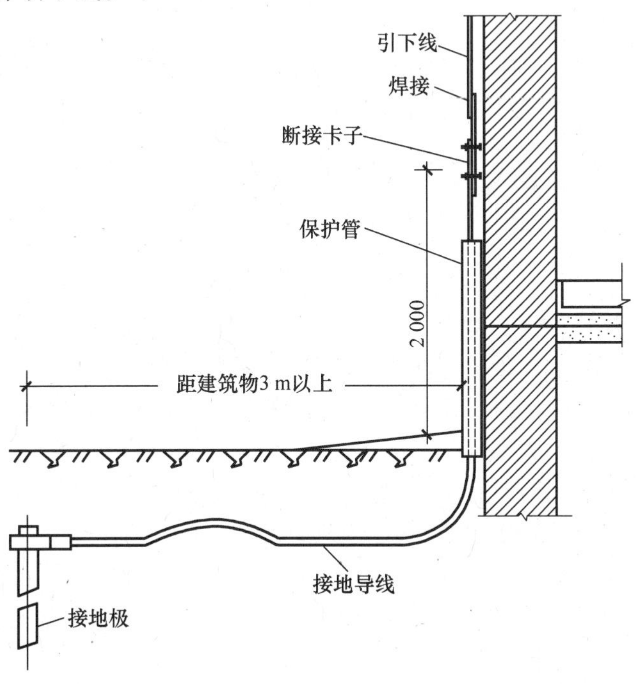

图 11.2　引下线与防雷接地装置的连接

建筑物的金属构件,如消防梯、烟囱的铁爬梯等都可作为引下线,但所有金属部件之间都应连成电气通路。

引下线沿建(构)筑物的外墙明敷设,固定于埋设在墙里的支持卡子上。支持卡子的间距为1.5 m。为保持建筑物的美观,引下线也可暗敷设,但截面应加大。

引下线不得少于两根,其间距应符合规范要求,最好是沿建筑物周边均匀引下。当采用两根以上引下线时,为了便于测量接地电阻以及检查引下线与接地线的连接状况,在距地面1.8 m以下处,设置断接卡子。引下线应躲开建筑物的出入口和行人较易接触的地点。

在易受机械损伤的地方,地面上1.7 m至地下0.3 m的一段,可用竹管、木槽等加以保护。引下线与接地装置的连接如图11.2所示。

在高层建筑中,利用建筑物钢筋混凝土屋面板、梁、柱、基础内的钢筋作防雷引下线,是我国常用的方法。

3)接地装置

接地装置是埋在地下的接地导体(即水平连接线)和垂直打入地内的接地体的总称。其作用是把雷电流疏散到大地中去。接地装置如图11.3所示。

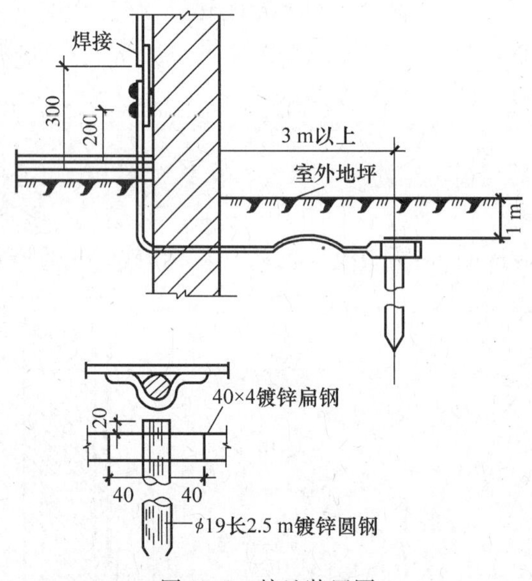

图11.3　接地装置图

接地体的接地电阻要小(一般不超过10 Ω),这样才能迅速地疏散雷电流。一般情况下,接地体均应使用镀锌钢材,以延长其使用年限,但当接地体埋设在可能有化学腐蚀性的土壤中时,应适当加大接地体和连接条的截面,并加厚镀锌层。各焊接点必须刷樟丹油或沥青油,以加强防腐。

除了上述人工接地体外,还可利用建筑物内外地下管道或钢筋混凝土基础内的钢筋作自然接地体,但须具有一定的长度,并满足接地电阻的要求。

(2)防雷电感应的措施

为防止雷电感应产生火花,建筑物内部的设备、管道、构架、钢窗等金属物,均应通过接地装置与大地作可靠的连接,以便将雷云放电后在建筑上残留的电荷迅速引入大地,避免雷害。对平行敷设的金属管道、构架和电缆外皮等,当距离较近时,应按规范要求,每隔一段距离用金属线跨接起来。

(3)防雷电波侵入的措施

为防雷电波侵入建筑物,可利用避雷器或保护间隙将雷电流在室外引入大地。如图 11.4 所示,避雷器装设在被保护物的引入端。其上端接入线路,下端接地。正常时,避雷器的间隙保持绝缘状态,不影响系统正常运行;雷击时,有高压冲击波沿线路袭来,避雷器击穿而接地,从而强行截断冲击波。雷电流通过以后,避雷器间隙又恢复绝缘状态,保证系统正常运行。

如图 11.5 所示的保护间隙是一种简单的防雷保护设备,由于制成角形,故也称羊角间隙,它主要由镀锌圆钢制成的主间隙和辅助间隙组成。保护间隙结构简单,成本低,维护方便,但保护性能差,灭弧能力小,容易引起线路开关跳闸或熔断器熔断,造成停电。因此,对于装有保护间隙的线路,一般要求设有自动重合闸装置或自动重合熔断器与其配合,以提高供电的可靠性。

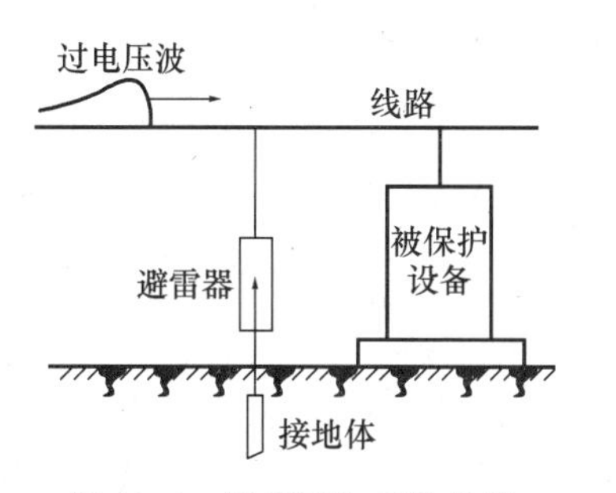

图 11.4　避雷器与系统连接

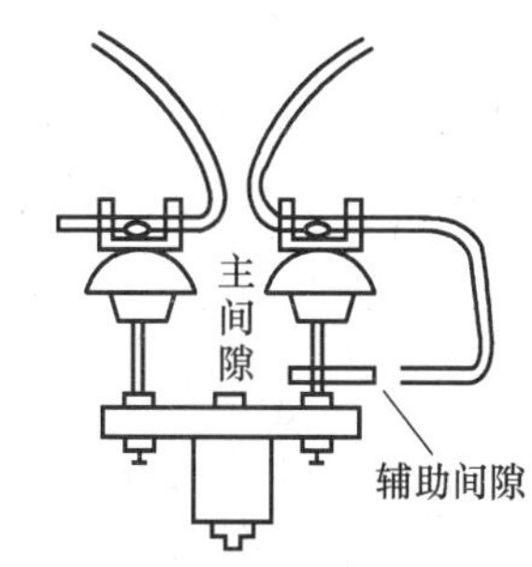

图 11.5　保护间隙

常用的阀型避雷器,其基本元件是由多个火花间隙串联后再与一个非线性电阻串联起来,装在密封的瓷管中。一般非线性电阻用金刚砂和结合剂烧结而成,如图 11.6 所示。

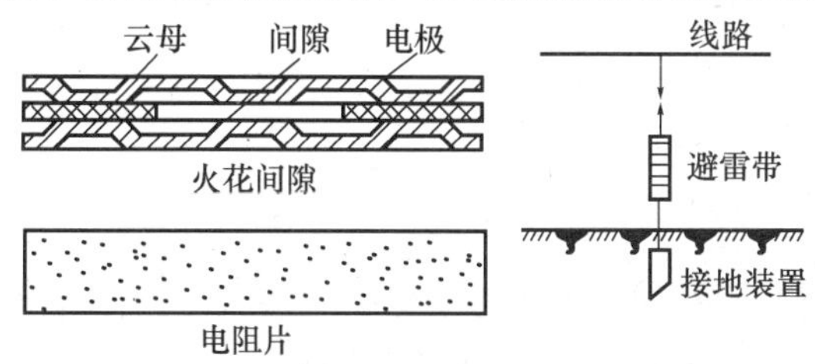

图 11.6　阀型避雷器

正常情况下,阀片电阻很大,而在过电压时,阀片电阻自动变得很小,则在过电压作用下,火花间隙被击穿,过电流被引入大地,过电压消失后,阀片又呈现很大电阻,火花间隙恢复绝缘。

为防止雷电波沿低压架空线侵入,在入户处或接户杆上应将绝缘子的铁脚接到接地装置上。

此外,还要防止雷电流流经引下线产生的高电位对附件金属物体的雷电反击。当防雷装置接受雷击时,雷电流沿着接闪器、引下线和接地体流入大地,并且在它们上面产生很高的电位。如果防雷装置与建筑物内外电气设备、电线或其他金属管线的绝缘距离不够,它们之间就会产生放电现象,这种情况称为“反击”。反击的发生,可引起电气设备绝缘层被破坏,金属管道被烧穿,甚至引起火灾、爆炸及人身伤亡事故。

防止反击的措施有两种:一种是将建筑物的金属物体(含钢筋)与防雷装置的接闪器、引下线分隔开,并且保持一定的距离;另一种是当防雷装置不易与建筑物内的钢筋、金属管道分隔开时，则将建筑物内的金属管道系统，在其主干管道处与靠近的防雷装置相连接，有条件时，宜将建筑物每层的钢筋与所有的防雷引下线连接。

11.2 接地与接零

11.2.1 保护接零与接地

为降低因绝缘破坏而遭到电击的危险，依据不同的工作需要和作用，电气设备常采用工作接地、保护接地、重复接地、保护接零等不同的安全措施。如图 11.7 所示为几种常见的接地形式。

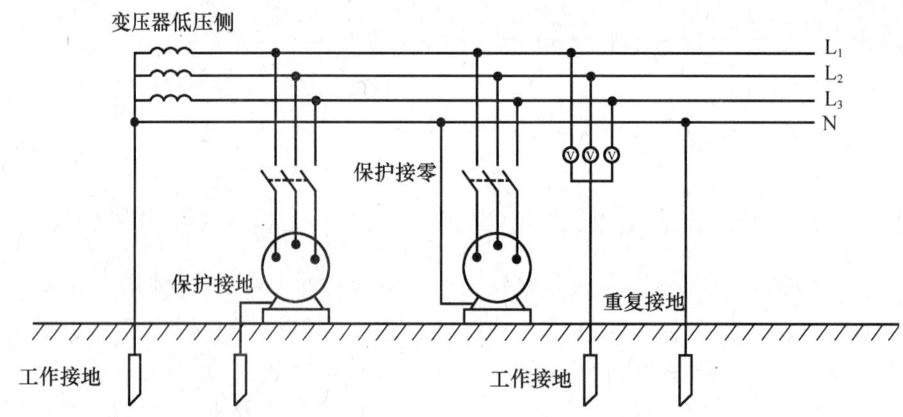

图 11.7 工作接地、保护接地、保护接零和重复接地示意图

(1) 工作接地

在正常情况下，为保证电气设备的可靠运行并提供部分电气设备和装置所需要的相电压，将电力系统中电源中性点通过接地装置与大地直接连接，该方式称为工作接地。例如，变压器、发电机的中性点直接接地，能在运行中维持三相系统中相线对地电压不变。

(2) 保护接地

为防止电气设备由于绝缘破坏而造成的触电事故，将电气设备的金属外壳通过接地线与接地装置连接起来，这种为保护人身安全的接地方式称为保护接地或安全接地，其连接线称为保护接地线或 PE 线。

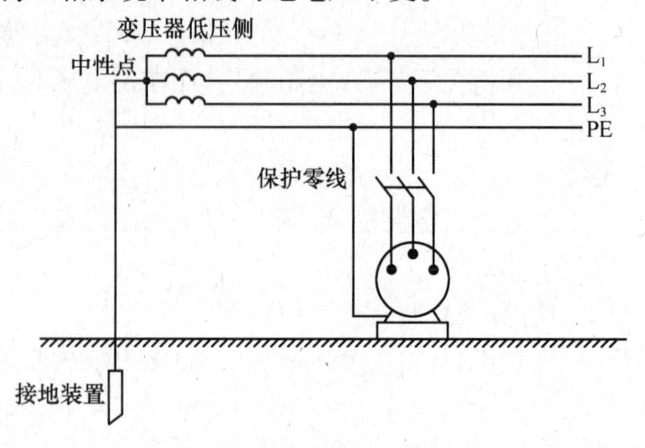

图 11.8 保护接零示意图

(3) 重复接地

为进一步确保接地可靠性，将电源中性点接地点以外的其他点一次或多次接地，称为重复接地。重复接地主要保护导体在发生故障时尽量接近大地电位，当系统中发生碰壳或接地短路时，一则可以降低 PEN 线的对地电压，二则当 PEN 线发生断线时，可降低断线后产生的故障电压，在照明系统中，也可避免因零线断线所带来的三相电压不平衡而造成电

气设备的损坏。

(4)保护接零

为防止电气设备因绝缘损坏而使人身遭受触电危险,将电气设备的金属外壳与电源的中性线用导线连接起来,称为保护接零,其连接线称为保护线或保护接零,如图 11.8 所示。保护接零只适用于电压在 1 000 V 以下中性点接地的三相四线配电系统,在此系统中不允许再使用保护接地。当电气设备发生碰壳短路故障时,即形成单相短路,使保护设备能迅速动作并断开故障设备,从而减少人体触电的危险。

11.2.2　低压配电系统接地方式分类

所谓电力系统和设备的接地,简单说来是各种电力设备与大地的电气连接,通常电源侧的接地称为系统接地,负载侧的接地称为保护接地。按国际电工委员会(IEC)标准,低压供配电系统的接地方式有 IT 系统、TT 系统、TN 系统 3 种方式,其中 TN 系统又分为 TN-S 系统、TN-C-S 系统、TN-C 系统,对应的文字符号意义有如下规定:

第一个字母表示电源端与地的关系。T—电源端有一点直接接地;I—电源端所有带电部分不接地或有一点通过高阻抗接地。

第二个字母表示电气装置的外露可导电部分与地的关系。T—电气装置的外露可导电部分直接接地,此接地点在电气上独立于电源端的接地点;N—电气装置的外露可导电部分与电源端接地点有直接电气连接。

横线后字母用来表示中性线与保护接地线的组合情况。S—中性线和保护线是彼此分开的;C—表示中性线和保护线是合一的。

(1)IT 系统

电源端带电部分与大地不直接连接,而电气设备金属外壳直接接地,如图 11.9 所示。

IT 系统具有较高的供电可靠性,适用于环境条件不良,易发生单相接地或火灾爆炸的场所,如煤矿、化工厂、纺织厂等,民用建筑内很少采用。该系统不能装中性线(N 线)断线保护装置,也不应设置中性线重复接地。

(2) TT 系统

电源中性点直接接地,用电设备金属外壳接至电气上与电源端接地点无关的接地极,如图 11.10 所示。

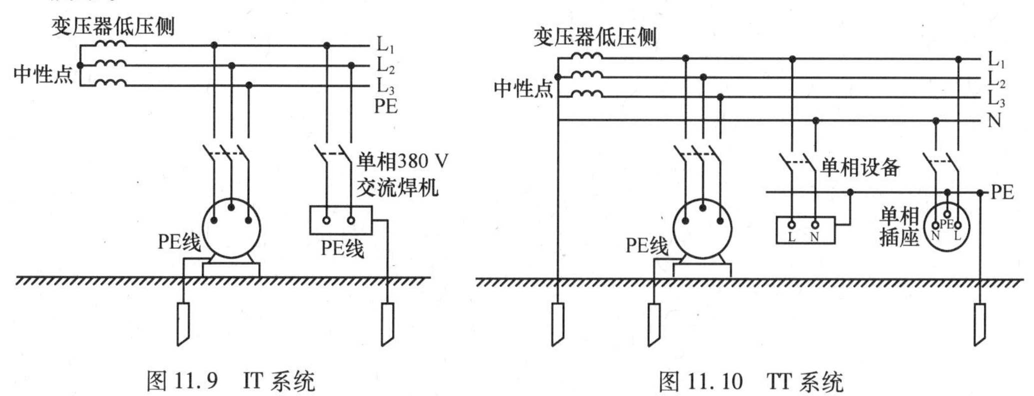

图 11.9　IT 系统　　　　图 11.10　TT 系统

TT 系统适用于城镇、农村居住区,工业企业和分散的民用建筑等场所。当负荷端和线路首端均装有漏电开关,且干线末端有中性线断线保护时,则可成为功能完善的系统。

(3)TN 系统

TN 电力系统有一点直接接地,电气设备金属外壳用保护线与该点连接。按中性线(N 线)与保护线(PE 线)的组合情况,TN 系统有以下 3 种形式:

1)TN-S 系统

整个系统的中性线与保护线是分开的,如图 11.11 所示。图中中性线 N 与 TT 系统相同,在电源中性点接地,而用电设备外壳等可导电部分通过专门设置的保护线 PE 连接到电源的中性点上,常称为三相五线制中性点直接接地。在这种系统中,中性线和保护线是分开的,也就是 TN-S 中"S"的含义。TN-S 系统的最大特征是 N 线与 PE 线在系统中性点分开后,不能再与任何电气连接。

TN-S 方式的供电系统安全可靠,适用于工业与民用建筑等低压供电系统。在建筑工程动工前的"三通一平"中必须采用 TN-S 方式的供电系统,这也是我国当前应用最为广泛的一种系统。

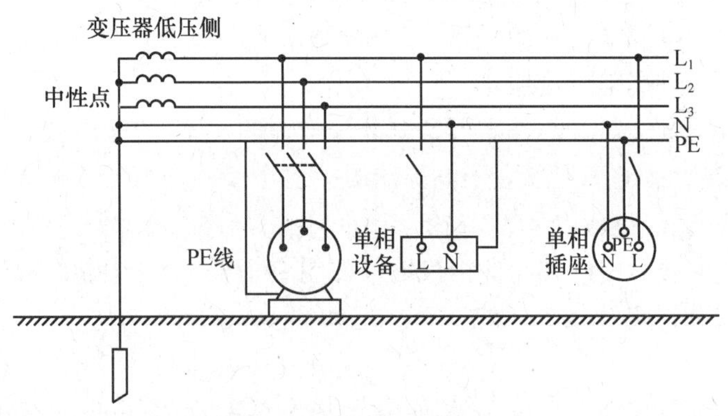

图 11.11　TN-S 系统接地

2)TN-C 系统

整个系统的中性线与保护线是合一的,合并为 PEN 线,节省了一根导线,具有简单、经济的优点,如图 11.12 所示。在用电设备处,PEN 线既连接到负荷中性点上,又连接到设备外壳等可导电部分。

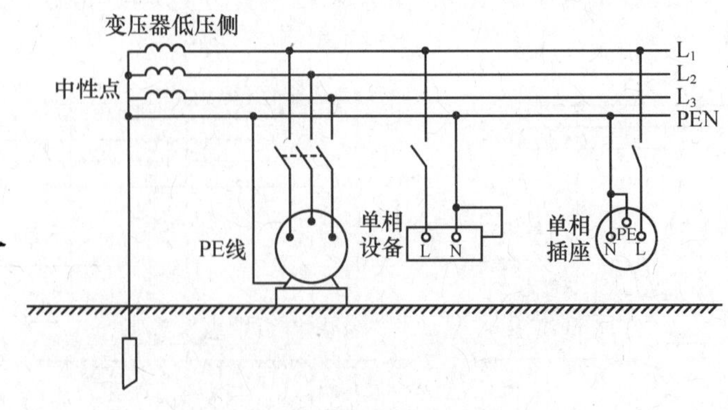

图 11.12　TN-C 系统接地

TN-C 系统对于单相负荷及三相不平衡负荷的线路,PEN 线总有电流流过,其产生的压降将会呈现在电气设备的外壳上,对敏感性电气设备不利。此外,PEN 线上微弱的电流在危险的环境中可能引起爆炸。TN-C 系统已经很少采用,尤其是在民用配电中已不允许采用。

3)TN-C-S 系统

系统中有一部分中性线与保护线是合一的,是 TN-S 系统和 TN-C 系统的结合形式,如图 11.13 所示。从电源中性点至重复接地点的线路(PEN 线)仅起电能传输作用,到用电负荷附近某一点,通过重复接地,将 PEN 线分开成独立的 N 线和 PE 线,从这点开始,系统相当于 TN-S 系统。

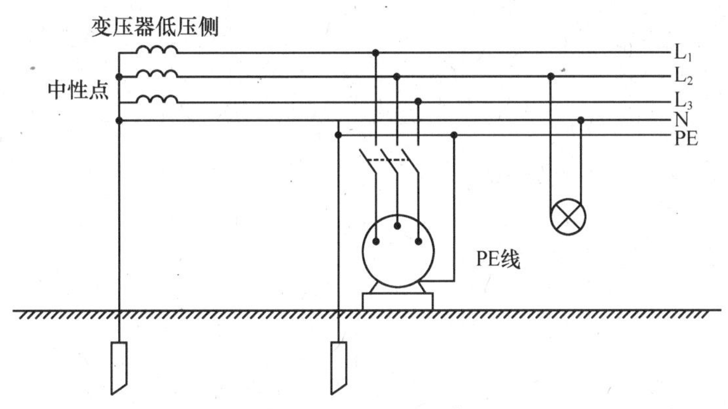

图 11.13　TN-C-S 系统接地

该系统适用于工业企业与一般民用建筑。当负荷端装有漏电开关,干线末端装有断零保护时,也可用于新建住宅小区。

相比其他两种接线方式,TN-S 方式更为安全可靠,因此应优先选用这种方式。不管采用保护接地还是保护接零,必须注意在同一系统中不允许对其中一部分设备采用保护接地,对另一部分采用保护接零。因为在同一系统中,如果有的设备采取接地,有的设备采取接零,当采用接地的设备发生漏电碰壳时,零线电位将升高,而使所有接零的设备外壳都带上危险的电压。

以上分析的电击保护措施是从降低接触电压方面进行考虑的。但实际上这些措施往往还不够完善,需要采用其他保护措施作为补充,如等电位联结、漏电保护器、过电流保护器等补充措施。

11.2.3　漏电保护装置

漏电保护开关是用于防触电的专门装置,它能在设备带电部分碰壳时自动切断供电回路,防止触电事故发生。

由于支线最接近用电设备及操作人员,漏电事故最多,危险性最大,因此应将漏电开关装设在支线上。这样,动作后停电影响范围小,也容易寻找故障,但需要装设的数量较多。支线上一般选用额定动作电流为 30 mA 以下、0.1 s 以内动作的高速型漏电开关。只在干线上装设比较经济,但因支线线路多,动作后停电范围大,寻找故障范围也较困难。另一种为干线及支线上都安装漏电保护开关,即在支线上装设 30 mA 高速型漏电保护开关,干线上装设动作电流较大(如 500 mA)的并具有延时的漏电保护开关,这对于防止火灾、电弧烧毁设备等都是行之有效的。

漏电开关的形式有电流动作型、电压动作型,一般应优先选择电流动作型、纯电磁式漏电开关。若负荷为单相两线,则选用两极的漏电开关,负荷为三相三线,则选用三极的漏电开关,负荷为三相四线,则选用四极漏电开关。

为确保漏电开关真正起到触电和漏电保护作用,必须按相关规定和正确方法安装。不同供电系统,漏电开关的正确接线方法见表 11.1。

表 11.1 漏电保护器的接线方法

极数 相数		二极	三极	四极
单相 220 V		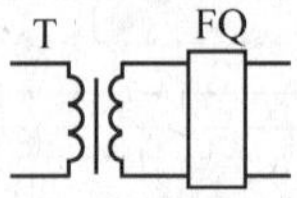		
三相 380/220 V 接零保护	TN-S 系统	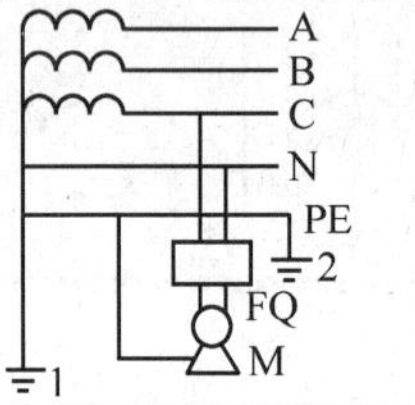	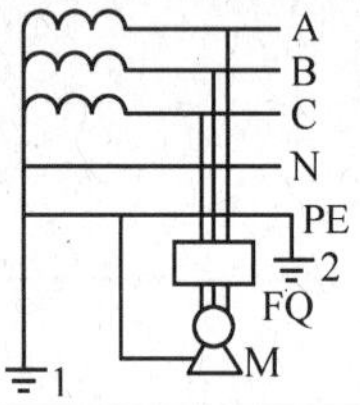	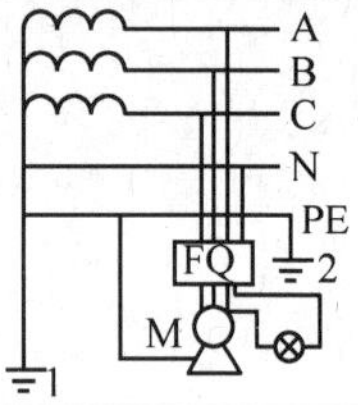
三相 380/220 V 接地系统	TT 系统	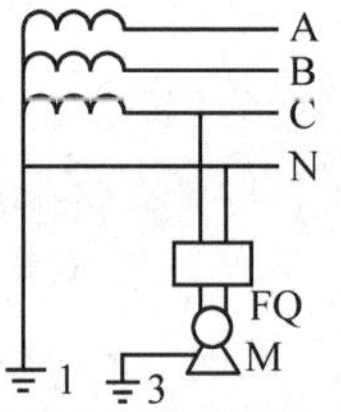	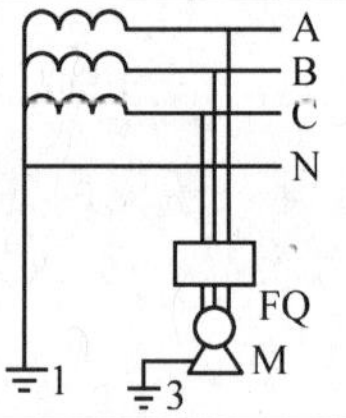	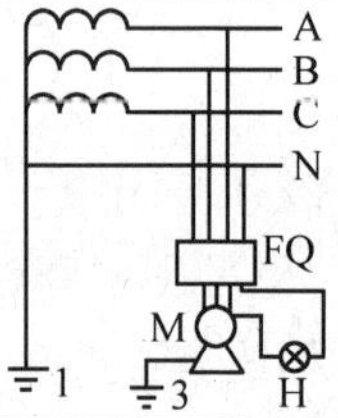

注:A、B、C—相线;N—工作零线;1—工作接地;2—重复接地;3—保护接地;M—电动机(或家用电器);H—灯;FQ—漏电保护器;T—隔离变压器。

11.2.4 等电位联结

等电位联结是使电气装置各外露可导电部分和装置外可导电部分基本相等的一种电气联结。等电位联结的作用在于降低接触电压,以保障人员安全。按规定采用接地故障保护时,在建筑物内应作总等电位联结,缩写为 MEB。当电气装置或其某一部分的接地故障保护不能满足规定要求时,还应在局部范围内作局部等电位联结,缩写为 LEB。

等电位联结克服各电气装置之间的电位差,是发生电气故障时保护人身和财产安全的重要措施之一。因此,IEC 标准把等电位联结作为电气装置最基本的保护。应注意:国际电工标准中常将设备外壳与 PE 线的连接称为"联结"而不用"连接"。因为"连接"是指导体间的接触导通,其中包括通过正常工作电流的接触导通。而"联结"是指只传导电位,平时不通过电流,只在故障时才通过部分故障电流的导体间的相互接触的导通。

(1)总等电位联结

总等电位联结是在建筑物进线处,将 PE 线或 PEN 线与电气装置接地干线、建筑物内的各种金属管道(如水管、煤气管、采暖空调管等)以及建筑物金属构件等都接向总等电位联结端子,使它们都具有基本相等的电位,如图 11.14 所示的 MEB。

(2)局部等电位联结

局部等电位联结又称辅助等电位联结，是在远离总等电位联结处、非常潮湿、触电危险性大的局部地域进行的等电位联结，作为总等电位联结的一种补充，如图 11.14 所示的 LEB。

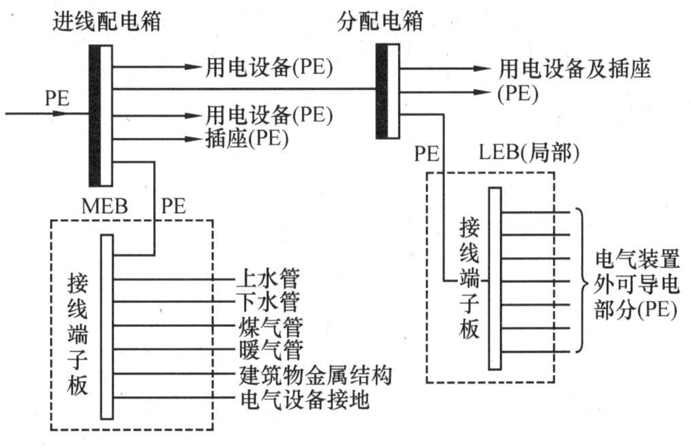

图 11.14　总等电位联结和局部等电位联结

MEB—总等电位联结；LEB—局部等电位联结

通常在容易触电的浴室及安全要求极高的胸腔手术室等地，宜作局部等电位联结。如《住宅设计规范》规定“卫生间宜作局部等电位联结”，其作法如下：使用有电源的洗浴设备，用 PE 线将洗浴部位及附件的金属管道、部件相互连接起来，靠近防雷引下线的卫生间，洗浴设备虽未接电源，也应将洗浴部位及附近的金属管道、金属部件互相作电气通路的连接。高层住宅的外墙窗框、门框及金属构件，应与建筑物防雷引下线作等电位联结。电缆竖井内应设公共 PE 干线，公共 PE 干线截面按竖井内最大的一个供电回路 PE 线的选择确定（其中相线截面 400 ~ 800 mm^2，PE 线为 200 mm^2；相线截面超过 800 mm^2 时，PE 线为 1/4 相线截面），除竖井内各层引出回路 PE 线接该 PE 干线外，应将竖井内各金属管道、支架、构件、设备外壳接公共 PE 干线，构成局部范围内的辅助等电位联结。

总等电位联结主母线的截面规定不应小于装置中最大 PE 线截面的一半，但不小于 6 mm^2。如果是采用铜导线，其截面可不超过 25 mm^2。如为其他材质导线时，其截面应能承受与之相当的载流量。

连接两个外露可导电部分的局部等电位联结线，其截面不应小于接至该两个外露可导电部分的较小 PE 线的截面。

连接装置外露可导电部分与装置外可导电部分的局部等电位联结线，其截面不应小于相应 PE 线截面的 1/2。

PE 线、PEN 线和等电位联结线，以及引至接地装置的接地干线等，在安装竣工后均应检测其导电是否良好，绝不允许有接触不良或松动的连接。在水表、燃气表处，应作跨接线。管道连接处，一般不需跨接线，但如导电不良则应作跨接线。

11.3　安全用电

随着电能在人们生产、生活中的广泛应用，人接触电气设备的机会增多，造成电气事故的可能性也随之增加。安全用电实际上包含供电系统安全、用电设备的安全和人身安全3个主要方面。电气事故包括设备事故和人身事故两种。设备事故是指设备被烧毁或设备故障带来的各种事故,设备事故会给人们造成不可估量的经济损失和不良影响;人身事故指触电死亡或受伤等事故,它会给人们带来巨大的痛苦。因此,应了解安全用电常识,遵守安全用电的有关规定,避免损坏设备或发生触电伤亡事故。

11.3.1 电流对人体的伤害

电流对人体的伤害是电气事故中最为常见的一种,它基本上可分为电击和电伤两大类。

(1) 电击

人体接触带电部分,造成电流通过人体,使人体内部的器官受到损伤的现象,称为电击触电。在触电时,由于肌肉发生收缩,受害者常不能立即脱离带电部分,使电流连续通过人体,造成呼吸困难,心脏停搏,以至于死亡,故危险性很大。

直接与电气装置的带电部分接触、过高的接触电压和跨步电压都会使人触电。而与电气装置的带电部分因接触方式不同又分为单相触电和两相触电。

1)单相触电

单相触电是指当人体站在地面上,触及电源的一根相线或漏电设备的外壳而触电。单相触电时,人体只接触带电的一根相线,由于通过人体的电流路径不同,因此其危险性也不一样。如图11.15所示为电源变压器的中性点通过接地装置和大地作良好连接的供电系统,在这种系统中发生单相触电时,相当于电源的相电压加给人体电阻与接地电阻的串联电路。由于接地电阻较人体电阻小很多,因此加在人体上的电压值接近于电源的相电压,在低压为380/220 V的供电系统中,人体将承受220 V电压,是很危险的。

如图11.16所示为电源变压器的中性点不接地的供电系统的单相触电,这种单相触电,电流通过人体、大地和输电线间的分布电容构成回路。显然,这时如果人体和大地绝缘良好,流经人体的电流就会很小,触电对人体的伤害就会大大减轻。实际上,中性点不接地的供电系统仅局限在游泳池和矿井等处应用,因此,单相触电发生在中性点接地的供电系统中最多。

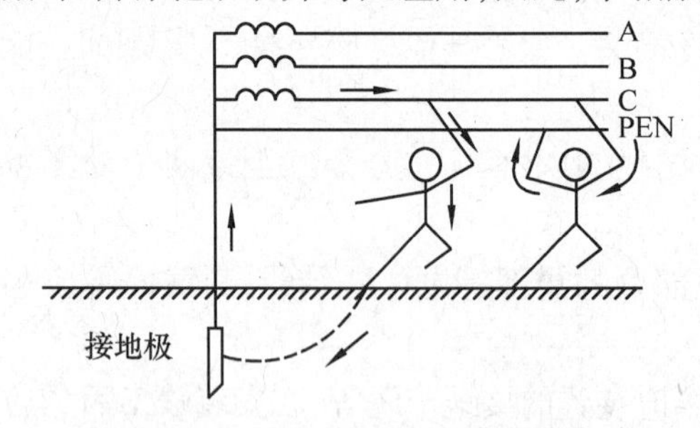

图11.15 中性点接地的单相触电

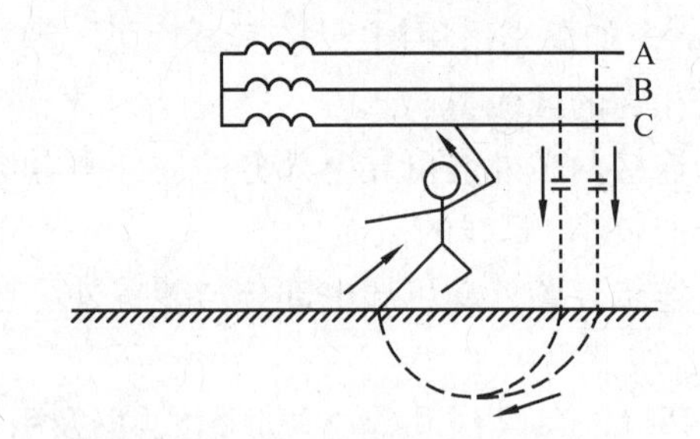

图11.16 中性点不接地的单相触电

2)两相触电

当人体的两处,如两手或手和脚,同时触及电源的两根相线发生触电的现象,称为两相触电。在两相触电时,虽然人体与地有良好的绝缘,但因人同时和两根相线接触,人体处于电源线电压下,在电压为380/220 V的供电系统中,人体承受380 V电压的作用,并且电流大部分通过心脏,因此是最危险的,如图11.17所示。

3)跨步电压的触电

过高的跨步电压也会使人触电。当电力系统和设备的接地装置中有电流时，此电流经埋设在土壤中的接地体向周围土壤中流散，使接地体附近的地表任意两点之间都可能出现电压。如果以大地为零电位，即接地体以外 15 ~ 20 m 处可认为是零电位，则接地体附近地面各点的电位分布如图 11.18 所示。

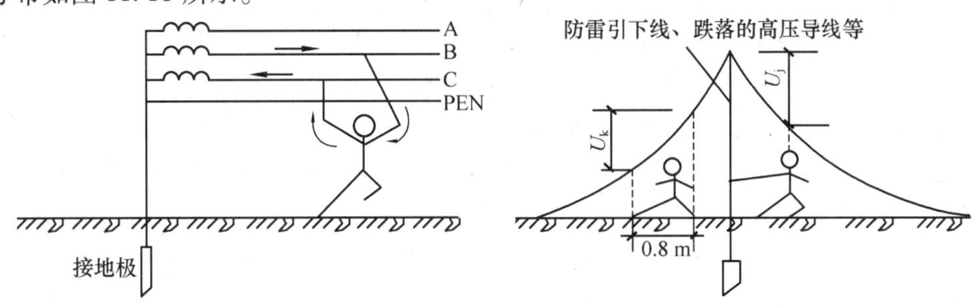

图 11.17　两相触电　　　图 11.18　接地体附近的电位分布

人在接地装置附近行走时，由于两脚所在地面的电位不相同，人体所承受的电压即图 11.18 的 U_k 为跨步电压。跨步电与跨步大小有关。人的跨步一般按 0.8 m 考虑。

当供电系统中出现对地短路时，或有雷电流流经输电线入地时，都会在接地体上流过很大的电流，使跨步电压 U_k 都大大超过安全电压，造成触电伤亡。为此，应作好接地体，并使接地电阻尽量小，一般要求为 4 Ω。

跨步电压 U_k 还可能出现在被雷电击中的大树附近或带电的相线断落处附近，人们应远离断线处 0.8 m 以外。

(2)电伤

由于电弧以及熔化、蒸发的金属微粒对人体外表的伤害，称为电伤。例如，在拉闸时，不正常情况下，可能发生电弧烧伤或刺伤操作人员的眼睛。再如，熔丝熔断时，飞溅起的金属微粒可能使人皮肤烫伤或渗入皮肤表层等。电伤的危险程度虽不如电击，但有时后果也是很严重的。

11.3.2　安全电压

发生触电时的危险程度与通过人体电流的大小、电流的频率、通电时间的长短、电流在人体中的路径等多方面因素有关。通过人体的电流为 10 mA 时，人会感到不能忍受，但还能自行脱离电源；当电流增至 30 ~ 50 mA 时，会引起心脏停止跳动。

通过人体电流的大小取决于加在人体上的电压和人体电阻。人体电阻因人而异。差别很大，一般在 800 至几万欧姆。

考虑使人致死的电流和人体在最不利情况下的电阻，我国规定安全电压不超过 36 V。常用的有 36 V、24 V、12 V 等。

在潮湿或有导电地面的场所，当灯具安装高度在 2 m 以下，容易触及而又无防止触电措施时，其供电电压不应超过 36 V。

一般手提行灯的供电电压不应超过 36 V，但如果作业地点狭窄，特别潮湿，且工作者接触有良好接地的大块金属时（如在锅炉里）则应使用不超过 12 V 的手提灯。

11.3.3 触电急救

触电者是否能获救,关键在于能否尽快脱离电源和正确实施紧急救护。人体触电急救工作要镇静、迅速。据统计,触电 1 min 后开始急救,90% 有良好效果,6 min 后 10% 有良好效果,12 min 后救活的可能性就很小了。具体的急救方法有以下两个方面:

(1)使触电者尽快脱离电源

当人体触电后,由于失去自我控制能力而难以自行摆脱电源,这时,使触电者尽快脱离电源是救活触电者的首要因素。抢救时必须注意,触电者身体已经带电,直接把他脱离电源,对抢救者来说是十分危险的。为此,如果开关或插头距离救护人员很近,应立即拉掉开关或拔出插头。如果距离电源开关太远,抢救者可以用电工钳或有干燥木柄的刀、斧等切断电线,或用干燥、不导电的物件,如木棍、竹竿等拨开电线,或把触电者拉开。抢救者应穿绝缘鞋或站在干木板上进行这项工作。触电者如在高空作业时发生触电,抢救时应采取适当的防止摔伤的措施。

(2)脱离电源后的急救处理

触电者脱离电源后,应尽量在现场抢救,抢救的方法根据伤害程度的不同而不同。如果触电人所受伤害并不严重,神志尚清醒,只是有些心慌、四肢发麻,全身无力或者虽一度昏迷,但未失去知觉时,都要使之安静休息,不要走路,并严密观察其病变。如触电者已失去知觉,但还有呼吸或心脏还在跳动,应使其舒适、安静地平卧。劝散围观者,使空气流通,解开其衣服以利呼吸。如天气寒冷,还应注意保温。并迅速请医生诊治。如发现触电者呼吸困难、稀少,不时还发生抽筋现象,应准备在心脏停止跳动、呼吸停止后立刻进行人工呼吸和心脏按压。如果触电人伤害得相当严重,心跳和呼吸都已停止,人完全失去知觉时,则需采用口对口人工呼吸和人工胸外心脏按压两种方法同时进行,急救做法如图 11.19、图 11.20 所示。

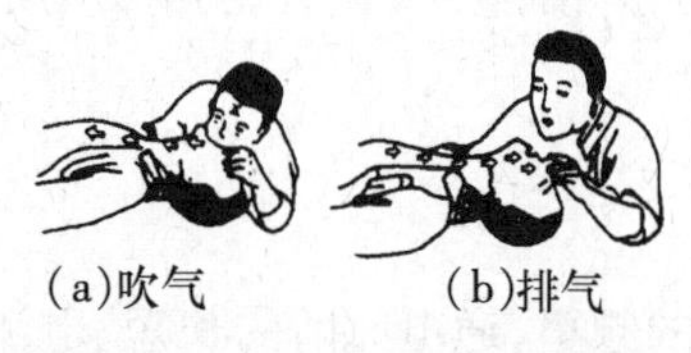

(a)吹气　(b)排气

图 11.19　口对口人工呼吸法

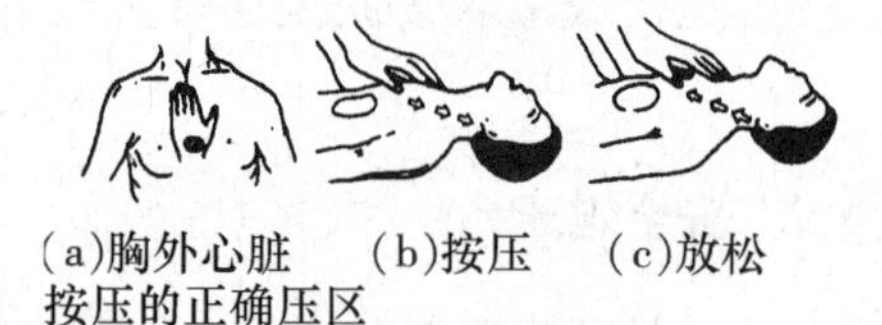

(a)胸外心脏按压的正确压区　(b)按压　(c)放松

图 11.20　胸外心脏按压法

抢救触电人往往需要很长时间,有时要进行 1 ~2 h,必须连续进行,不得间断,直到触电人心跳和呼吸恢复正常,触电人面色好转,嘴唇红润,瞳孔缩小,才算抢救完毕。

11.3.4 防止触电的主要措施

①经常对设备进行安全检查,检查有无裸露的带电部分和漏电情况。裸露的带电线头,必须及时用绝缘材料包好。检验时,应使用专用的验电设备,任何情况下都不要用手去鉴别。

②装设保护接地或保护接零。当设备的绝缘损坏,电压窜到其金属外壳时,把外壳上的电压限制在安全范围内,或自动切断绝缘损坏的电气设备。

③正确使用各种安全用具,如绝缘棒、绝缘夹钳、绝缘手套、绝缘胶鞋、绝缘地毯等。并悬挂各种警告牌,装设必要的信号装置。

④安装漏电自动开关。当设备漏电、短路、过载或人身触电时,自动切断电源,对设备和人

身起保护作用。

⑤当停电检修时及接通电源前都应采取措施使其他有关人员知道,以免有人正在检修时,其他人合上电闸;或者在接通电源时,其他人员由于不知道而正在作业,造成触电。

复习与思考题

1. 雷电是怎样形成的?
2. 雷电的破坏作用可分为哪几类?
3. 什么样的建筑易遭受雷击?建筑物的哪些部位易遭受雷击?
4. 防止直击雷的避雷装置由哪几部分组成?
5. 什么是避雷针、避雷带、避雷网和防雷笼网?
6. 什么是引下线和接地装置?它们各起什么作用?
7. 防雷电感应应采取什么措施?
8. 怎样防止雷电波的侵入?
9. 建筑防雷平面图的内容是什么?
10. 什么是单相触电、两相触电、跨步电压触电?
11. 我国对安全电压有哪些规定?
12. 对触电者应采取哪些措施?
13. 防止触电的主要措施有哪些?
14. 什么是保护接地?什么是保护接零?它们各用在什么系统中?为什么?
15. 保护接零时,零线的作用是什么?
16. 为什么有了保护接零,还要有重复接地?
17. 哪些设备需要进行保护接地或保护接零?

第5篇 智能建筑

第12章 智能建筑基本知识

12.1 智能建筑的基本概念

智能建筑或智能大厦(Intelligent Building,IB)是信息时代的产物,是计算机技术、通信技术、控制技术与建筑技术密切结合的结晶。随着全球社会信息化与经济国际化的深入发展,智能建筑已成为各国综合经济实力的具体象征,也是各大跨国企业集团国际竞争实力的形象标志。兴建智能型建筑已成为当今的发展目标。

智能建筑系统功能设计的核心是系统集成设计。智能建筑物内信息通信网络的实现,是智能建筑系统功能上系统集成的关键。

12.1.1　智能建筑的兴起

智能建筑起源于美国。当时,美国的跨国公司为了提高国际竞争能力和应变能力,适应信息时代的要求,纷纷以高科技装备大楼(Hi-Tech Building),如美国国家安全局和"五角大楼"对办公和研究环境积极进行创新和改进,以提高工作效率。早在 1984 年 1 月,由美国联合技术公司(UTC)在美国康涅狄格(Connecticut)州哈特福德(Hartford)市,将一幢旧金融大厦进行改建。改建后的大厦,称为都市大厦(City Palace Building)。它的建成可以说完成了传统建筑与现代信息技术相结合的尝试。楼内主要增添了计算机、数字程控交换机等先进的办公设备以及高速通信线路等基础设施。大楼的客户不必购置设备便可实行语音通信、文字处理、电子邮件传递、市场行情查询、情报资料检索、科学计算等服务。此外,大楼内的暖通、给水排水、消防、保安、供配电、照明、交通等系统均由计算机控制,实现了自动化综合管理,使用户感到更加舒适、方便和安全,引起了世人的关注。从而第一次出现了"智能建筑"这一名称。

随后,智能建筑蓬勃兴起,以美国、日本兴建最多。在法国、瑞典、英国、泰国、新加坡等国家和我国香港、台湾等地区也方兴未艾,形成在世界建筑业中智能建筑一枝独秀的局面。在步入信息社会和国内外正加速建设"信息高速公路"的今天,智能建筑越来越受到我国政府和企业的重视。智能建筑的建设已成为一个迅速成长的新兴产业。近几年,在国内建造的很多大厦已打出智能建筑的牌子。例如,北京的京广中心、中华大厦,上海的博物馆、金茂大厦、浦东上海证券交易大厦,深圳的深房广场等。为了规范日益庞大的智能建筑市场,我国于 2000 年 10 月 1 日开始实施《智能建筑设计标准》(GBT 50314—2000)。

12.1.2　智能建筑的概念

智能化建筑的发展历史较短,有关智能建筑的系统描述很多,目前尚无统一的概念。这里主要介绍美国智能化建筑学会(American Intelligent Building Institute,AIBI)对智能建筑下的定义:智能建筑(Intelligent Building)是将结构、各种系统、服务、管理进行优化组合,获得高效率、高功能与高舒适性的大楼,从而为人们提供一个高效和具有经济效益的工作环境。

我国专家认为,应强调智能建筑的多学科交叉、多技术系统综合集成的特点,故推荐如下定义:智能建筑是指利用系统集成方法,将计算机技术、通信技术、控制技术与建筑艺术有机结合,通过对设备的自动监控,对信息资源的管理和对使用者的信息服务及其与建筑的优化组合获得的投资合理、适合信息社会要求,并且具有安全、高效、舒适、便利和灵活特点的建筑物。

根据上述定义可知,智能建筑是多学科跨行业的系统。它是现代高新技术的结晶,是建筑艺术与信息技术相结合的产物。

从上面的讨论可以归纳出,智能建筑应具有以下基本功能:

①智能建筑通过其结构、系统、服务和管理的最佳组合提供一种高效和经济的环境。

②智能建筑能在上述环境下为管理者实现以最小的代价提供最有效的资源管理。

③智能建筑能够帮助其业主、管理者和住户实现他们在造价、舒适、便捷、安全、长期的灵活性以及市场效应等方面的目标。

图 12.1　智能建筑

智能化建筑通常具有 4 大主要特征,即建筑物自动化 BAS(Building Automation System)、通信自动化 CAS (Communication Automation System)、办公自动化 OAS (Office Automation System)、综合布线 GCS(Generic Cabling System)。前 3 个系统就是所谓“3A”(智能建筑)。目前有的房地产开发商为了更突出某项功能,提出防火自动化 FA (Fire Automation),以及把建筑物内的各个系统合起来管理,形成一个管理自动化 MA (Maintenance Automation),加上 FA 和 MA 这两个“A”,便成为 5A 智能化建筑了。但从国际上来看,通常定义 BA 系统包括 FA 系统,OA 系统包括 MA 系统。因此,现在只采用 3A 的提法,否则难免会进而提出 6A 或更多,反而不利于全面理解“智能建筑”定义的内涵。智能建筑结构示意图可用图 12.1 表示。其中,SIC(System Integration Center)为系统集成中心。

由图 12.1 可知,智能建筑是由智能化建筑环境内的系统集成中心利用综合布线连接并控制“3A”系统组成的。

12.1.3　智能建筑的组成和功能

在智能建筑环境内体现智能功能的主要有系统集成中心 SIC、综合布线 GC 和 3A 系统等 5 个部分。下面简要地介绍这 5 个部分的作用。

(1)系统集成中心 SIC (System Integration Center)

SIC 应具有各个智能化系统信息汇集和各类信息综合管理的功能,并要达到以下 3 个方面的具体要求:

①汇集建筑物内外各类信息,接口界面要标准化、规范化,以实现各子系统之间的信息交换及通信。

②对建筑物各个子系统进行综合管理。

③对建筑物内的信息进行实时处理,并且具有很强的信息处理及信息通信能力。

(2)综合布线 GCS(Generic Cabling System)

综合布线是由线缆及相关连接硬件组成的信息传输通道。它是智能建筑连接“3A”系统各类信息必备的基础设施。它采用积木式结构、模块化设计、统一的技术标准,能满足智能建筑信息传输的要求。

(3)办公自动化系统 OAS (Office Automation System)

办公自动化系统是把计算机技术、通信技术、系统科学及行为科学应用于传统的数据处理技术所难以处理的、数量庞大且结构不明确的业务上。可见,它是利用先进的科学技术,不断使人的部分办公业务活动物化于人以外的各种设备中,并由这些设备与办公人员构成服务于某种目标的人机信息处理系统。其目的是尽可能利用先进的信息处理设备,提高人的工作效率,辅助决策,求得更好的效果,以实现办公自动化目标。即在办公室工作中,以微机为中心,采用传真机、复印机、打印机、电子邮件(E-mail)等一系列现代办公及通信设施,全面而又广泛地搜集、整理、加工、使用信息,为科学管理和科学决策服务。

从办公自动化(OA)系统的业务性质来看主要有以下 3 项任务:

①电子数据处理 EDP (Electronic Data Processing)

处理办公中大量烦琐的事务性工作,如发送通知、打印文件、汇总表格、组织会议等。将上述烦琐的事务交给机器来完成,以达到提高工作效率、节省人力物力的目的。

②管理信息系统 MIS (Management Information System)

对信息流的控制管理是每个部门最本质的工作。OA 是管理信息的最佳手段,它把各项独立的事务处理通过信息交换和资源共享联系起来以获得准确、快捷、及时、优质的功效。

③决策支持系统 DSS（Decision Support Systems）

决策是根据预定目标作出的决定，是高层次的管理工作。决策过程包括提出问题、搜集资料、拟订方案、分析评价、最后选定等一系列的活动。

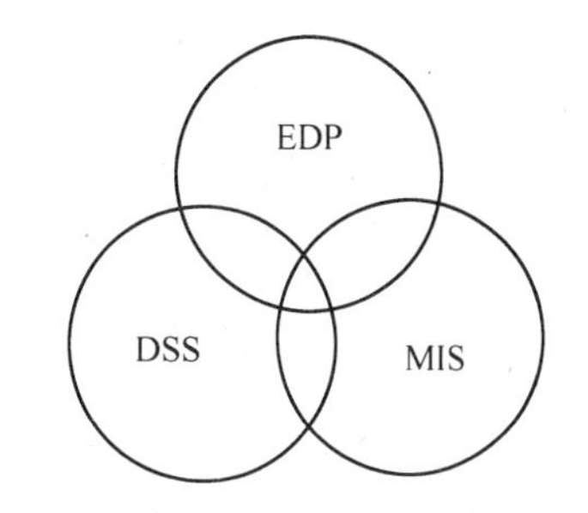

图12.2　智能建筑办公自动化系统功能

OA系统能自动地分析、采集信息，提供各种优化方案，为辅助决策者作出正确、迅速的决定。智能建筑办公自动化系统功能示意如图12.2所示。

(4)通信自动化系统 CAS(Communication Automation System)

通信自动化系统能高速进行智能建筑内各种图像、文字、语音及数据之间的通信。它同时与外部通信网相连，交流信息。通信自动化系统可分为语音通信、图文通信、数据通信及卫星通信4个子系统。

①语音通信系统可给用户提供预约、呼叫、等待呼叫、自动重拨、快速拨号、转移呼叫、直接拨入，接收和传递信息的小屏幕显示，以及用户账单报告、屋顶远程端口卫星通信、语音邮政等上百种不同特色的通信服务。

②图文通信在当今智能建筑中，可实现传真通信、可视数据检索等图像通信、文字邮件、电视会议和通信业务等。由于数字传送和分组交换技术的发展及采用大容量高速数字专用通信线路实现多种通信方式，使得根据需要选定经济而高效的通信线路成为可能。

③数据通信系统可供用户建立计算机网络，以连接办公区内的计算机及其他外部设备完成数据交换业务。多功能自动交换系统还可使不同用户的计算机之间进行通信。

④卫星通信突破了传统的地域观念，实现了相距万里近在眼前的国际信息交往联系。今天的现代化建筑已不再局限在几个有限的大城市范围内。它真正提供了强有力的缩短空间和时间的手段。因此，通信系统起到了零距离、零时差交换信息的重要作用。

通信传输线路既可以是有线线路，也可以是无线线路。在无线传输线路中，除微波、红外线外，主要是利用通信卫星。

"通信自动化"一词虽然不太严谨，但已约定俗成。不过，随着计算机化的数字程控交换机的广泛使用，通信不仅要自动化，而且要逐步向数字化、综合化、宽带化、个人化方向发展。其核心是数字化，其根本前提是要构成网络。

(5)建筑物自动化系统(Building Automation System)

建筑物自动化系统(BAS)是以中央计算机为核心，对建筑物内的设备运行状况进行实时控制和管理，从而使办公室成为温度、湿度、照度稳定和空气清新的办公室。按设备的功能、作用及管理模式，该系统可分为火灾报警与消防联动控制系统、空调及通风监控系统、供配电及应急电站的监控系统、照明监控系统、保安监控系统、给水排水监控系统和交通监控系统。

其中，交通控制系统包括电梯监控系统和停车场自动监控管理系统；保安监控系统包括紧急广播系统和巡更对讲系统。

BA系统日夜不停地对建筑物的各种机电设备的运行情况进行监控，采集各处现场资料

自动处理,并按预置程序和随机指令进行控制。因此,采用了 BA 系统有以下优点:

①集中统一地进行监控和管理,既可节省大量人力,又可提高管理水平。

②可建立完整的设备运行档案,加强设备管理,制订检修计划,确保建筑物设备的运行安全。

③可实时监测电力用量。最优开关运行和工作循环最优运行等多种能量监管,可节约能源、提高经济效益。

12.2 智能建筑的综合布线

12.2.1 综合布线的概念

综合布线 GCS(Generic Cabling System)为建筑物内或建筑群之间交换信息提供一个模块化的、灵活性极高的传输通道。它包括建筑物外部网络或电信线路的连接点与应用系统设备之间的所有线缆及相关的连接部件。传输通道由不同系列和规格的部件组成,其中包括传输介质、相关连接硬件(如配线架、连接器、插座、插头、适配器)以及电气保护设备等。这些部件可用来构建各种子系统,它们都有各自的具体用途,不仅易于实施,而且能随需求的变化而平稳升级。一个设计良好的综合布线对其服务的设备应具有一定的独立性,并能互连许多不同应用系统的设备,如模拟式或数字式的公共系统设备,也应能支持图像(电视会议、监视电视)等设备。

所谓综合布线系统,是指按标准的、统一的和简单的结构化方式编制和布置各种建筑物(或建筑群)内各种系统的通信线路,包括网络系统、电话系统、监控系统、电源系统和照明系统等。因此,综合布线系统是一种标准通用的信息传输系统。

综合布线一般采用星形拓扑结构。该结构下的每个分支子系统都是相对独立的单元,对每个分支子系统的改动都不影响其他子系统,只要改变接点连接方式就可使综合布线在星形、总线形、环形、树形等结构之间进行交换。

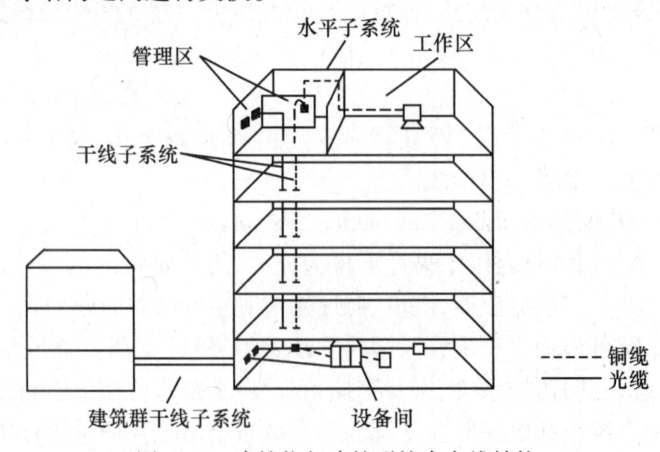

图 12.3 建筑物与建筑群综合布线结构

综合布线采用模块化的结构。按每个模块的作用,可把它划分成 6 个部分,如图 12.3 所示。这6个部分可以概括为“一间、二区、三个子系统”,即设备间、工作区、管理区、水平子系统、干线子系统、建筑群子系统。

从图12.3可知,这6个部分中的每一部分都相互独立,可以单独设计、单独施工。更改其中一个子系统时,均不会影响其他子系统。下面简要介绍这6个部分的功能。

(1)设备间

设备间是在每一幢大楼的适当地点放置综合布线线缆和相关连接硬件及其应用系统设备的场所。为便于设备搬运、节省投资,设备间最好位于每一幢大楼的第二层或第三层。在设备间内,可把公共系统用的各种设备互连起来。如电信部门的中继线和公共系统设备(如PBX)。设备间还包括建筑物入口区的设备或电气保护装置及其连接到符合要求的建筑物接地点。它相当于电话系统中的站内配线设备及电缆、导线连接部分。这方面的详细讨论,读者可参阅参考有关标准与规范。

(2)工作区

工作区是放置应用系统终端设备的地方。它由终端设备连接到信息插座的连线(或接插软线)组成,如图12.4所示。它用接插软线在终端设备和信息插座之间搭接。它相当于电话系统中连接电话机的用户线及电话机终端部分。

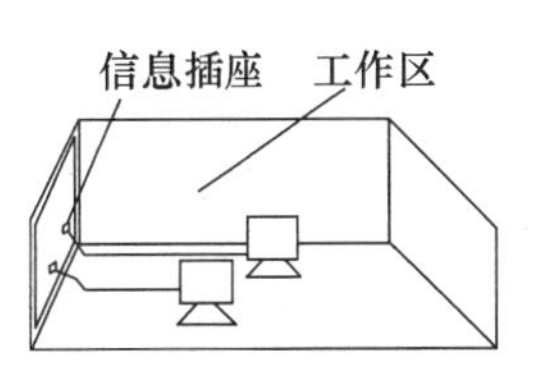

图12.4 工作区

在进行终端设备和信息插座连接时,可能需要某种电气转换装置。例如,适配器可使不同尺寸和类型的插头与信息插座相匹配,提供引线的重新排列,允许多对电缆分成较小的几股,使终端设备与信息插座相连接。但是,按国际布线标准ISO/IEC11801:1995(E)规定,这种装置并不是工作区的一部分。

(3)管理区

管理区在配线间或设备间的配线区域内。它采用交连和互连等方式,管理干线子系统和水平子系统的线缆。单通道管理如图12.3所示。管理区为连通各个子系统提供连接手段。它相当于电话系统中的每层配线箱或电话分线盒部分。

(4)水平子系统

水平子系统将干线子系统经楼层配线间的管理区连接到工作区的信息插座,如图12.3所示。水平子系统与干线子系统的区别在于:水平子系统总是处在同一楼层上,线缆一端接在配线间的配线架上,另一端接在信息插座上。在建筑物内,干线子系统总是位于垂直的弱电间,并采用大对数双绞电缆或光缆,而水平子系统多为4对双绞电缆。这些双绞电线能支持大多数终端设备。在需要较高宽带应用时,水平子系统也可以采用“光纤到桌面”的方案。当水平工作面积较大时,在这个区域可设置二级交接间。这种情况的水平线缆一端接在楼层配线间的配线架上,另一端还要通过二级交接间的配线架连接后,再接到信息插座上。

(5)干线子系统

干线子系统由设备间和楼层配线间之间的连接线缆组成。采用大对数双绞电缆或光缆,两端分别接在设备间和楼层配线间的配线架上,如图12.3所示。它相当于电话系统中的干线电缆。

(6)建筑群干线子系统

建筑群是由两个及两个以上建筑物组成。这些建筑物彼此之间要进行信息交流。综合布线的建筑群干线子系统由连接各建筑物之间的线缆组成,如图12.3所示。

建筑群综合布线所需的硬件,包括铜电缆、光缆和防止电缆的浪涌电压进入建筑物的电气保护设备。它相当于电话系统中的电缆保护箱及建筑物之间的干线电缆。

12.2.2 综合布线的特点

与传统的布线相比较,综合布线有许多优越性,是传统布线所无法匹敌的。其特点主要表现为它的兼容性、开放性、灵活性、可靠性、先进性及经济性,而且在设计、施工和维护方面也给人们带来了许多方便。

12.2.3 综合布线的标准

智能化建筑已逐步发展成为一种产业,如同计算机、建筑一样,也必须有大家共同遵守的标准或规范。目前,已出台的综合布线及其产品、线缆、测试标准和规范如下:

综合布线系统的国外标准主要有:

- ANSI/EIA /TIA-569 商业大楼通信通路与空间标准
- ANSI/EIA /TIA -568-A 商业大楼通信布线标准
- ANSI/EIA /TIA-606 商业大楼通信基础设施管理标准
- ANSI/EIA /TIA-607 商业大楼通信布线接地与地线连接需求
- ANSI/TIA TSB-67 非屏蔽双绞线端到端系统性能测试
- EIA/TIA-570 住宅和 N 型商业电信布线标准
- ANSI/TIA TSB-72 集中式光纤布线指导原则
- ANSI/TIA TSB-75 开放型办公室新增水平布线应用方法
- ANSI/TIA/EIA-TSB-95 4 对 100 Ω 5 类线缆新增水平布线应用方法

综合布线系统的国内标准有:

- GB/T 50311—2000 建筑与建筑群综合布线系统工程设计规范
- GB/T 50312—2000 建筑与建筑群综合布线系统工程验收规范

我国已于 2000 年 8 月开始实施《建筑与建筑群综合布线系统设计规范》(GB/T 50311—2000),标志着综合布线在我国也开始走向正规化、标准化。

12.2.4 综合布线产品的选型原则

选择良好的综合布线产品并进行科学的设计和精心施工是智能化建筑的百年大计。就我国当前情况看,生产的综合布线产品能满足基本要求,但部分仍需进口。由于美国朗讯科技(原 AT&T)公司进入我国市场较早,且产品齐全、性能良好,因此在中国市场占有率较高。

法国阿尔卡特综合布线既采用屏蔽技术,也采用非屏蔽技术,在我国应用前景也比较广泛。

目前,我国广泛采用的综合布线产品有美国西蒙(SIEMON)公司推出的 SCS(SIEMON-Cabling)、加拿大北方电讯(Northern Telecom)公司推出的 IBDN(Integrated Building Distribution Network)综合建筑分布网络(也可以称为综合布线系统)、德国克罗内(KRONE)公司推出的 KISS(KRONE Integrated Structured Solutions)以及美国安普 AMP 公司的开放式布线系统(Open wining System)等。它们都有自己相应的产品设计指南和验收方法及质量保证体系。在众多产品当中,大多数外形尺寸基本相同,但电气性能、机械特性差异较大,常被人们忽视。因此在选用产品时，要选用其中具有研究、制造和销售能力并且符合国际标准的专业厂家的产品，不可选用多家产品。否则，在通道性能方面达不到要求，会影响综合布线的整体质量。

综合布线是为将形形色色弱电布线的不一致、不灵活统一起来而创立的。如果在综合布线中再出现机械性能和电气性能不一致的多家产品，则恰好是与综合布线的初衷背道而驰的。因此，选择一致性的、高性能的布线材料是实施综合布线的重要环节。

12.3　建筑设备自动化系统(BAS)

在大型高等级建筑中，为业主提供舒适、安全的使用环境和高效、完善的管理功能的各种服务设施及装置统称建筑设备。它们的功能强弱、自动化程度高低是建筑物现代化程度的重要标志，因此，建筑设备自动化一直是建筑电气技术中最受重视的课题之一。随着智能建筑的兴起，建筑设备自动化也成为智能建筑的重要组成部分。

建筑设备自动化系统 BAS(Building Automation System)是对一个建筑物内所有服务设备及装置的工作状态进行监督、控制和统一管理的自动化系统。它的主要任务是为建筑物的使用者提供安全、舒适和高效的工作与生活环境，保证整个系统的经济运行，并提供智能化管理。因此，它包含的内容相当广泛。就一个典型的智能建筑而言，BAS 应具备以下基本内容，下面分别简要阐述其主要部分。

(1)电力供应监控系统

电力供应监控系统的关键是保证建筑物安全可靠供电。为此，首先对各级开关设备的状态，主要回路的电流、电压及一些电缆的温度进行检测。由于电力系统的状态变化和事故都在瞬间发生，因此利用计算机进行这种监测时要求采样间隔非常小(几十至几百毫秒)，并且应能自动连续记录在这种采样间隔下各测量参数的连续变化过程，这样才能预测并防止事故发生，或在事故发生后及时判断故障点。在此基础上，还可对有关的供电开关通过计算机进行控制。尤其在停电后可进行自动复电的顺序控制。此外，对设备用应急发电机进行监测与控制，以及在启用应急发电设备时自动切断一些非主要回路，以保护应急发电机不超载。在保障安全可靠供电的基础上，系统还可包括用电计量、各户用电费用分析计算、与供电政策有关的高峰时超负荷及分时计价，以及高峰期对次要回路的控制等。

(2)照明监控系统

照明监控与节能有重大关系。在大型建筑中照明的耗电仅次于空调系统。与常规管理相比，BAS 控制可省电 30% ~50% 。这主要是对厅堂及其办公室和客房进行“无人熄灯”控制。这些控制可以利用软件在计算机上设定启停时间表和按值班人员运动路线等及建筑空间使用方式设定灯具开环控制的开闭时间，也可以采用门锁、红外线等方式探测是否无人而自动熄灯的闭环控制方式。

(3)空调监控系统

空调监控系统控制管理的中心任务是在保证提供舒适环境的基础上尽可能降低运行能耗。系统的良好运行除要对每个设备进行良好控制外，还取决于各设备间的有机协调，并且与建筑物本身的使用方式有密切关系。例如，根据上下班时间适当地提前启动空调进行预冷；提前关闭空调，依靠建筑物的热惯性维持下班前一段时间的室内环境；关闭不使用的厅堂的空调;根据空调开启程度确定冷冻机开启台数及运行模式等。此类协调需由空调监控系统中央管理计算机通过 BAS 索取到建筑物使用要求与使用状况的信息,再分析决策后才能实现。

(4)消防监控系统

消防监控系统又称 FAS(Fire Automation System),是建筑设备自动化中非常重要的一部分。FAS 主要由火灾自动报警系统和消防联动控制两部分构成。

(5)给排水系统

给排水系统的控制管理主要是为了保证系统能正常运行,因此基本功能是监测给水泵、排水泵、污水泵及饮用水泵的运行状态,监测各种水箱及污水池的水位,监测给水系统压力以及根据这些水位及压力状态启、停水泵。

(6)保安系统

保安系统又称 SAS(Safety Automation System),也是建筑设备自动化的重要部分。它一般有以下内容:

①出入口控制系统是将门磁开关、电子锁或读卡机等装置安装于进入建筑物或主要管理区的出入口,从而对这些通道进行出入对象控制或时间控制,并可随时掌握管理区内人员构成状况。

②防盗报警系统是将由红外或微波技术构成的运动信号探测器安装于一些无人值守的部位。当发现所监视区出现移动物体时,即发出信号通知 SAS 控制中心。

③闭路电视监视系统是将摄像机装于需要监视控制的区域,通过电缆将图像传至控制中心,使中心可以随时监视各监控区域的现场状态。计算机技术还可进一步对这些图形进行分析,从而辨别出运行物体、火焰、烟及其他异常状态,并报警及自动录像。

④保安人员巡逻管理系统是指定保安人员的巡逻路线,在路径上设巡视开关或读卡机,从而使计算机可确认保安人员是否按顺序在指定路线下巡逻,以保证安保人员的安全。

上述各部分都需要将各自的工作状态,尤其是所发现的异常现象及时报至 SAS 控制中心,进而由计算机进行统一分析,帮助值班人员作出准确判断与及时处理。

(7)交通监控系统

交通监控系统指对建筑物内电梯、扶梯及停车场的控制管理。电梯、扶梯一般都带有完备的控制装置,但需要将这些控制装置与 BAS 相连并实现它们之间的数据通信,使管理中心能够随时掌握各个电梯、扶梯的工作状况,并在火灾等特殊情况下对电梯的运行进行直接控制。这些已成为越来越多的业主对 BAS 提出的要求。

停车场的智能化控制主要包括停车场出入口管理,停车计费,车库内外行车信号指示和库内车位空额显示、诱导等。停车场的计算机系统可以通过探测器检测进入场内的总车量,确定各层或各区的空位,并通过各种指示灯引导进入场内的汽车找到空位。该系统也需要随时向控制中心提供车辆信息,以利于在火灾、匪警等特殊情况下控制中心进行正确判断和指挥。

(8)BAS 的集中管理协调

在智能建筑中,上述各种系统都不是完全独立运行的,许多情况下需要系统间相互协调。例如,消防系统在发现火灾报警后,要通知空调系统、给排水系统转入火灾运行模式,以利于人员疏散;电力系统则需要停掉一些供电线路,以保证安全;保安系统在发现匪警时也要求照明系统、交通系统进行一些相应的控制动作。这些协调控制需要在 BAS 控制中心通过计算机和值班人员的相互配合来实现。

12.4　建筑通信自动化系统(CAS)

12.4.1　通信自动化系统的组成

通信自动化系统的功能是处理智能型建筑内外各种语言、图像、文字及数据之间的通信。这些可分为语音通信、卫星通信、图文通信及数据通信4个子系统,如图12.5所示。

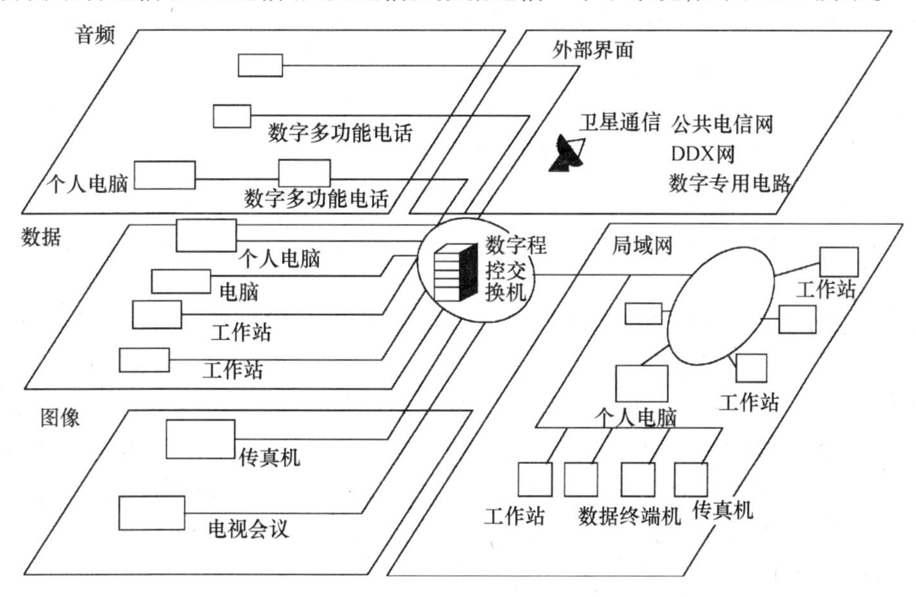

图12.5　通信自动化系统组成

(1)语音通信

语音通信是智能化建筑通信的基础,应用最广泛且功能日趋增多,主要包括以下两方面:

①程控电话。

②移动通信。

(2)卫星通信

卫星通信是近代航空技术和电子技术相结合产生的一种重要通信手段。它利用赤道上空35 739 km高度、装有微波转发器的同步人造地球卫星作中继站,把地球上若干个信号接收站构成通信网,转接通信信号,实现长距离大容量的区域通信乃至全球通信。卫星通信实际是微波接力通信的一种特殊形式。在地球同步轨道上的通信卫星可覆盖18 000 km范围的地球表面,即在此范围内的地面站经卫星一次转接便可通信。卫星通信系统主要由同步通信卫星和各种卫星地面站组成。此外,为保证系统正常运行,还必须有监测、管理系统和卫星测控系统。卫星通信的主要特点是通信距离远、覆盖面积大、通信质量高、不受地理环境限制、组网灵活、便于多址连接,以及容量大、投资省、见效快等优点。它适用于远距离的城市之间的通信。

(3)图文通信

图文通信主要是传送文字和图像信号。传统的文字通信主要包括用户电报和传真,新发展的图文通信有电子信箱E-mail等。

(4)数据通信

数据通信技术是计算机与电信技术相结合的新兴通信技术。操作人员使用数据终端设备与计算机,或计算机与计算机,通过通信线路和按照通信协议实现远程数据通信,即所谓人-计算机或计算机-计算机之间的通信。数据通信实现了通信网资源、计算机资源与信息资源等共享以及远程数据处理。按照服务性质可分为公用数据通信和专用数据通信;按组网形式可分为电话网上的数据通信、用户电报网上的数据通信和数据通信网通信;按交换方式可分为非交换方式、电路交换数据通信和分组交换数据通信。

12.4.2 智能建筑中的通信自动化技术

适用于智能建筑的通信自动化系统,目前主要有以下3种技术:

①程控用户交换机PABX。在建筑物内安装PABX,以它为中心构成一个星形网,既可连接模拟电话机,也可连接计算机、终端、传感器等数字设备和数字电话机,还可方便地与公用电话网、公用数据网等广域网连接。

②计算机局域网络LAN。在建筑物内安装LAN,可实现各种数字设备之间的高速数据通信,也有可能连接数字电话机,通过LAN上的网关还可实现与公用数据网和各种广域计算机网的连接。在一个建筑内可安装多个LAN,它们可用LAN互联设备连接为一个扩展的LAN。一群建筑物内的多个LAN也可以连接为一个扩展的LAN。

③PABX与LAN的综合以及综合业务数字网。为了综合PABX网与LAN的优点,可在建筑物内同时安装PABX网和LAN,并用实现两者的互联,即通过LAN上的网关与PABX连接。这样的楼宇通信网既可实现话音通信,也可实现数据通信;既可实现中、低速的数据通信(通过PABX网),也可实现高速数据通信(通过LAN)。

如果选择的PABX是采用2B + D信道的ISDN交换机,则楼宇通信网将是一个局域的ISDN,在ISDN网络端点的两条B信道可以随意安排。例如,典型用法是分别接一台计算机终端和数字电话机,或接两台计算机/终端。

12.4.3 智能建筑与综合业务数字网

随着社会信息量的爆炸式增加,通信业务范围越来越大。从技术、经济方面考虑,要求将用户的话音与非话音信息按照统一的标准以数字形式综合于同一网络,构成综合业务数字网ISDN(Integrated Services Digital Network)。

智能建筑中的信息网络应是一个以话音通信为基础,同时具有进行大量数据、文字和图像通信能力的综合业务数字网,并且是智能建筑外广域综合业务数字的用户子网。

(1)综合业务数字网ISDN

简单地说综合业务数字网就是具有高度数字化、智能化和综合化的通信网。它将电话网、电报网、传真网、数据网和广播电视网用数字程控交换机和数字传输系统联合起来,实现信息搜集、存储、传送、处理和控制一体化。综合业务数字网是一种新型的电信网。它可以代替一系列专用服务网络,即用一个网络就可以为用户提供包括电话、高速传真、智能用户电报、可视图文、电子邮政、会议电视、电子数据交换、数据通信、移动通信等多种电信服务。用户只需通过一个标准插口就能接入各种终端,传递各种信息;并且只占用一个号码,就可以在一条用户线上同时打电话、发送传真、进行数据检索等。综合业务数字网的服务质量和传输效率都远优于一般电信网，并且具有开发和承受各种电信业务的能力。

(2)窄带综合业务数字网

窄带综合业务数字网是ISDN的初期阶段，可称窄带ISDN(N-ISDN，即Narrow-ISDN)。它只能向用户提供传输速率为64 Kbit/s的窄带业务，其交换网络也只具备64 Kbit/s的窄带交换能力。窄带综合业务数字网主要集中处理各个数字用户环路和信号方式，接口规程的实现来满足端到瑞(end to end)的数字连接。现已停用。

(3)宽带综合业务数字网

宽带综合业务数字网是在窄带综合业务数字网上发展起来的，可称宽带网ISDN(BISDN，即Broadband-ISDN)。

随着信息时代的发展，人们日益增加对可视性业务的需求，如影像、视听觉、可视图文等业务。由于可视性业务的信息简明易懂，它们不但具有背景、情绪信息，而且便于人们对信息的识别、判断和交流，为人们广泛接受。但是，可视性业务的数据速度通常均超过64 Kbit/s，如电视会议为2 Mbit/s、广播电视为34 ~140 Mbit/s、高清晰度电视为140 Mbit/s、高保真立体声广播为768 Kbit/s、文件检索为1 ~34 Mbit/s、高速文件传输为高于1 Mbit/s等。显而易见，这些宽带业务无法在窄带ISDN上得到满足。

窄带ISDN向宽带ISDN的发展一般可分以下3个阶段：

①B-ISDN结构的第1个发展阶段是以64 Kbit/s的电路交换网、分组交换网为基础，通过标准接口实现窄带业务的综合，进行话音、高速数据和运动图像的综合传输。

②B-ISDN结构的第2个发展阶段是用户或网络接口的标准化，且终端用户也采用光纤传输，并使用光纤交换技术，达到向用户提供500多个频道以上的广播电视和高清晰度电视节目等宽带业务。

③B-ISDN结构的第3个发展阶段是从第2阶段电路-分组交换网、宽带数字网和多个频道广播电视网的基础上引入了智能管理网，并且由智能网络控制中心管理这3个基本网，同时还会引入智能电话、智能交换机以及工程设计、故障检测与诊断的各种智能专家系统，因此，可称为智能化宽带综合业务数字网。

12.4.4　国际互联网(INTERNET)

信息社会瞬息万变，当昨天还在宣传信息高速公路的时候，今天它已经走进了人们的生活。在美国，作为最大网络的INTERNET(国际互联网)已经成为人们生活的一部分，科技人员利用它查询资料、寻求合作与帮助，公司经理则利用它来介绍产品、拓展国际市场，学生利用它来发送电子邮件、获取最新信息等。

Internet网是当今信息高速公路的主干网，同时也是世界上最大的信息网。它来源于1969年美国国防部高级研究计划局(ARPA)的ARPANET。到20世纪80年代初，在美国国家自然科学基金会(BSF)的支持下，用高速线路把分布在各地的一些超级计算机连接在一起，经过十多年的发展，形成了当今的Internet网。

Internet网是通过TCP/IP协议将各种网络连接在一起的网络。它除了具有资源共享和分布式处理的特点以外，它最大的特点是交互性，即每一个联网终端既可以接受信息，又可以在网上发送自己的信息，每个入网的用户既是网络的使用者，同时也是信息的提供者。因而连接的网络越多，Internet网提供的信息也就越丰富，Internet网也就越有价值。由于Internet网的入网方式简单,不需要用户了解网络的具体形式,也不需要考虑用户使用的机型,只要具有一台计算机和一个调制解调器,就可以进入世界上的任何一个网络,和其他网上的用户进行联系。因此,它已逐渐成为人们与现代社会密切联系的重要手段。

Internet 网之所以取得如此广泛的影响,是因为它采用了统一的通信协议把为数众多的局域网和广域网连成了一片,因而 Internet 网也称为网络的网络。Internet 像是一棵大树,它的树干是具体的物理链接,分支是校园网、区域网、广域网、专业网等,树叶是传真机、计算机等信息发送和接收设备。它们作为现代信息社会的命脉,使整个信息产业随着这棵大树的生长而枝繁叶茂。随着 Internet 网的发展,新兴的服务项目无止境地从枝叶上冒了出来,如电子邮件、资料检索、在家购物、交互电视、数据通信、电子数据交换、可视图文信息等。

12.5 建筑办公自动化系统(OAS)

在当今世界,浩繁信息的获取、处理、存储和利用已成为社会管理必要手段。一个国家的经济现代化,取决于管理现代化和决策科学化。办公自动化(Office Automation,OA)是构成智能化建筑的重要组成部分。它是一门综合了计算机、通信、文秘等多种技术的新型学科,是办公方式的一次革命,也是当代信息社会的必然产物。

12.5.1 办公自动化的形成和发展

办公自动化的概念最早是由美国人在 20 世纪 60 年代提出的。发展至今,大体经历了 3 个阶段。

第 1 阶段(1975 年以前)为单机阶段。即采用单机设备,如文字处理机、复印机、传真机等,在办公程序的某些重要环节上由机器来执行,局部地、个别地实现自动操作以完成单项业务的自动化。

第 2 阶段(1975—1985 年)为局域网阶段。这一阶段办公自动化的特点是个人计算机开始进入办公室,并形成局域网系统,实现了办公信息处理网络化。

第 3 阶段(1985 年至今)为计算机办公自动化一体化阶段。此时,由于计算机网络通信体系的进一步完善及综合业务数字网通信技术的发展和实施,计算机技术与通信技术相结合,办公自动化进入了一体化阶段,即办公自动化系统向着综合化和信息处理一体化方向发展。

12.5.2 办公自动化的概念和任务

办公自动化有多种解释,有人认为用文字处理机进行办公的文字编排就是办公自动化,也有人认为办公室自动化就是实现无纸化办公。目前比较一致的意见是:办公自动化是利用先进的科学技术,不断使人的部分办公业务活动物化于人以外的各种设备中,并由这些设备与办公人员构成服务于某种目标的人机信息处理系统,目的是尽可能充分利用信息资源,提高劳动生产率和工作质量,辅助决策,求得更好的效果,以达到既定目标。即在办公室工作中,以计算机为中心,采用传真机、复印机、打印机、电子信箱(E-mail)等一系列现代化办公及通信设备,全面、广泛、迅速地搜集、整理、加工和使用信息,为科学管理和科学决策提供服务。

办公自动化是用高新技术来支撑的、辅助办公的先进手段。它主要有以下 3 项任务。

①电子数据处理(Electronic Data Processing,EDP)。即处理办公中大量烦琐的事务性工作,如发送通知、打印文件、汇总表格、组织会议等,即将上述烦琐的事务交给机器完成,以达到提高工作效率、节省人力的目的。

②信息管理(Message Information System,MIS)。对信息流的控制管理是每个部门的本质的工作,OA是信息管理的最佳手段,它把各项独立的事务处理通过信息交换和资源共享联系起来以获得准确、快捷、及时、优质的功效。

③决策支持(Decision Support System,DS)。决策是根据预定目标行动的决定,是高层次的管理工作。决策过程是一个提出问题、搜集资料、拟订方案、分析评价、最后选定等一系列活动环节。OA系统的建立,能自动地分析、采集信息、提供各种优化方案,辅助决策者作出正确、迅速的决定。

12.5.3　办公自动化的主要技术和主要设备

办公自动化技术是一门综合性、跨学科技术,它涉及计算机科学,通信科学,系统工程学,人机工程学,控制论,经济学,社会、心理学,人工智能,等等,但人们通常把计算技术、通信技术、系统科学和行为科学称为OA的4大支柱。目前,应以行为科学为主导,系统科学为理论,结合运用计算技术和通信技术来帮助人们完成办公室的工作,以实现办公自动化。

(1)办公自动化的主要技术

1)计算机技术

计算机软硬件技术是办公自动化的主要支柱。办公自动化系统中信息采集、输入、存储、加工、传输及输出均依赖于计算机技术。文件和数据库的建立和管理,办公语言的建立和各种办公软件的开发与应用也依赖于计算机。另外,计算机高性能的通信联网能力,使相隔任意距离、处于不同地点的办公室之间的人可以像在同一间办公室办公一样。因而在众多现代化办公技术与设备中,对办公自动化起关键作用的是计算机信息处理设备和构成办公室信息通信的计算机网络通信系统。

2)通信技术

现代化的办公自动化系统是一个开放的大系统,各部分都以大量的信息纵向和横向联系,信息从某一个办公室向附近或者远程的目的地传送。因此,通信技术是办公自动化的重要支撑技术,是办公自动化的神经系统。从模拟通信到数字通信,从局域网到广域网,从公共电话网、低速电报网到分组交换网、综合业务数字网,从一般电话到微波、光纤、卫星通信等各种现代化的通信方式,都缩短了空间距离、克服了时空障碍、丰富了办公自动化的内容。

3)其他综合技术

支持现代化办公自动化系统的技术还包括微电子技术、光电技术、精密仪器技术、显示自动化技术、磁记录和光记录技术等。

(2)办公自动化的主要设备

办公自动化系统的主要设备有两大类:第一类是图文数据处理设备,包括计算机设备、电子打字机、打印机、复印机、图文扫描机、电子轻印刷系统等;第二类是图文数据传送设备,包括图文传真机、电传机、程控交换机以及各种新型的通信设备。

复习与思考题

1. 智能建筑的主要特征是什么?
2. 智能建筑的基本功能有哪些?
3. 为什么说智能建筑的核心是系统集成的?
4. 简述智能建筑与综合布线的关系。
5. 综合布线划分为哪几个部分?
6. 简述综合布线的特点。
7. 简述综合布线的适用范围。
8. 综合布线的设计要点是什么?
9. BAS 系统的组成是什么?
10. 智能建筑通信自动化的技术基础是什么?

参考文献

[1] 周谟仁. 流体力学泵与风机[M]. 2 版. 北京:中国建筑工业出版社,1988.

[2] 张英. 工程流体力学[M]. 北京:中国水利水电出版社,2002.

[3] 刘芙蓉, 杨珊璧. 热工理论基础[M]. 北京:中国建筑工业出版社,2005.

[4] 刘春泽. 热工学基础[M]. 2 版. 北京:中国机械工业出版社,2011.

[5] 王付全, 杨师斌. 建筑设备[M]. 北京:科学出版社,2004.

[6] 汤万龙, 刘玲. 建筑设备安装识图与施工工艺[M]. 2 版. 北京:中国建筑工业出版社,2010.

[7] 贺平, 孙刚. 供热工程[M]. 4 版. 北京:中国建筑工业出版社,2009.

[8] 徐勇. 通风与空气调节工程[M]. 北京:中国机械工业出版社,2010.

[9] 金文,逯红杰. 制冷技术[M]. 北京:中国机械工业出版社,2012.

[10] 李世忠, 高卿. 建筑设备安装与施工图识读[M]. 北京:中国建材工业出版社,2013.

[11] 韦节廷. 建筑设备工程[M]. 武汉:武汉理工大学出版社,2010.

[12] 段春丽, 黄仕元. 建筑电气[M]. 北京:中国机械工业出版社,2010.